【農学基礎セミナー】

グリーンライフ入門

都市農村交流の理論と実際

佐藤　誠・篠原　徹・山崎光博……●編著

農文協

まえがき

「グリーンライフとは？」と問われれば，百人百様の答えやイメージがあるかもしれない。「緑(農)ある暮らし」や「田舎暮らし」と答える人，あるいはグリーン・ツーリズムや都市農村交流，カントリー・ビジネスなどを連想する人もいるだろう。この言葉はいま市民権を得つつある段階といえるが，そこから共通してイメージされるのは，いのちのにぎわいに満ちた持続的な暮らしやライフスタイルであろう。本書のなかでも紹介されているバーナード・レーン氏（グリーン・ツーリズム研究の第一人者）は，「グリーン」といえば，それはたんなる「緑」や「自然」という意味ではなく，地上のすべての生命の尊重，資源の適正利用，多様性の評価，あるいはすべての生物の相互関連の認識といったことが，そのコンセプトの根底にある。したがって，グリーン・ツーリズムは，人間を取り巻く自然環境や産業，文化などのとらえ方，自己の行動の律し方など，一人ひとりの人生観やライフスタイルなどにも影響を与える活動である，と指摘している。

本書は，こうした「グリーン」のもつ意味の根底まで立ちかえって，多様な「グリーンライフ」の取組みの基礎となるものの見方や考え方，具体化の方法などを体系的にまとめたものである。まず，私たちの身の回りの自然環境や農産物・文化・景観などのとらえ方や活用の視点・方法が明らかにされるが，そこでとりわけ重視されているのは，「あるもの探し（足もとにある宝の発見）」や「自然とつきあう技術」の復権である。そのうえで，都市農村交流（グリーン・ツーリズム，市民農園，直売所など）の特徴と企画・運営について体系的かつ実践的に解説されている。

これらの取組みは，最近では地域活性化や農業・農村振興の主役に位置づけられることも多いが，かつては脇役とされてきたものである。それが，ここ十数年の農村女性や高齢農業者，農を志向する人びとなどによる「足もとの宝」に目を向けた取組みによって着実に成果を上げ，表舞台に登場してきたのである。こうした「グリーンライフ」の生い立ちは，その取組みが，そこにある個性的な環境や資源を発見・活用し，そこに暮らす多様な人びとの力や技を発揮させることによって，持続可能で未来を拓くものとなることを示唆している。

近年，さまざまな調査結果から田園回帰が報じられることが多いが，昨年の三大都市圏の市民5万人を対象にした「ふる里暮らし」意向調査によると，回答者の40.3％が「ふる里暮らし」をしたいと答えている。本書は，こうした田園やふる里暮らしに関心を寄せる人びとが，百人百様の「グリーンライフ」を探究していく格好の手引となろう。また本書は，もともとは高校（科目「グリーンライフ」）の教科書として編まれたものであり，「グリーンライフ」の現場・先人からの次世代へのメッセージでもある。本書が，都市農村交流に取り組んだり「グリーンライフ」に関心を寄せたりしている広範な人びとに受け入れられ，いのちのにぎわいに満ちた持続的な暮らしと地域をつくっていく一助となることを願っている。

著者を代表して　佐藤　誠

目次

第1章 「グリーンライフ」の世界　1

1 人間生活と「グリーンライフ」……………2
　1 私たちのライフスタイルと
　　「グリーンライフ」………………2
　2 世界の「グリーンライフ」の潮流…………4
2 「グリーンライフ」と地域・経営の創造 …6
　1 地域の産業・環境・生活文化の再生……6
　2 都市農村交流による農のビジネス展開…10
3 「グリーンライフ」の取組みの視点………12

第2章 農業・農村の機能の発見と活用　17

1 農業・農村の魅力と「農」の世界を探る …18
　1 農業・農村の魅力の発見
　　－ある山村の旅から…………………18
　(1) 日本列島の自然と暮らしの文化の特徴　19
　(2) 1つの山村にみる資源と文化のゆたかさ　20
　(3) 地域の魅力を発見するための
　　　旅や調査，交流のあり方　22
　2 農業・農村のもつ機能の発見と活用の視点24
　(1) わが国の自然の特徴と自然環境の活用　24
　(2) 自然利用の総合的な知識と地域の物産づくり　27
　(3) 生業のなかの労働のおもしろさと
　　　農業・農村体験　30
　(4) 「農」の生活世界のゆたかさと

　　　農村景観・文化の活用　32
　(5) 地域としての農業・農村の機能の
　　　持続的な活用　34
2 自然環境と農業・農村の発見・活用……36
　1 自然の感じ方と自然環境の発見・活用　36
　(1) 身近な自然を発見・体験する　36
　(2) 自然の「つながり」や「広がり」をみる　38
　(3) 地域の自然を活用する
　　　－エコ・ツーリズムの企画と支援　41
　2 身近な自然・農業・農村の発見………44
　(1) 庭や路傍，緑地の探索と発見　44
　(2) 農地と農地周辺の探索と発見　45
　(3) 集落・屋敷まわりの探索と発見　46
3 地域農産物の発見と栽培・加工…………48
　1 地域農産物とその加工・販売…………48
　(1) 地域農産物の発見　48
　(2) 地域農産物の加工　50
　(3) 地域農産物・加工品の販売　52
　(4) 地域農産物の開発　52
　2 特産的な作物（ソバ）の
　　栽培・加工と交流……………………54
　(1) 地域農産物の特徴と魅力の発見　54
　(2) 地域農産物の栽培と加工・販売の取組み　55
　(3) 地域農産物の栽培・加工を土台にした
　　　交流活動　57
　(4) 地域農産物の栽培・加工の視点と進め方　58
　3 伝統的な作物の栽培・加工と
　　文化の創造……………………………59

（1）地域の風土と伝統的な作物の発見　59
　　（2）伝統的な作物の栽培・加工の取組み　60
　　（3）新たな商品開発の着眼点と方法　61
　　（4）伝統的な作物の加工・活用の進め方　63
　4　農村文化の発見と活用……………………64
　　1　農村文化とその発見・活用……………64
　　　（1）農村文化とその特徴　64
　　　（2）いろいろな農村文化とその活用　66
　　2　郷土芸能（和太鼓）の探究と活用……68
　　　（1）地域の風土と郷土芸能の魅力の発見　68
　　　（2）郷土芸能の活用と交流活動の取組み　70
　　　（3）郷土芸能の活用に向けた活動のあり方　71
　　3　伝統的な建物（農家の蔵）の発見と活用　72
　　　（1）「農家の蔵」とその特徴　72
　　　（2）蔵の保存と利活用の取組み　73
　　　（3）伝統的な建物活用の視点と進め方　75
　5　農業・農村体験の企画と指導・援助……76
　　1　里山での自然・農村体験とものづくり　76
　　　（1）里山・棚田の特徴と自然・農村体験の援助　76
　　　（2）森の散策と渓流（水源）の探索　78
　　　（3）山菜，キノコの採集・栽培と利用　82
　　　（4）ものづくり（炭焼き，和紙づくりなど）体験　86
　　2　農業体験の企画と指導・援助…………94
　　　（1）農業体験とその指導・援助　94
　　　（2）おもな農業体験の特徴とその取組み　95
　　　（3）農業体験の企画とプログラムの作成　97
　　　（4）農業体験の指導・援助の進め方　98
　　　（5）農業体験からの広がりと発展　101

　6　農業・農村の機能の総合的な活用……102
　　1　農業・農村の資源と農村景観の活用　102
　　　（1）多様な地域資源の機能と農村景観　102
　　　（2）農村景観の構成要素と特徴　104
　　　（3）農村景観の評価とデザイン　107
　　2　農業・農村の機能の総合的な活用と
　　　　　地域づくり……………………………110
　　　（1）農業・農村の機能の活用と住民参加　110
　　　（2）住民参加の意義と地域づくり　111
　　　（3）地域づくりの基本的なプロセス　113
　　　（4）合意形成の重要性とそれを支援する手法　115
　　　（5）地域づくりの持続・発展に向けた取組み　117

第3章
グリーン・ツーリズム　119

　1　グリーン・ツーリズムの特徴とあゆみ　120
　　1　グリーン・ツーリズムとは……………120
　　2　グリーン・ツーリズムのあゆみ………122
　　3　グリーン・ツーリズムと
　　　　新たな農のビジネス……………………124
　2　グリーン・ツーリズムのおもな
　　　取組み………………………………………130
　　1　グリーン・ツーリズムと農業・農村　130
　　2　グリーン・ツーリズムの取組みと
　　　　その特徴…………………………………131
　　3　わが国のグリーン・ツーリズムの課題　137

3　グリーン・ツーリズムの企画と運営 … 139
　　　1　計画と開業準備……………………139
　　　2　利用客の受入れともてなし………142
　　　3　社会的条件の整備…………………145
　　4　グリーン・ツーリズムと
　　　　農業・農村生活の向上…………147
　　　1　農村起業・女性起業による
　　　　　農村生活の振興……………………147
　　　2　「福祉」を加えた取組みによる
　　　　　持続的な発展………………………149
　　　3　感性と心をはぐくみ，
　　　　　人をつくる場として………………150

第4章　市民農園　151

　1　市民農園の特徴とあゆみ……………152
　　　1　市民農園とそのあゆみ……………152
　　　2　市民農園のタイプと特徴…………155
　2　市民農園の開設と運営………………159
　　　1　計画の作成と利用者の募集………159
　　　2　用地の準備と施設の整備…………165
　　　3　運営と利用者の支援………………168
　3　市民農園と農業・農村生活の向上 … 170
　　　1　新たな活動への発展………………170
　　　2　地域活性化と新たな資源活用……170
　　　3　交流による生活文化の向上………171

第5章　観光農園，直売所　173

　1　観光農園，直売所の特徴とあゆみ … 174
　　　1　観光農園，直売所とその特徴……174
　　　2　観光農園，直売所のあゆみ………175
　2　観光農園の企画・開園と運営………178
　　　1　観光農園のタイプとその特徴……178
　　　2　観光農園の企画と開園……………180
　　　3　観光農園のほ場と施設の整備……183
　　　4　観光農園の運営と接客……………185
　3　直売所の企画・開設と運営…………189
　　　1　直売所のタイプとその特徴………189
　　　2　直売所の企画と開設………………191
　　　3　施設の整備と商品の充実…………193
　　　4　直売所の運営と接客………………195
　4　観光農園，直売所と
　　　　農業・農村生活の向上…………198
　　　1　経営の改善と地域の活性化………198
　　　2　地域の文化と生活の向上…………201

付　録

①地域の環境点検の進め方と
　環境点検マップのつくり方………………204
②世界各地の農家民宿の営業条件と規制………206
③ドイツにおける農家民宿の
　変遷と取組みの例…………………………207
④市民農園の開設にともなう関係資料の例……208
⑤市民農園と直売所の例………………………211

実践例・体験例・参考

実践例

- トスカーナに学び,「ムラ業」をおこす〈大分県湯布院〉……7
- 生活文化を洗練させて地域を再生する〈スウェーデン・ダーラナ〉……9
- 海外にみるエコ・ツアー――リバークルーズ,キャノピーウォーク〈マレーシア・ボルネオ島〉……42
- 地域資源（里山）を守る多様な活動〈三重県松阪市〉……104
- 農村と都市との交流「ワーキングホリデー」による地域資源の保全〈長野県飯田市,宮崎県西米良村,奈良県明日香村〉……111
- 自分の地域を自ら歩き,調べ,学んで,好きになる〈茨城県友部町〉……112
- 全員参加で地域を調べなおしてつくった将来ビジョン〈京都府舞鶴市〉……114
- 景観協定による環境保全活動の持続・発展例〈滋賀県高月町〉……118
- 受講生の幅が広がるツーリズム大学〈熊本県小国町〉……128
- 地域をあげて取り組む「グリーン・ツーリズムの町」〈大分県安心院町〉……131
- 農家の主婦が自ら楽しむ民宿を開業〈長野県大鹿村〉……134
- 歴史的景観であるかやぶき民家集落の復元〈秋田県峰浜村〉……136
- 温泉リハビリテーション施設を中心とした町づくり〈ドイツ・バーデンヴァイラー〉……149
- 市民農園の開設から活気ある地域づくりへ〈兵庫県神戸市〉……171
- 棚田（水田）を利用したオーナー農園〈長野県千曲市,三重県紀和町,奈良県明日香村,高知県檮原町〉……172
- 集団型観光農園の取組み〈和歌山県金屋町〉……182
- 売上高20億円をこえる大規模直売所〈和歌山県打田町〉……190
- 直売所めぐりルートの作成例〈奈良県・食の歴史街道（大和の朝市・直売所）〉……200
- 多彩な農産加工品やサービスを提供〈奈良県葛城市・郷土食 當麻の家〉……203

体験例

- 自然の縮図「潮だまり」をみつめてみよう……40
- エコ・ツアーをつくってみよう――八丈島での例……43
- 山菜,キノコの栽培……84
- 炭焼き（黒炭）と炭の民芸品づくり……88
- 和紙づくり……90
- カヌーづくり……92

参考

- グリーン・ツーリズムと土地への「アクセス権」……5
- 構造改革特区にみる「グリーンライフ」への期待……11
- 地域の魅力の発見と都市農村交流の基本的な進め方……14
- 「グリーンライフ」の取組みから生まれる資格……15
- 正解のない世界で地域づくりの手法を発見する「グリーンライフ」……16
- 伝統的な技術にみられる創意工夫……23

- ●「備長炭」産地にみる，原木（ウバメガシ）の
  　持続的利用……………………………………25
- ●水田に適応したフナの生き方と
  　フナがつくる食文化…………………………26
- ●自然素材を使った実用の科学
  　—エスノサイエンス…………………………29
- ●アビ漁にみる仕事のおもしろさと
  　その現代的な活用……………………………31
- ●自然暦の合理性と積算温度，暖かさの指数……32
- ●自然に関わる技能，技術の特性と環境利用……35
- ●インタープリテーションとインタープリター……42
- ●わが国の伝統的な作物，生物資源とその発見…59
- ●地域の歴史・文化，物産が集う
  　「蒲生野万葉まつり」…………………………63
- ●農耕と農村文化を支える稲わら………………65
- ●八丈太鼓にみる上拍子と下拍子のテンポと
  　リズム…………………………………………69
- ●さまざまな山の幸の利用………………………83
- ●せせらぎ音と快適性，やすらぎ感の評価……105
- ●シーン景観，シークエンス景観と
  　場の景観，変遷景観…………………………106
- ●景観評価の例と景観デザインのポイント……109
- ●SD法を用いた景観評価………………………109

- ●ワークショップとTN法……………………116
- ●グリーン・ツーリズムの「グリーン」に
  　込められた意味………………………………121
- ●各国のグリーン・ツーリズムのよび方と特徴　124
- ●環境の破壊から修復・保全に向かう
  　各国の動き……………………………………125
- ●地域経済にもたらす
  　グリーン・ツーリズム効果…………………129
- ●農家民宿に関する法制度の規制緩和の動き…142
- ●農業体験のための各種農園とその特徴………153
- ●海外の市民農園（クラインガルテン）………158
- ●市民農園の施設整備と関連法………………166
- ●直売所の増加の要因…………………………177
- ●消費者の利用した観光農園の実態…………179
- ●観光農園来園者の消費行動と
  　経済効果の高め方……………………………187
- ●アメリカの直売所—ファーマーズマーケット　193
- ●生産者にとっての直売活動の魅力…………197
- ●フードマイレージとは？……………………202
- ●食のあり方を提起する—スローフード運動…203

索　　引……………………………………212

第1章
「グリーンライフ」の世界

第1章

1 人間生活と「グリーンライフ」

1　私たちのライフスタイルと「グリーンライフ」

(1) 転換するライフスタイルと「グリーンライフ」

　私たちはいま，どこからどこへ向かおうとしているのだろうか。近年，世界的に，都市のなかで物を大量浪費する暮らしから，大地に根ざした持続可能な暮らしへと転換したい，ゆっくりと流れる時間を大切にしていのちゆたかに暮らしたい，といったライフスタイルの転換が顕著にみられるようになっている（図1）。

　わが国においても，1980年代以降，「物のゆたかさ」よりも「心のゆたかさ」を重視する人びとが多くなり，その傾向は年々顕著になっている（図2）。ガーデニングなど緑ある余暇活動への関心が高まり，「多自然居住❶」や「定年帰農」など，さまざまな田園回帰の潮流も生まれてきた❷。都会から農村に移り住み，農業を基盤とした新たなビジネスに取り組む人びとも登場した。

　こうした取組みやライフスタイルは，「グリーンライフ」と総称することができる。その言葉には，緑ゆたかでいのちのにぎわいに満ち，持続的な生活文化や産業のある農村で，たった一度の人生を充実させたいという国民の願いが込められている。

❶中小都市と中山間地域などを含む農山漁村などの，自然環境に恵まれた地域に住むこと。

❷近年，わが国で導入が検討されている「ゆとり休暇」制度が定着した場合，どこで過ごしたいかを地方都市（福岡市）の市民に尋ねたところ，「都市部」はきわめて低く，「農山村地域」が6割と高く，「海外」「自宅」「海岸地域」を大きく上回った。

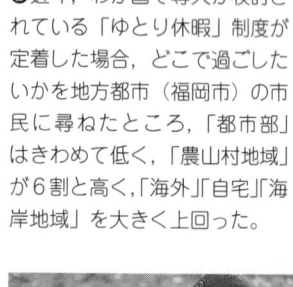

図1　大地に根ざした，ゆっくりとした時間のなかでの暮らし

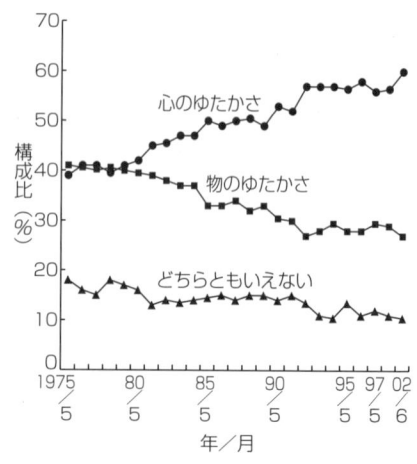

図2　「今後の生活で重視すること」の推移
（内閣府「国民生活に関する世論調査」による）

(2) ツーリズムにみる余暇活動の変遷

　私たちのいのちをつなぎ，生きる力を再生するうえで，余暇活動は，労働や学習などと同じく欠かせないものである。ここでは，人類共通の余暇活動であり「グリーンライフ」の中核となる，ツーリズム❶に目を向けて，わが国の余暇活動の変遷をみてみよう❷。

　わが国のツーリズムは，第二次世界大戦後，経済・社会の変化に対応して，大きく3期に分かれて変ぼうしているようにみえる（図3）。第1期は敗戦後，労働力再生産のために疲労回復やレクリエーションとしての小さな旅が必要だった時代❸。第2期は観光元年といわれた1964年以降の金銭消費型の大型観光・リゾート時代❹。そして，バブル経済崩壊後にグリーン・ツーリズム（→p.120）などの多様なツーリズム❺が登場している第3期である。

　現代のツーリズムの特徴は，それまでのツーリズムが集団的な色彩が強く，受け身の余暇活動であったのに対して，より個性的でかつ内発的な自由時間行動を大切にするものとなってきている点にある。それは，商業主義的な金銭消費で非日常の刺激を購入するというよりも，「第2の日常生活」を自分なりに楽しむ時間消費型のツーリズムに変化しているということもできる。

　そこでは，学びや労働，遊び，健康回復，医療など，最も基本的な人間の活動が，ばらばらなものとして存在するのではなく，一体化され結びあわされてきているともいえる。こうした余暇活動こそ，いのちをつなぎ，生きる力の再生を願う現代を生きる人びとに求められているのである（図4）。

❶一般には旅や旅行，観光を意味するが，ツーリズムは，旅や滞在についての，①遊びや余暇の生活文化，②休暇の社会制度，③関連産業の経済システム，という要素から構成されている。

❷わが国の江戸時代には，生産力の発展や交通の発達，庶民の生活文化の向上などを背景として，社寺（伊勢神宮，善光寺など）への参けいを名目とした観光の旅がさかんになった。そして，旅は庶民の最大の余暇活動となって広く普及し，江戸中期の日本は世界的にもまれなツーリズム大国となった。

❸昭和30年代には，修学旅行，盆・暮れの帰省や，楽しみの湯治もさかんになった。

❹新幹線開通が号砲となって，大規模観光の時代が始まり，バブル経済の時代には豪華リゾートがもてはやされたが，バブル崩壊でブームは終えんをみた。

❺自分流の暮らしを楽しむスローライフ化と，インターネットの普及にともないツーリズムの個性化は劇的に進んでいる。

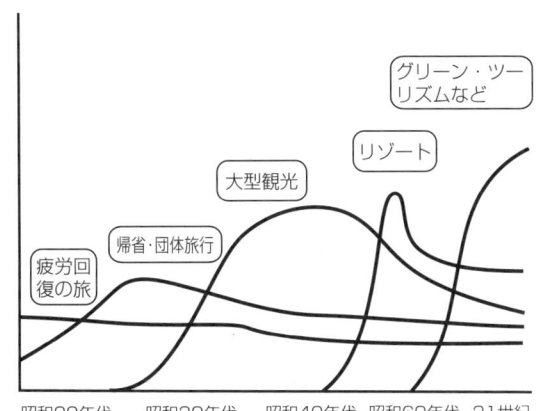

図3　わが国のツーリズムの変遷

図4　遊びと労働，学びなどが一体化した余暇活動の例
（ススキを使った小屋「草泊」づくり，熊本県阿蘇地方）

2 世界の「グリーンライフ」の潮流

世界的な「グリーンライフ」のうねり

農村の自然や景観、文化などとふれあい、いのちゆたかに暮らしを重視する考え方やライフスタイルは、欧米では「ルーラリズム」(田園主義)とよばれている。

ルーラリズムの第1回目のうねりは、19世紀後半のヨーロッパでおこった。過密都市から逃れて自然が残されている農村地域で近代工業文明の行き詰まりを打破しようと、イギリスやスウェーデンなどで、田園生活文化の再評価と田舎暮らしへの移行が進展した(図5)。ドイツでは、都市の中に市民農園(クラインガルテン、→ p.158)も登場した。

近年、第2回目の大きなルーラリズムの潮流が世界各国でみられ、1990年代には欧米諸国で大都市から美しい田園への移住現象が顕在化し❶、世紀転換期に「グリーンライフ」志向は世界の一大潮流になり、「新・田園主義」といえる時代が到来している❷。

世界的に、余暇先進国において旧来型の大型観光やリゾートは頭打ち傾向にあり、さまざまな形態のツーリズムが台頭してきている。ここでは、その典型例をいくつか紹介しよう。

生活文化をつくる旅

スウェーデンやフィンランドの北欧のリゾートは、自然そのものや生活文化を基盤としたもので、特別な景勝地であることを必要としない。そこでは、美しい大地はすべての人に開かれていて、6週間に及ぶ休暇のあいだ、無数に存在する湖沼で水遊びや

❶ 1980年代から始まった田園移住現象は、アメリカ合衆国では「ルーラル・ルネッサンス」、イギリスでは「田園回帰」とよばれていたが、その流れは1990年代に加速した。アメリカ合衆国では、1990年代、約220万人が都市から人口2,500人以下の郡部に移住している。

❷中国では、既存の最低1週間の有給休暇制度に加え、1999年に10月の「国慶節」が最初の7連休に定められた。2000年からは、2月の「春節」(旧正月)と5月の「国際労働節」も、それぞれ7連休とされ、いっきょに西欧なみのバカンス大国になっている(図6)。

図5 すべての人に開かれたイギリスの田園

図6 雄大な自然を満喫する中国のツーリズム

図7 大自然のなかで過ごすフィンランドのツーリズム

船遊びにたわむれ，大自然のなかで過ごす（図7）。美しい田園空間を気ままに散策しながら，ベリー類やコケモモ，キノコなどを採取して，1年分のジャムをつくったり，キノコのびん詰めをつくったりする。

都会から移住してきた画家やデザイナー，コンピュータ技術者などの住宅（ログハウス）も多く，仕事と余暇の空間が一体化した暮らしのスタイルも一般的なものとなっている（図8）。

学びの旅，自己実現の旅

ヨーロッパで最も人気のあるバカンス滞在地の1つである，イタリアのトスカーナ地方❶では，ラーニングバケーションとよばれる「学びの旅」がさかんである。都市から移住した著名なコックに料理を学ぶ，画家や工芸家などからアートやクラフトを学ぶ，村人からガーデニングを学ぶ，など，最近のバカンスは田園移住の予備校的性格をおび始めている。

イエローストーン国立公園を擁する北米のマウンテンウエスト地域では，大自然しかない牧場に3週間滞在するデューデ・ランチ（ゲスト牧場）やワーキング・ランチ（働く牧場）で牧童暮らしをエンジョイし，子どもたちも自然や動物とふれあうラーニング・ランチ（学びの牧場）で過ごしている。

こうしたバカンスにおける学びの旅や自己実現のための旅は，高齢化社会，生涯学習時代における有力なツーリズム活動の1つとなっている❷。

❶「スローフード運動」（→p.203）の発祥の地としても知られている。

❷欧米では自然の治ゆ力を引き出す医療（ホリスティック医療）の視点からのツーリズムもさかんで，ヘルシーな食文化への関心とあわせて医療への関心が高まり，イタリアでは3週間コースの温泉滞在が人気がある。

図8　田園に移住したコンピュータ技術者の暮らし

参考　グリーン・ツーリズムと土地への「アクセス権」

19世紀後半から工業化・都市化が急速に進んだイギリスなどでは，広範な国民が健康増進や余暇活動に取り組めるように，田園のなかにオープンスペースを確保する努力が続けられてきた。そして，みんなで美しい土地を買い取って維持・管理するナショナルトラスト運動が生まれ，牧場を散策できる歩道（フットパス）や乗馬が楽しめる「馬の道」なども整備されてきた。こうした広範な国民に開かれた土地利用の権利は，田園への「アクセス権」とよばれている。

一方，わが国でも1970年代以降，大分県の湯布院町でオープンスペースを重視して来訪者が自由に行き来できる地域づくりが進められたり，阿蘇では草原の維持と管理へ都市住民が参画するトラスト運動が生まれるなど，オープンスペースを中心に農林地の環境や景観を守りながら，広範な国民が農山村の土地に自由にアクセスできるようにしていこうとする取組みがみられる。

グリーン・ツーリズムの定着・発展のためには，こうした開かれた土地利用も必要になろう。

第1章

2 「グリーンライフ」と地域・経営の創造

1 地域の産業・環境・生活文化の再生

これまでみたように「グリーンライフ」の取組みは，農村と都市の交流をベースにした余暇活動であるが，それは同時に，環境を保全しつつ農家の経営や地域の産業や生活文化，さらには一国の経済や文化を再生・活性化させていく取組みでもある❶。

たとえば，ヨーロッパでは1930年代に，大不況期の失業対策としてのワークシェアリング❷政策が2週間の連続有給休暇制度を生み出し，この制度に支えられたツーリズム産業のぼっ興自体が内需拡大を生み出し，新たな雇用と所得の創出をもたらした。

また，1990年代にはいって世界的に登場してきた持続可能なツーリズムは，耕地の割合が小さく傾斜地が多いなどの条件不利地で農業・農村の存続を支えたり，地域の環境を保全・整備したり，環境保全型農業の展開をうながしたりしている（→ p.122）。

さらに，1990年代に世界的に広がった田園移住や農的ライフスタイルは，農家レストランや農家民宿の経営，農を基盤にした教育や福祉，田園でのクラフトやアートなどの新たなビジネスをおこし，地域の産業や生活文化の向上に貢献している（図1）。

以下，こうした取組みを，日本と世界をつないでみていこう。

❶都市と農山漁村を行き交う新たなライフスタイルを広め，都市と農山漁村それぞれに住む人びとがお互いの地域の魅力を分かちあい，「人，もの，情報」の行き来を活発にする取組みは，「都市と農山漁村の共生・対流」とよばれている。

❷不況などによって人員削減に直面したとき，失業者を出さないために1人当たりの労働時間を削減して仕事を分けあうこと。

図1 都市からの移住者によるクラフトやアート（北海道「大草原の小さな家」）

(1) 農業とツーリズムの一体化で村に仕事をおこす

中部イタリアのトスカーナ地方（図2）は，農業をベースとし

図2 ブドウ畑，オリーブ畑，牧草畑の緑の丘が連なるトスカーナ地方

たツーリズムがとみにさかんで，どんな小さな町や村でも必ず「集荷市場」があり，旬のおいしい食べものが広場のマーケットに集まりにぎわっている。ここでは，その地域でできたおいしい食べものは，まず地元で消費されるため，都会の人びとは旬の本ものの食べものを求めて田舎に出かけ，滞在してその地域（ムラ）にお金を落とすしくみになっている。

　農家の納屋や馬小屋を改築するなどした農家民宿（図3）では，地元の農産物や手づくりの加工品が，ふんだんに出され，宿泊客のなかにはそれを年間契約して利用する人も少なくない。さらに，トスカーナに魅せられて都市から移住してきた人びとも，現代的なセンスでカントリー・ビジネスを積極的に展開している❶。

❶古い農家を買い取ったり教会周辺の土地を利用したりして，チーズや生ハム，ワインなどを製造・販売したり，農家レストランを開いたりしている。

図3　トスカーナ地方の農家民宿（オリーブの栽培・加工をおこなう農家が経営）

図4　湯布院で学びあう旅館主とグリーン・ツーリズムを志す人びと

実践例　トスカーナに学び，「ムラ業」をおこす ▶▶▶▶▶▶▶▶【大分県湯布院】

　「むらのリゾート」として知られる大分県の湯布院では，1970年代から，零細な旅館主たちが奔走し，トスカーナ地方をはじめとする西欧にも出かけて，オープンスペース重視の美しい田園リゾートのまちづくりに学んだ。そして，ゴルフ場の建設に対しては，都市住民にも支援を求め，「牛1頭運動」を展開して入会地の牧場を守るなど，一貫して自然を大切にする暮らしを選択し，農業とツーリズムが共存し，地域に仕事（「ムラ業」）をおこす取組みが進められてきた（図4）。

　たとえば，「せっかくおとずれたお客さんに，この地ならではのおいしさを届けたい」と，地元の旅館と農家が契約し，調理場まで30分で届く多彩な野菜をふんだんに使った「湯布院の料理」を生み出し，農業を支援するシステムができている。しかも，それはじっさいに料理をつくる板前さんと野菜をつくる農家との直接的な連携で，お互いに料理場や農場を訪ねて情報交換を重ねている。

　また，地元の食材を使い，昔ながらのやり方を磨きあげた料理と，意匠を凝らしたもてなしで世界的に知られる，わずか15部屋の旅館では，地元の人が100人も働いている。ここにも，「ムラ業」をおこすことをめざす，湯布院の取組みの典型をみることができる。

❶中部イタリアには，ツーリズムを介した，親類・縁者などによる強いイエ・ムラ間の連携ネットワークができている。

❷1990年代のイタリア経済には，世界市場で価格競争をするのではなく，小さな市場を確実にとらえ，家族企業の連合体として地域経済を結びなおす取組みが顕著にみられる。その結果，イエやムラが元気になって地域経済が活性化し，国の財政や産業も立ちなおっている。

❸地域にあるもの(水，土，光，風，生物などの自然・風土，仕事，食べ方，住まい方，遊び方などの暮らし)の資源カード(図5)をつくり，それを地図に書き込み，写真をとって貼り，地区の人びとに確認してもらう活動。

❹地元の人たちが，地元のことを外の人たちの目や手を借りながらも自らの足と目と耳で調べ，考え，そして日々，生活文化を創造していく，その連続行為。

❺川の源流域から河口までを1つの市域にもち，海，野，山，町の自然と暮らしがすべてみられる，水俣病を経験した水俣をみて回る，再生する水俣の取組みがみられる，などの特徴がある。

　ここでは，ツーリズムを介して農村に人をよぶことで，モノと情報の流れを農村に還流し，人と人が結ばれることからいきいきとしたムラの生業がよみがえり，いのちの循環が構築されている。さらに，ムラの自給と相互扶助❶をベースにしたツーリズムが地域に活気をもたらす源泉となり，トスカーナ地方の地域経済も再生・活性化している❷。

(2)「あるもの探し」，生活文化の伝承・創造による地域再生

　わが国の高度経済成長期における物質的ゆたかさ追求から引き起こされた，水俣病の悲劇と地域崩壊を経験した水俣の人びとは，いま，環境を大切にし，人と自然，人と人との関係(きずな)を修復する実践(「もやいなおし」)と，暮らしの再生に取り組んでいる。それは，地域での循環型社会を再生させるという点で，「環境の21世紀」の最先端に位置する取組みということができる。

　水俣市では，1990年代に，「あるもの探し❸」や「地域資源マップづくり」「水のゆくえ調査」などを積み重ねて，自分たちの足もとを見つめなおしてきた。そのベースになっているのは，「地元学❹」の考え方と実践である。そこから水俣型のグリーン・ツーリズム❺(図6)が生まれ，全国の中学校や高校を対象とした「環境教育旅行」も取り組まれている。

　さらに，最近では「水俣市元気村づくり条例」を制定し，「村丸ごと生活博物館」(エコ・ミュージアム，→p.135)の取組みも始まっている。そこでは，自然と生産と暮らしがつながり，常に新しいものをつくる力のある元気な村づくり，自らの生活文化に誇

図5 「あるもの探し」における資源カードの例(吉本哲郎・地元学事務局「風に聞け，土に着け〔風と土の地元学〕」より)

図6 水俣でのグリーン・ツーリズムの例(野で遊ぶ)

りをもって説明できる「生活学芸員」の認定，すぐれた生活文化をもつ「生活職人」の認定，環境と健康にいいものづくりを進める「環境マイスター」の育成，などがスタートしている（図7）。

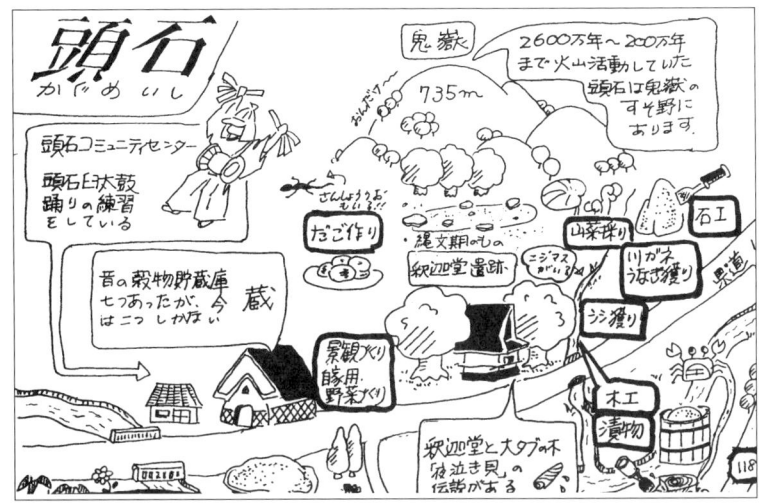

図7 「村丸ごと生活博物館」に指定された地区の例（抜粋，太枠は「生活職人」）
注 「村丸ごと生活博物館」とは，地域固有の風土と暮らしの醸し出すたたずまいを風格のあるものにし，地域社会の発展に寄与するため，集落のたたずまい，食，遊び，祭り，仕事など自然や生活文化遺産，産業遺産などを確認し，保存，育成，修復するとともに，生活環境の保全，再生，創造をおこなっている地区。

図8 農家を移築した「スカンセン」の建物群（上）とダーラナ地方のホテルへの案内風景（下）

実践例　生活文化を洗練させて地域を再生する ▶【スウェーデン・ダーラナ】

　生活文化を伝承，創造して地域を再生しようとする水俣にみられる取組みは，その原型をスウェーデンのダーラナ地方に見いだすことができる。
　19世紀末に，ヨーロッパの最貧国であったスウェーデンでは，自国の文化に誇りを取り戻そうとする運動が生まれた。ストックホルムに北方民族博物館が建てられ，その横には，農家を移築して伝承的日常文化を再現し，体験できる，世界初の民俗民家村「スカンセン」（図8）が併設された（わが国の明治村は，これを参考にしている）。さらに，若者たちが農業に絶望し北米移住をよぎなくされる状況下にあったダーラナ地方では，民俗的手工芸品を生活芸術品（ヘムスロイド）へ洗練させていく，ふるさと再生運動がおこった。

　この地方でヘムスロイドと総称される生活芸術品は，日常生活に使われる家具，カーペット，織物や刺しゅう，陶器，銀器，木製がん具などに及び，それらはこの地で製造・直販されるだけでなく，大都市にもヘムスロイド専門店が常設され販売されている。そこでは，学院建設によるヘムスロイド製作のための人材育成，伝統的なログハウスの建造による景観形成なども取り組まれた。
　そして，ダーラナ地方では現在，周囲と調和したホテル，ペンション，民宿などのログハウス群が伝統的集落の景観美を構成し（図8），民衆芸術としてのヘムスロイドは「美しい産業」としてリゾートの中核をなしている。いまでは，都市から移住してきた人びとも多く，地域の人口も増加している。

2　都市農村交流による農のビジネス展開

「グリーンライフ」の取組みは，グリーン・ツーリズムや市民農園などを企画・運営する側からみれば，都市農村交流を取り入れた経営（新たな農のビジネス）をおこしていくことでもある。

都市農村交流によるビジネスの形態

わが国で都市農村交流を取り入れた経営（交流・余暇活動型経営ともいう）が本格化したのは，1960年代後半以降である。

その代表的なものとしては，1960年代以降，観光農園が増加した。1970年代後半には，遊休農地の増大にも対応して市民農園が定着し始めた。最近では，農村に滞在して余暇を過ごすグリーン・ツーリズムが根をおろし始め，農産物直売所（直売所）や農家レストラン，農家民宿なども，農村女性の起業活動❶の活発化とあいまって各地に誕生し，年々増加している（→ p.176）。

都市農村交流によるビジネスのしくみ

都市農村交流によるビジネスには，多様な形態があるが，いずれも地域にある資源と都市農村交流❷をベースにしており，図9に

❶農村女性が主体的に取り組む経済活動を指し，農産物加工品の製造・販売や農産物直売，農家レストラン，農家民宿のほか，農作業受託や高齢者世帯への給食サービスなど，多様な事例がみられる。こうした農村の女性起業数は，全国で8,667事例（2004年度，農林水産省調査）を数えており，増加傾向にある。

❷都市と農村が交流を図り，農業・農村の理解を深め，活力ある地域社会の形成に資することを目的とした「都市と農村の交流促進事業」は，食料・農業・農村基本法においても重要な政策分野として位置づけられている。

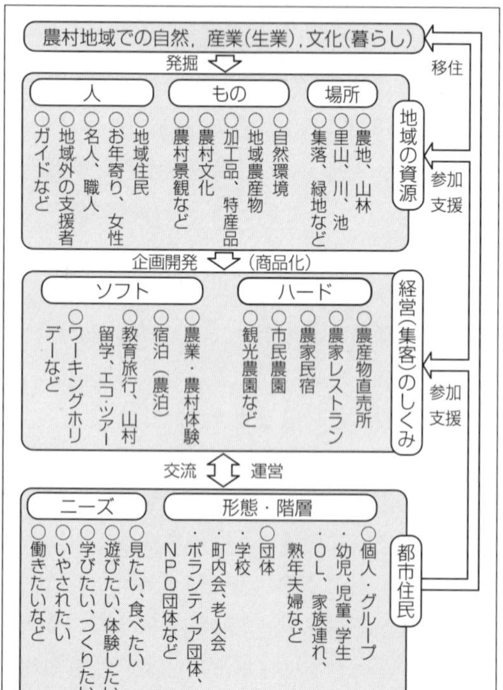

図9　都市農村交流によるビジネスの基本的なしくみ

表1　都市農村交流施設の種類と定義

施設名	施設の定義
農林漁業体験施設	田植え・稲刈り，下草刈り・植林などの農林作業，およびそば打ちなどの農林水産物，わら細工などの加工体験などのための施設
農林水産物直売所（産地直売施設）	農林漁家が生産する農林水産物などを販売するために，生産者・農協などにより開設された施設で，地域内外の消費者との直接対面による販売の機能を有する施設
観光農園	農家が，不特定多数の観光客やオーナー制度会員などに対して，収穫体験（もぎとりなど）や直売などをおこなう施設
市民農園	市区町村，農協，農業者などが開設主体となり，相当数の者を対象に，農地を一定の大きさに区画して，都市住民の利用に供する農園
農家レストラン	農林漁業者またはその関係者が経営し，地域の食材を加工・調理し，料理を提供する施設
農家民宿	農林漁業者または農林漁業者の組織する団体が経営する民宿
農業公園	農業振興を図る交流拠点として，生産・普及・展示機能，農業体験機能，レジャー・レクリエーション機能などを有し，農業への理解の増進や人材の確保・育成を図るための公園
総合交流施設	都市農村交流の促進による農林漁業の振興や地域活性化を図るため，都道府県，市区町村，組合などにより開設された施設で，飲食，物販（直売），体験，レクリエーションなどの複合的機能を有する施設

（都市農山漁村活性化機構による）

示したような基本的なしくみがある。ハードな施設・設備には表1のようなものがあり，ソフトとしては農業・農村体験，農村民泊，教育旅行，山村留学，エコ・ツアー（➡ p.41），ワーキングホリデー（➡ p.111）などがある。いずれの形態の場合にも，まず素材となる地域資源を農山漁村地域の自然や暮らし，産業活動や生活文化のなかから発掘する取組みが重要となる。

❶国民が食費として支出している80兆円のうち，第1次産業に属する生産農家が受け取っているのは十数兆円でしかない。残りは第2次産業の農産物加工業や第3次産業の流通業，レストランなどが受け取っている。

都市農村交流によるビジネスの発展

今後，都市農村交流によるビジネスの発展のためには，次のような取組みも必要になろう。都市農村交流がさかんになるなかで，地産地消による農産物の加工や直売，農家レストランや農家民宿などの第2次・第3次産業を取り込んで，農業を地域の総合的な産業として発展させていく必要がある❶（図10，➡ p.200）。

また，農林漁業は，その生産過程で環境や景観を保全し，<u>里地里山</u>（➡ p.76）を守り，水源をかん養するなどの多面的機能も果たしており，その経済的な効果はぼう大なものがある（表2）。

EU諸国では，条件不利地での環境保全型農業などへの手厚い財政支援があり，国民全体が快適な田園環境をエンジョイしている。わが国でも開始された条件不利地域に対する公的支援については，これをさらに拡充するとともに，そこで取り組まれている，農地の保全，農産物の加工・販売，集落の景観づくりなどの取組みを都市農村交流にまで発展させていくことも大切である。

そして，直売所，農家レストラン，農家民宿，市民農園，観光農園などの取組みを相互につないで，新たな農のビジネス（カントリー・ビジネス）を育て，にぎわいのある持続的な地域の暮らしをつくっていくことが求められている。

表2 農業・農村の多面的機能の経済的効果　（単位：億円）

洪水防止機能	34,988
河川流況安定機能	14,633
地下水涵養機能	537
土壌侵食（流出）防止機能	3,318
土壌崩壊防止機能	4,782
有機性廃棄物処理機能	123
気候緩和機能	87
保健休養・やすらぎ機能	23,758
合　計	82,226

（日本学術会議答申「地球環境・人間生活にかかわる農業及び森林の多面的機能の評価について」平成13年より）

図10　農家民宿を中心としたグリーン・ツーリズムの研究会

構造改革特区にみる「グリーンライフ」への期待

現在，バブル経済崩壊後の閉そく状況を打破しようとする「構造改革特区」の構想が全国的に進められている。そのなかで注目されたのは，都市農村交流をさらに押し進めて都市住民が農地を利用しやすくし，新規就農や「定年帰農」，市民農園の拡充などを積極的に進めて，地域の活性化や再生をめざす自治体の提案であり，それを具体化した特区（「森林の郷農林業げんき特区」など）も各地に誕生している。グリーン・ツーリズムの振興に関するものも多い。

ここにも，「グリーンライフ」への期待の大きさをみることができる。

2　「グリーンライフ」と地域・経営の創造　**11**

第1章

3 「グリーンライフ」の取組みの視点

(1) すべての人と地域に関わる「グリーンライフ」の取組み

「グリーンライフ」は，文字どおり，緑ある農業・農村のもつ多様な機能や魅力を発見し，それらを活用して人と人（農村と都市）が交流し，新たな余暇活動と農のビジネス，さらには私たちのライフスタイルを創造していく営みであるということができる。

その具体的な活動の形態は，現在のところ，グリーン・ツーリズム（農業・農村体験，農家レストラン，農家民宿の利用など），市民農園や観光農園，農産物直売所（直売所）の利用などが中心的なもので，それらの取組みは，農村に住む人びとが企画・運営し，都市の人びとを受け入れる，という形態が一般的である。

そのため，「グリーンライフ」の取組みは，農村に住む人びとのものだと思われるかもしれないが，それにとどまるものではない。「グリーンライフ」のさまざまな活動の基盤となる，農業・農村のもつ機能の発見や活用は，それをビジネスにまで発展させて活用しようとする人びとだけでなく，心身ともに健康でゆたかな暮らしを永続的なものとし，地域の環境を保全していくうえで，すべての人びとにとって必要なことである❶（図1）。

❶交流が成果をあげて継続することは，農村にとって所得が安定するばかりでなく，地域の存在価値を再確認し，伝統文化の継承や新たな雇用機会の創出，生活環境の改善など，地域起こしにもつながる。

図1 すべての人に関わる「グリーンライフ」での出会いとその取組み（左：何気ない農村の光景とそこでの散策，右：地域の人に学ぶ石うすでのそば粉づくり，上：道路ばたで出会ったノアザミ）

最近では，都市住民が農村に移り住み，そこでグリーン・ツーリズムなどのカントリー・ビジネス（→ p.147）に取り組んだり，農村の自然環境や暮らしに魅せられ，それを案内・保全する仕事についたりするケースもめずらしいことではなくなっている❶。

　さらに，何気ない農村の自然やその景観，ふだんの暮らしなどを舞台とする，グリーン・ツーリズムなどの取組みは，名所旧跡などの観光資源に恵まれた地域だけのものではなく，すべての農村地域において取組みが可能なものである。

　つまり，いまや「グリーンライフ」の取組みは，農村の人びとだけのものではなく，都市住民を含むすべての人びと，すべての地域に深く関わるものとなっているのである（→ p.121「参考」）。

(2) 足もとから地域の魅力や資源（宝）を発見する

　「グリーンライフ」の取組みにおいては，それぞれの地域における自然や産業，生活，景観，文化までを含めた地域の全体が活動の対象となる。その活動を進めていくうえでは，決まった方法や事項があるわけではないが，それぞれの地域や場所において，そこにある魅力や資源（宝）を発見していくことが，各種の活動を進めていく第一歩としてとくに重要である（表1）。

　その場合，まず都市と農村の生活環境や生活様式を比較して，都市になくて農村にあるものを探してみるとよい❷。農村と都市のちがいが明らかになったら，他の地域と比較して，自分の地域ならではのものを発見する必要もある。人が旅をするのは，そのためでもあり，国内にとどまらず海外に目を向けることも大切である。

　さらに，歴史をさかのぼったり体験をとおしたりして，現在はないもの，目には見えないものなどを発見していくことも必要である。そのためには，まず地域のお年寄りに話を聞いたり，体験して五感で発見したりすることも大切になる❸。

　とくに，グリーン・ツーリズムの魅力は，「何気ない農村の魅力」といった表現に象徴されるように，私たちが求める宝は，とかく目につきにくいものでもある。表2は，地域の資源を総合的にとらえ，農村ならではの宝を発見していくための視点の一例である。

❶都市の人がグリーン・ツーリズムや市民農園などを体験することによって，自らの価値観やライフスタイルなどが変化したり，農村の人が都市の人を受け入れて交流することによって，自分の地域や農業の魅力を再発見したりすることも少なくない。その意味で，農村と都市が相互に交流する「グリーンライフ」の取組みは，双方の住民にとって「自分探し」の機会ともなる。

❷改めて「地域の宝を発見しよう」といっても，そこに住んでいると，日々見なれたものばかりで，何が宝なのかわからないことも多い。宝探しには，都市の人びとや都市出身の人にも加わってもらうと，農村と都市のちがいが鮮明になり，地域の宝を見つけやすい。そうすることで，宝探しを客観性のあるものとすることもできる。

❸栽培，飼育，農産加工，生業，採集，郷土芸能などについての「名人」（米づくり名人，そば打ち名人，キノコ採り名人，太鼓打ち名人など）を発掘することも大切である。

表1　身近にある資源とその魅力の例

和　名	サンショウ（山椒）
別　名	木の芽
科　名	ミカン科
植物の特徴	落葉・低木（アゲハチョウの食樹）
みられる場所	山地に自生，人家に植栽
開花・結実	春・秋
利　用	若い葉・果実： 　香味料，つくだ煮など 完熟果実： 　香辛料（七味の1つ） 果皮： 　健胃薬，回虫駆除薬 木材： 　すりこぎ，小細工物など
文化（季語）	春：山椒の芽，山椒の花 秋：山椒の実

こうした点にも目を向けながら，自分たちの足もとにある資源や魅力を発見していくことが大切になる。

表2 地域の資源のとらえ方の例

発見しやすい地域の資源	目を向けたい地域の資源
人工林	二次林（雑木林，→ p.25）
農地，作物	畦畔，路傍，雑草（→ p.46）
基幹作物(メインクロップ)	補完作物(マイナークロップ)
改良種（F₁品種）	在来種(地方品種，→ p.48)
家屋，母屋	屋敷林，納屋(蔵)（→p.47,72）
晴れ食	日常食（→ p.67）
目に見える景観	香り・音の景観（→ p.104）
機械作業	手仕事，手づくり（→ p.86）

表3 身近な資源（庭の植物）をデータベース化した例

植物名	科名	生態	開花時期	樹高	鳥の好み
ロウバイ	ロウバイ科	落葉	12～1月	中	○
トサミズキ	マンサク科	落葉	2～3月	中	
マンサク	マンサク科	落葉	2～3月	低	○
ミズキ	ミズキ科	落葉	2～3月	中	○
ウメ	バラ科	落葉	2～4月	高	○
ツバキ	ツバキ科	常緑	2～5月	中	○
ハシバミ	カバノキ科	落葉	3～4月	中	
ハナズオウ	マメ科	落葉	3～4月	中	
ヤマブキ	バラ科	落葉	3～9月	低	
カエデ	カエデ科	落葉	4月	中	

注 樹高欄の高：3m以上，中：背丈以上，低：背丈以下．

図2 調査した地域の自然環境や景観をマップに示した例 （写真は，いまでは貴重な資源となったホタル）
（与保呂楽しい村づくり推進委員会「水とやすらぎの里づくり」より，→ p.114）

参考　地域の魅力の発見と都市農村交流の基本的な進め方

自分の住んでいる地域を舞台にして，じっさいに都市農村交流を実施しようとする場合には，まず以下のような手順で計画を立ててみるとよい。

① 地域には活用できるどんな場所や資源があるか探す。同時に，何が欠けているか，何を改善すればよいかも考える。

② 地域の資源となる要素を集めて整理する（できればデータベースにする，表3）。また，新たに導入したり創造したりすることも考える。

③ 個々のスポットを，その内容や地理などの面から体系化し，文章にまとめるとともに，地図上に所在する場所や特徴的なポイントを示していく（図2）。

④ 都市住民がおとずれたとき，どのような順路で移動すると無理がなく，むだがないかなどを検討し，モデルプランを作成する。

⑤ 説明資料の用意や案内板などを考える。わかりやすい案内になっているか，不快な感じを与えるところはないかについても確認する。

⑥ 少し手を加えたり工夫したりすることで改善される点はないか考える。これらの作業は，地域の生活環境の改善や雇用機会の創出にもつながる。

このようにして，計画がまとまったら，都市住民に伝える手段や内容を考え，じっさいに受け入れて応接し，その結果をふまえて評価・修正するという，一連の取組みを行なう。

(3) 各分野の取組みをつないで地域をつくる

「グリーンライフ」における各種の取組みは，非常に総合的なもので，いろいろな知識や技術を必要とする。たとえば，農業・農村体験を企画・運営するためには，農業生物だけでなく地域の自然環境や歴史，文化などについても理解を深めておくことが望ましく，その指導・援助の方法も研究しなければならない。

比較的取り組みやすい，直売所の開設・運営についてみても，まず建物や付帯施設の検討，資金計画・収支計画をはじめとして，農産物の生産だけでなく加工も必要となり，応接・接客，販売という新たな業務も必要となる（図3）。

さらに，農業・農村体験，直売所，市民農園，観光農園，農家レストラン，農家民宿などは相互に結びつくことによって，農業・農村のもつ魅力を大きなものとして，地域全体の経済効果を高めることができる（→ p.136, 199）。

したがって，「グリーンライフ」の取組みにおいては，栽培・飼育，加工，販売，経営などの知識や技術をつないでいく必要がある。地域内の異業種の人びとをつないでいくことも大切になる❶。

こうした個別の知識や技術をつないで新たなものを創造したり，経営や地域の課題を解決したりしていく取組みは，これからの社会において非常に重要になるとともに，地域社会からも強く求められるものである（図3）。

❶このように，「グリーンライフ」の取組みは，農村と都市の交流や連携にとどまらず，自己の経営内における部門間の交流・結合や，地域内における異業種間の交流・連携をうながし，地域全体を活性化させていく点にも大きな意義がある。

図3　直売所での接客・販売

「グリーンライフ」の取組みから生まれる資格

「グリーンライフ」の取組みは，新しい分野であるが，それに関連する資格も増えつつある。その一例を以下に紹介しておこう。

インストラクター　都市住民がさまざまな体験活動をおこなうとき，指導者（インストラクター）の存在が欠かせない。指導の内容や技術のていどなどにより，資格を必要とするものもある。

コーディネーター　グリーン・ツーリズムの実際などについて，企画立案を担当する。

グリーン・ツーリズムインストラクター育成スクールでは，エスコーター，インストラクター，コーディネーターの各コースが設置されている。

ガイド，インタープリター　ガイドには，ちょっとした案内をするていどのものから，資格を要する高度なものまである。インタープリター（→ p.42）とよばれる案内人も活躍している。

自然観察指導員　野生生物や自然環境について，参加者のレベルを考えながら指導にあたる。

野生生物の調査・分類などの能力向上を目的とした「生物分類技能検定」も実施されている。

民芸品づくり，陶芸，あるいは手打ちそば・うどんなどをつくるにも，指導者の存在が欠かせない。とくに資格は必要としないが，一定以上の技術力が求められる。

(4)「農家・農村ならではのサービス」を創造する

　グリーン・ツーリズムや市民農園，観光農園，直売所などの都市農村交流を取り入れた経営（農のビジネス）が，通常の農業と異なる大きな特徴の1つに，都市の人びとなどを受け入れて，応接や接客をおこなうという点がある。そのため，訪問者や滞在客のニーズに応える応接や接客などのサービスの提供が必要になる点は，他のサービス業（第3次産業）と変わりはない。

　しかし，都市農村交流を取り入れた農のビジネスにおいては，あくまで農家の日常生活や農村の暮らしをベースにして，サービスのあり方を考えたり，応接や接客の方法を工夫したりしていくことが大切である❶。

　たとえば，先行した農家の実践からは，「ふだん着でのおもてなし」「滞在客の人となりを知ったうえでの対応」「遠い親せきをむかえる気持ちでの対応」などの重要性が指摘されており（→ p.143），施設・設備などの面でのさまざまな工夫も生まれている。

　都市農村交流を取り入れた農のビジネスの定着・発展のためには，こうした実践に学びながら，「農家・農村ならではのサービス」を創造していくことも求められている。

❶グリーン・ツーリズムや市民農園などでは，団体客などの不特定多数の一過性の客の受け入れではなく，家族連れなどの少数の継続的な客の受け入れが基本となり，後者のような顧客（リピーター）を増やしていくことが経営の安定・発展にもつながっている。

図4　子どもたちの意見も取り入れた地域の将来ビジョンづくり

参考　正解のない世界で地域づくりの手法を発見する「グリーンライフ」

　「グリーンライフ」の取組みは，新たな地域づくりの手法を発見していくことでもある。

　たとえば，グリーン・ツーリズムや市民農園などの取組みは，個人としてだけではなく地域のグループや自治体などと連携して進めていく場合も少なくない。さらには，都市の人びとの意見や提案も聞きながら取組みを具体化していく場合もある。

　そうした場合には，多くの人びとから出された多様な意見の合意形成を図り，地域全体で共通の認識をもつことが欠かせないものとなる（図4）。そのためには，ワークショップ（→ p.116）などの手法も必要になる。

　さらに，農村の景観などの活用にあたっては，どのような景観が好ましいかについては，必ずしも正解があるわけではなく，個人差や世代差がみられることも少なくない。そうしたなかで，地域としての合意を形成し景観を保全・改善しながら活用していくためには，さまざまな工夫が必要になる（→ p.109）。

　このように「グリーンライフ」に取り組んでいくことは，地域の資源（宝）を発見・活用して地域づくりを進めていくための，さまざまな手法を発見していくことでもある。

第2章
農業・農村の機能の発見と活用

第2章

1 農業・農村の魅力と「農」の世界を探る

1 農業・農村の魅力の発見―ある山村の旅から

グリーン・ツーリズムや市民農園などの農村と都市の交流は，世界的な広がりのなかで，わが国でもさまざまな取組みがみられるようになっている。そこでは，交流や旅の形態やあり方が見なおされ，人間と自然の新たな関係づくりが始まっている。

では，私たち人間は，なぜ旅をしたり旅人を受け入れて交流したりするのであろうか。それは旅のなかでの他者❶との出会いや理解をとおして，自分を見つめ，自己とは何かを探るためである。さらに旅は，いまある自己や自分たちの文化が，どこからきてどこへ行くのかを知る方法としても有効である（図1）。

たとえば，都会の人が農村を旅することで，自分の暮らしやライフスタイルを見つめなおしたり，農村の人が都会からの旅人を受け入れて交流することで，農業の魅力や自分の住む地域のよさを再認識したりすることもできる。たとえ，遠くへ旅をしなくても❷，自分の地域を見つめなおしたり老人に話を聞いたりすることで，埋もれていた資源や知恵を掘り起こすこともできる。それでは，私たちも農業・農村❸の魅力を発見する旅に出てみよう。

❶この場合の他者とは，異文化，地域の文化，生業差（職業差），世代差，歴史的な社会的性差（ジェンダー），時代による文化の差異などを含む。

❷旅とは，ふつう，自分の住む土地を離れて，一時的に他の土地に行くことを指すが，古くは，自分の住居を離れることを，すべて旅といった。

❸農耕と漁撈や山仕事などは一緒におこなわれることもあるので，ここでの農業・農村とは，漁業や林業，漁村や山村も含む。

図1　旅で出会った暮らしの情景（アジアの農村で広くみられる景観と営み）

(1) 日本列島の自然と暮らしの文化の特徴

変化に富む自然 私たちの住む日本列島は，中緯度温帯のモンスーン地帯に位置し，季節の変化に富み，夏の気候は高温・湿潤で，植物の生育がおうせいなところである。しかも，南北にも東西にも長く地形も変化に富み，植物の種類が非常に豊富である。種子植物❶だけでも5,000種近くあり，地域によって植物の分布も変化に富んでいる。さらに，これらの植物をえさや住処（すみか）として生命をつないでいる動物や微生物も豊富で，変化に富んでいる。

地域性ゆたかな文化 わが国の生業❷や暮らしの文化❸は，こうした多様な生きものを基盤として成り立っており，地域によってバラエティに富んでいる。それは，各地にみられる山菜やキノコ，木の実などの食べものをはじめとし，建材や道具類，まきや炭，庭木などに利用する植物にもよくあらわれている。

たとえば，春の食卓をいろどる山菜といえば，ワラビやゼンマイが代表的なものであるが，北国ではウワバミソウ❹やギョウジャニンニクなども欠かせないものである。近年，その価値が見なおされている木炭の素材にしても，紀伊半島ではウバメガシが中心であるが，北上山地ではコナラやミズナラが多くなる（図2）。

いちばんはじめに春を告げてくれる植物も，地域によって異なる。尾瀬で有名な檜枝岐（ひのえまた）では，雪がまだあるなかで最初に咲く花は，沢沿いに咲く白いイチリンソウである（図3）。この花が咲く3～4月の時期には，山では風がよく吹きわたることからカゼフキ

❶花を咲かせて種子をつくる植物の総称で，顕花植物ともいう。シダ類やコケ類などは，顕花植物に対して隠花植物とよばれる。

❷「なりわい」ともいわれ，ある集団において人間が自然と深く関わりながらおこなう狩猟，採集，農耕，漁撈，牧畜などの主要な生計維持の方法をいう。

❸ある人間の集団のなかで習得され（先天的ではなく），共有されていて，伝達される行動様式や生活様式の体系をいう。したがって，文化とは，社会の成員として人間によって獲得されたあらゆる能力や習慣の体系ともいえる。

❹東北地方では，一般的に方名（→p.21）でミズナという。

図3 早春に白い花を咲かせるイチリンソウ

図2 雑木林に生えるコナラ

1 農業・農村の魅力と「農」の世界を探る

❶この地方ではタニイソギともよばれるが，これは，谷筋に多く生えており，他の植物に先がけて急いで咲くことに由来するらしい。

❷日本の植生は，①沖縄県にみられる亜熱帯林地帯，②西日本の多くを含む**常緑広葉樹林帯（照葉樹林帯）**，③東北日本を中心にした**落葉広葉樹林帯**，④北海道に広がる**針葉樹林帯**の4つに大別される。しかし，植生は標高の影響も受け，常緑広葉樹林帯に位置していても標高が高いところには，落葉広葉樹林がみられる。

マンサクの花

ハナウドの花

サルナシの実

バナの名もある。一方，中国地方の山村では，マンサク❶の木が葉を出す前に，まず黄色の花を咲かせ，ほのかな香りを漂わせる。

　こうした多様な生きものは，私たちの生命をつなぐ最も基本的な地域の資源であり，地域の生業を支えるとともに，暮らしの文化をいろどりゆたかなものとして，楽しさをも与えてくれる。

(2) １つの山村にみる資源と文化のゆたかさ

　人びとは身のまわりの自然をどのように利用してきたかを，中国山地にある小さな集落を例にもう少しくわしくみてみよう。そこは，どこにでもある，一見何もないようにみえる山村である。

　この山村は，標高400mくらいのところにあり，集落に近い山は常緑広葉樹林であるが，標高が800m以上のところにはブナやミズナラが優占する落葉広葉樹林が分布している❷。ここでの暮らしのなかに野生植物がどのくらい利用されているかを，標準的

表1　中国地方の山村で利用されていた野生植物とその利用法

和名	方名	科名	種別	A	B	C	D	E	F
ウド	ウド	ウコギ科	草本	○	○				
コウタケ	コウタケ	イボタケ科	キノコ	○	○				
ゼンマイ	ゼンマイ	ゼンマイ科	シダ	○	○				
フキ	テテッポ	キク科	草本	○	○				
アミタケ	イクチ	アミタケ科	キノコ	○					
キナメツムタケ	シモタケ	モエギタケ科	キノコ	○					
サマツ	サマツ	キシメジ科	キノコ	○					
サンショウ	サンショウ	ミカン科	木本	○			○		
ショウゲンジ	シバカツギ	フウセンタケ科	キノコ	○					
スギナ	ツクリ，ツクツクホウシ	トクサ科	草本	○					
センボンシメジ	センボシシメジ，カブシメジ	キシメジ科	キノコ	○					
ダケゼリ	カケゼリ	セリ科	草本	○					
タラノキ	タラ	ウコギ科	木本	○					
ナメコ	ナメコ	モエギタケ科	キノコ	○					
ナラタケ	モトアシ	キシメジ科	キノコ	○					
バイカモ	ウダゼリ	キンポウゲ科	草本	○					
ハナウド	ヤブウド	セリ科	草本	○					
ハナホウキタケ	ネズミデ	ホウキタケ科	キノコ	○					
ホンシメジ	シメジ	キシメジ科	キノコ	○					
マキタケ	ボタヒラ	キシメジ科	キノコ	○					
ウワバミソウ	タキナ	イラクサ科	草本	○					
ワラビ	ワラビ	ワラビ科	シダ	○					
ホオコグサ	チチボウコウ	キク科	草本		○				
ヤマボクチ	ケンザキホウコウ	キク科	草本		○				
ヨモギ	ヨモギ	キク科	草本		○		○		
アキグミ	アサドリ	グミ科	木本			○			
エビガライチゴ	サルイチゴ	バラ科	木本			○			
オニグルミ	クルミ	クルミ科	木本			○			
ガマズミ	ウシブタイ	スイカズラ科	木本			○			
キイチゴ	フゴイチゴ	バラ科	木本			○			
ギョウジャノミズ	マサキガブ	ブドウ科	木本			○			
クマイチゴ	オオカワイチゴ	バラ科	木本			○			
クワ	クワイチゴ	クワ科	木本			○			
サルナシ	ジイノドウラン	マタタビ科	木本			○			

A〜Fは利用法を示す（A：総菜，B：保存食料，C：山野で採食，D：民間薬，

な家庭から聞き取りしてみると，その数は60種類以上に及んでいる（表1）。まきや炭にしたり観賞用に利用したりする植物も含めるともっと増える。その例をいくつか紹介しよう。

　食べもの　この山村には方名❶ヤブウドといっているものがある。それは和名ハナウドのことで，ニンジンなどと同じ仲間（セリ科）の植物である。この若い葉は汁に入れると，コリアンダーに似た特有の香りがする。サルナシ（方名ジイノドウラン❷）など，実がおいしく野外でとって食べるものも多い。

　この山村でのキノコの王者は，ブナ林の中（林床）に生えるコウタケやシメジで，土地の人びとは，「なんといっても，においコウタケ，味シメジ」といって，その香りや味を楽しんでいる。

　民間薬　樹の内皮が黄色いキハダ（方名キワダ）が代表的なものである。煎じて飲めば，胃腸薬として，人間だけでなく家畜にもよく効くため，樹皮を夏土用のころに採取して乾燥させたもの

❶それぞれの地域に住む人びとが命名した，地域固有の動植物などの名前のことで，地方名，方言名，現地名などともいう。これに対し，日本共通の名前が和名である。

❷「爺の胴乱」のことで，サルナシの実の形が爺さんの使っていた胴乱（薬やたばこを入れていた袋）に似ていることからこの名がある。

林床に生えるコウタケ

キハダの葉と実

シキミの葉と花

和名	方名	科名	種別	A	B	C	D	E	F
スグリ	チョウチンイチゴ	ユキノシタ科	木本			○			
スモモ	スウメ	バラ科	木本			○			
ナツハゼ	アタマハゲ	ツツジ科	木本			○			
ナワシログミ	グイビ	グミ科	木本			○			
ハタンキョウ	サザンキョウ	バラ科	木本			○			
マツブサ	マツガブ	マツブサ科	木本			○			
ヤマブドウ	ヤマブドウ	ブドウ科	木本			○			
ヤマボウシ	ウツキ	ミズキ科	木本			○	○		
ユスラウメ	ユスラ	バラ科	木本			○			
アスナロ	アスナロ	ヒノキ科	木本				○		
キハダ	キワダ	ミカン科	木本				○		
クロモジ	クロモンジャ	クスノキ科	木本				○		
ゲンノショウコ	ミコシグサ	フウロソウ科	草本				○		
センブリ	センブリ	リンドウ科	草本				○		
ドクダミ	ジュウヤク	ドクダミ科	草本				○		
アカマツ	メンマツ	マツ科	木本					○	○
イヌガヤ	ガヤ	イヌガヤ科	木本					○	
エゴノキ	チナイ	エゴノキ科	木本					○	
カヤ	ススキ	イネ科	草本					○	
クズ	クズボウラ	マメ科	草本					○	
クリ	クリ	ブナ科	木本					○	
ケヤキ	ケヤキ	ニレ科	木本					○	
シナノキ	ヤマカゲ	シナノキ科	木本					○	
ナツツバキ	サルスベリ	ツバキ科	木本					○	
ネジキ	カシホシ, カショウセン, アカメ	ツツジ科	木本					○	
ホオノキ	ホオ	モクレン科	木本					○	
リョウブ	リョウボク	リョウブ科	木本					○	
オミナエシ	ボニバナ	オミナエシ科	草本						○
シキミ	ハナノキ, ハナエダ	シキミ科	木本						○
スギ	スギ	スギ科	木本						○
ソヨゴ	フクラシ	モチノキ科	木本						○
ヒサカキ	センドシバ	ツバキ科	木本						○
ミソハギ	ミソバナ	ミソハギ科	草本						○

E：農具・建材・繊維・かご，F：神社・寺・祭用）

を保存しておいて利用している。

道具 農作業や山仕事に使うなたを入れる袋（「フクロセコ」とよんでいる）は、シナノキ（方名ヤマカゲ）の樹皮でつくる❶。この袋はきわめて丈夫で雨にも強い。素材が自然であり、いまなら工芸品としてもりっぱに通用するものである。

儀礼・遊び 神棚や仏壇に供える植物としては、ソヨゴ（方名フクラシ）やヒサカキ（方名センドシバ）、シキミ（方名ハナノキ、ハナエダ）などが用いられている。お手玉のなかには、防虫作用のあるエゴノキ（方名チナイ）の実を入れている❷。

このように山村に暮らす人びとは、じつにさまざまな野生生物を利用し、自然の性質をうまく使って生活してきた。同時に、野生植物の特徴をうまくとらえて、それにふさわしい名前もつけている。これらは、その地域の貴重な資源であり文化でもある。

1つの集落は自然をたくみに利用するぼう大な知識を歴史的に蓄積し、それは日本列島の10万をこえる集落に及んでいる。

(3) 地域の魅力を発見するための旅や調査，交流のあり方

日本列島の各地にみられる自然に関する知識や技能は、人びとの暮らしのなかに歴史的に蓄積されてきたもので、とくに記録には残されていない場合が多い。したがって、それを発見するためには、その土地の暮らしそのものを深く見つめたり、自然をたくみに利用してきた人びと（とくに地域の老人や名人とよばれている人）にじっくりと話を聞いたりするのが有効な方法である。

つまり、私たちがふだんから無意識におこなっている「観察」

❶樹皮は縦に裂いて，家の近くの川に約3か月つけて繊維だけを取り出す。それを適当な長さに切って，ねじりながら袋に編むと，フクロセコができあがる。

❷エゴノキの実に虫が嫌う物質が含まれているので，虫に食われることがない。

図4 旅のなかでの調査 （左：暮らしに利用されている植物の観察，右：土地の人から聞き取った資源カードの例）

や「聞取り」という調査方法は，他者の文化を理解する基本的なものである（図4）。しかし，こうした方法には，いくつかのハードルがあり，旅人（調査者）には次のような姿勢が求められる。

固有の言葉を理解する　日本各地には，その土地に固有な言葉（方言や方名など）があり，旅人や若い世代にはわかりにくいものも少なくない❶。しかし，その土地の言葉は地域の固有な文化であり，それを発見し理解しようとすること自体が，その地域のより深い理解につながる。言葉の障害を除くためには，現物や写真，スケッチなどを示しながら話を聞くことも有効である。

滞在する，体験する　暮らしのなかに蓄積されてきた伝統的な知識や技能❷は，もともと人に教えるためのものではないので，言葉では説明しにくいという面がある。そのため，滞在してじっくりと話を聞いたり，作業をよく観察したりする必要がある。炭焼きや紙すき，漁撈や狩猟などの魅力やおもしろさを発見するためには，じっさいに体験してみることが第1歩である（図5）。

伝統のなかに創意工夫を発見する　こうした自然に関する伝統的な知識や技能は，変化しないものではない。その時代の新しい素材や道具を取り入れるし，創意工夫が重ねられていくために変化もする。その創意工夫こそが，地域固有の生業や文化を生み出してきたのである。したがって，伝統的なものの魅力を発見し，現代に生かしていくためには，伝統的なもののなかにある創意工夫や変化にも目を向けていかなければならない。

こうした姿勢やまなざしは，農業・農村体験やグリーン・ツーリズム，農村・都市交流などにおける姿勢やまなざしそのものでもある。

❶たとえば，中国地方の山村では，クズのことを方名でウシノコメとよぶ。これはウシが好むところからつけられもので，じつにたくみな命名である。

❷地域の老人や名人とよばれる人がもっている技能とは，ものをつくるための経験的な知識の体系ということができる。それに対して，技術は，ものをつくるための客観的に系統化された知識の体系である。

図5　伝統的な漁撈の例（投網（とあみ）によるアイゴ〈方名スクガラス〉漁）

 **参考**　**伝統的な技術にみられる創意工夫**

食卓に珍味としてのぼるアワビやサザエは，人が海にもぐって手でとることもあるが，いまでは舟の上から箱めがね（木の板枠に板ガラスを取りつけたもの）でのぞいて海底のアワビやサザエを探し，アワビカギやサザエヤスでとることが多い。

そのときに用いる箱めがねは，だれがどこでつくって広がっていったのかはわからないが，明らかに漁の効率を高めるために，板ガラスが人びとのあいだに普及した明治以降になって開発され，各地の漁師たちによって改良が重ねられていったものである。

2　農業・農村のもつ機能の発見と活用の視点

　前項では，1つの山村を例に，農業・農村のもつ魅力，つまり，そこに住む人びとの自然と関わる知識や技能のゆたかさの一端を紹介したが，ここでは，日本列島の各地を旅して，農業・農村のもつ資源や機能を自然，物産，労働，文化などの面から見つめなおし，そのゆたかさを発見するとともに，グリーン・ツーリズムなどの農村と都市の交流に活用するための視点を探っていこう。

(1) わが国の自然の特徴と自然環境の活用

　日本列島の自然の大きな特徴は，大部分の地域において，夏の気候が高温・多湿で植物の生育がおうせいであり，植物の種類もじつに多様なことである。このことは，世界的な視野からみても，きわだった特徴で，「植物資源大国」といわれるほどである。

　二次的自然とその特徴　もう1つの大きな特徴は，わが国の自然のほとんどは，人の手が適度にはいることによって，その状態や機能が維持されている**二次的自然**，あるいは人の手によって大きくつくりかえられた**人工的自然**であるという点である。いまやわが国には，人の手が全くはいっていない**原生的自然**はほとんどない❶。

　二次的自然の代表的なものの1つは**里山**で，その自然環境は，薪炭用の木材の伐採や堆肥用の落葉かきなどのために，適度な利

❶原生的自然に近いとされるのは，わずかに白神山地のブナ林，屋久島のスギ林などである。

図6　里山の情景（右）とその林床をいろどる春植物（上：カタクリ，下：サクラソウ）

用（人為的な管理）がなされることによって維持されてきた。たとえば、クヌギやコナラなどが優占する二次林❶（雑木林）は、薪炭用などのために定期的かつ計画的な伐採（ほう芽更新）❷をおこなうことによって遷移が先に進まず、樹種が一定に保たれ安定的な生態系が維持されてきた。

こうした雑木林の林床には、早春にまわりの草木が芽吹く前にいちはやく芽を出して、かれんな花を咲かせるカタクリやイチリンソウ、フクジュソウ、サクラソウなどの春植物❸が適応して生活しており、里山の自然環境をゆたかなものとしている（図6）。

しかし、雑木林が利用されなくなり、草木が茂りすぎたりシラカシなどの常緑広葉樹へと遷移が進んだりして、林床に光がはいらなくなると、春植物は生活できなくなり絶滅してしまう。つまり、里山のゆたかな自然環境は、人間が適度に利用することによって維持されてきたのである。

人間が自然を改変してつくりあげ、多くの労力をかけて維持してきた水田や畑、畦畔、屋敷林（→ p.47）などの高度に人工的な環境に、生物の側で適応して生活しているものも少なくない。水田に適応したドジョウやフナ、タニシなどはその典型で、それらも農村の自然環境をゆたかなものにしている（図7）。

二次的自然の活用の視点 私たちは、日本列島の自然環境をゆたかなものとして、維持・活用していこうとすれば、それぞれの地域で、自然と深く関わってきた人びとに学びながら、里山や水田などの二次的自然の利用の仕方を工夫していくことが求められ

❶伐採や火災などによって新たに遷移が始まり、その過程にある森林のことで、適度に人為を施せば二次林の状態のままで維持できる。薪炭林はその典型で、国木田独歩の『武蔵野』に登場する雑木林も関東地方の典型的な二次林である。

❷カシ類などの樹木が伐採後に切り口からほう芽する性質を利用して、ほう芽した新芽を成長させて、ふたたび林を育成する方法。

❸早春にいちはやく芽を出し、葉を広げて光を受けとめ開花・結実し、春が深まりまわりの草木が茂るころになると枯れて休眠にはいる植物。

図7 水田に適応した生きもの

 「備長炭」産地にみる、原木（ウバメガシ）の持続的利用

紀伊半島で生産される紀州備長炭は、品質のよい高級木炭（白炭、→ p.87）として知られるが、その産地には、原木のウバメガシを持続的に利用するためのさまざまな工夫がみられる。

たとえば、原木を伐採するときには、山のすべての木を伐採する「皆伐」ではなく、直径5cm以下のウバメガシとカシ類を残して、それ以外の木をすべて伐採する「抜き切り」がおこなわれてきた。

そうすると、7～10年後には原木としてふたたび利用できるようになるし、「抜き切り」を繰り返すことで、ウバメガシとカシ類を含む割合の大きい林ができていく。

さらに、伐採のさいには、まっすぐな木を残すようにして、良質な原木を育成してきた。

ウバメガシの林の資源や機能は、こうした手入れの積み重ねによって安定的に維持されてきたのである。

るのである（図8）。

　同時に，日本列島に住む人びとは自然を身近なものとしてとらえ，深く関わってきたため，さまざまな自然現象や野生生物などにも，暮らしの文化が包含されていることが多い。たとえば，東北地方の山村では，5月にときならぬ雪が降ると，これを「びっきかくし」という。「びっき」はガマガエルのことで，この比喩は，自然現象と野生生物（ガマガエル）の生態を重ねあわせた❶，じつにたくみなものである。

　農村での自然体験の場面などでの，自然環境の活用にあたっては，こうした自然現象や野生生物にまつわる文化を発掘して一体的に活用していくことも興味深い（→ p.44）。

❶冬眠から覚めたガマガエルが寒さでふたたび地中にもぐることと，ときならぬ雪を重ねあわせている。

図8　二次的自然の利用の工夫例（水田〈棚田〉を活用したノシバ放牧）

 **水田に適応したフナの生き方とフナがつくる食文化**

　水田での養鯉が発達した長野県佐久地方の山間部の水田（棚田）には，周囲の水系にはフナが生息していないのに，コイに混じってフナ（ギンブナ）がみられた。

　このフナは，水田養鯉がおこなわれるにともなって自然に増えていった場合が多い。それは，水田という環境が，フナにとって非常に生息しやすい条件をそなえていたからである。さらにギンブナのほとんどは雌で，その卵は別の魚（コイなど）の精子の刺激によって発生を開始し子孫を残すことができる。この点も限られた空間である水田に，フナが適応できた理由であろう。

　このフナは，ターカリブナとよばれ，秋になると捕獲され地域の貴重な食料（動物性タンパク質源）となった。佐久地方の郷土料理として有名なコイ料理は，どちらかというとぜいたく品であったが，フナはもっぱら日常食で，各家庭で丸のまましょうゆで煮付けておかずにした。それは，地域の食文化の1つとして欠かせないものであった。

(2) 自然利用の総合的な知識と地域の物産づくり

人類共通の経験に学ぶ　さきに中国地方の山村の例でみたように，そこで生活する人びとが採集する野生生物は，自らの暮らしに利用する（自給する）ためのものである❶。したがって，その範囲は食物だけでなく民間薬，道具や建材，儀礼や遊びなど，暮らしの各分野にわたり，その知識や技術は，採集から加工にいたるまでの全過程を含むものである。

つまり，それは，きわめて実践的で総合的なものであると同時に，長い時間をかけて創意工夫が重ねられてきたもので，人びとの歴史的な経験が結晶化した「人類の経験」といえるものでもある。私たちは，いろいろな地域の「人間と自然の関係」を人類共通の経験としてとらえ，そこから学んでいく必要がある。「人類の経験」という意味で，海外の例も１つ紹介しておこう。

中国の最南部の海南島には，少数民族であるリー族の人びとが山間部に多く暮らしている。この人たちの暮らしのなかでは，水田の畦畔や水田内に生えるウリカワ，オモダカ，デンジソウ，クワレシダなど数十種の野草（表2）は，りっぱな野菜として認知され，広く食生活に利用されている（図9）。ここでは，水田の野草が「雑草」ではなく貴重な資源になっているのである。また，畑ではバナナと陸稲などのたくみな混作もおこなわれている。

水田や畑は，ある特定の作物をつくるためだけのものではなく，じつに多機能であったことは見なおされなければならない（図

❶そこで生活する人びとが観察し採集する野生生物が，植物分類学者が観察し採集する野生生物と大きくちがうのは，食べものであれ道具であれ，「利用」するという点にある。

表2　リー族の水田周辺で採集されるおもな野草

和名	リー族の名前	利用形態
タケダソウ	ウフーン	食用
イボクサ	ウモンビヤン	食用・薬用
チドメグサ	カンハイクーン	食用
イタチガヤ	カンホンジャン	薬用
ナンゴクデンジソウ	カンレ	食用
オモダカ	カンハウラーイ	食用
ウリカワ	カンフェツ	食用
コナギ	カンホベット	食用
コブナグサ	カンモンリアン	食用
クワレシダ	イカーン	食用
オギノツメ	ウジャージット	薬用
ベニバナボロギク	ウホーン	食用
キンマ	カヌファン	食用
オオバコ	ガンカイロウ	食用
カタバミ	カンダオカンファオ	食用
セリ	カンテンテイ	食用
ミズイモ	ハギアヨコパウ	食用

図9　水田の野草を利用するリー族の人びと（左）と利用している野草例（右：ナンゴクデンジソウ）

10)。わが国の水田でも、イネをつくるだけでなく、コイやフナを飼ったり、畦畔にダイズやアズキを植えたり、畦畔の草は家畜飼養に利用されたりしてきた。中国の珠江デルタ地帯で発達した「桑基魚塘(そうきぎょとう)」は、イネ、カイコ、クワ、ブタ、魚、人間、そしてそれらのふんを含めた資源をうまく循環させる高度な循環システムである❶。

人間の食べものは、動植物であれ微生物であれ、循環的なシステムをもつ生物である以上、それを利用するための技術は持続的な環境利用と見合ったものでなければならない。長い歴史のなかで、循環システムをみいだしてきた知恵には、持続的な地域の資源利用を考えていくうえで多くの学ぶべきことがある（図11）。

しかし、こうした知識や技術の多くは、おもに自給的な生活や生産のなかで経験的に生み出され、特定の地域や職域、家庭のなかなどで伝えられてきたものであった。そのため、生活や生産の近代化や分業化が進んだり、世代交代が重ねられたりするにつれて、しだいに失われていったものもある。たとえば、わが国にも野草を食べる食文化は存在したが、食生活の近代化が進むなかで排除され、地域の食文化のなかから失われつつある。

「人類の経験」を現代的に活用する　ところが、環境や食料、資源などの問題が特定の地域や分野の問題ではなく、人類的な課題となった現在では、地域の自然素材をうまく活用した実践的で総

❶ブタやカイコのふん尿や糸を吐いたカイコは魚のえさになり、クワはカイコのえさになる。養魚池の魚のふん泥は水田や畑の肥料となる。イネや魚やブタは、人間の食べものともなる。それらは換金するための商品にもなる。

図10　裏作にコムギやナタネがつくられている水田

図11　地域の自然素材の活用例（米を原料としたきりたんぽをダイズの残渣〈豆がら〉を燃料にして焼く）

合的な知識や技術が，世界的に生産や生活の各分野で求められるようになっている。地域農産物を活用した生産から加工・販売にいたる農業の総合的な産業化（→ p.200）を進めることも，その1つである。その場合に，採集から加工までを含む実践的で総合的な知識や技術（高度な循環システム）はきわめて有効なものとなる。

　つまり，いまを生きる私たちには，「人類の経験」というべき知識や技術を，積極的に発掘・継承し，さらに創意工夫も加えて現代的に活用していくことが求められている。こうした視点は，野生生物の利用にとどまらず，それぞれの地域で農産物の加工を進めていくうえでも重要となる。なぜなら，いま，農業・農村での加工の取組みに求められているのは，できるだけ地域農産物や自然素材を使い（図12），環境への負荷が小さく，自ら利用するものの延長としての加工だからである。

図12　地域農産物や自然素材を使った加工例（左：地場産コムギでのそうめんづくり，右：イタヤカエデのかごやバッグ）

自然素材を使った実用の科学——エスノサイエンス

参考

　採集から調理や加工までに及ぶ野生植物利用のように，いろいろな地域でさまざまな環境にある自然の素材をうまく使い，身のまわりの役に立つモノをつくることは，エスノサイエンスという言葉でよばれている。

　つまり，ある地域に住む人びとが，身のまわりの環境から生活の糧を引き出す方法の総体のことで，身のまわりの植物や動物に関する採集方法や狩猟方法，あるいは栽培方法や飼育方法，またそれらの民俗的な分類・同定など，具体的な生きていく方法としての実践的な科学のことである。

　このエスノサイエンスは，自然素材を使った実用の科学ともいえるもので，地域の産業のあり方や環境問題を考えるうえでも，これから重要な意味をもってくると思われる。

（3）生業のなかの労働のおもしろさと農業・農村体験

　各地の農家や農村が蓄積してきた生物利用の総合的な知識や技能は，生産・生活様式の変化や技術革新の進展などによって失われてしまう場合もある。しかし，経済的な意味はそれほど大きくないにもかかわらず，現代にいたるまでめんめんと続けられている生業もある。たとえば，各地に残るニホンミツバチの養蜂❶もその1つである。

　長崎県の対馬ではニホンミツバチの養蜂がさかんで，庭先には何十という，ハチドウ（アカマツやスギなどをくり抜いてつくった人工的な巣）が並んでいる（図13）。この養蜂のおもしろい点は，ニホンミツバチの性質をたくみに利用していることである。

　たとえば，ニホンミツバチの分封❷が始まると，バケツをたたき，ハチがあまり遠くへ行かないうちにホースで水をかける。そうすると，羽の重たくなったハチはやがて軒先や近くの木の枝にとまり，女王バチを中心に大きなかたまりになる。それをしゃもじですくって「ハチトリテボ」というかごに入れて黒い布でおおっておく。そして，ハチが落ち着いたら空のハチドウに移すのである。

　このようにニホンミツバチの養蜂は，生きものの性質を熟知して，生きものに対して繊細な配慮❸をしながら，自然のしくみや秩序を破壊せずにたくみに利用することで，はじめて成り立ち，

❶明治以降にセイヨウミツバチの養蜂技術がはいる以前から，広く日本各地でおこなわれていた伝統的な養蜂技術。

❷ハチが増えて多くなったときに，女王バチを含む1群が古い巣から出て，新しい巣に分かれること。分封には前ぶれがあり，まず多くの働きバチが巣のまわりを旋回し始め，しばらくして女王バチが飛び立つという。

❸巣の中にたまったみつの半分くらいはハチの越冬用として巣の中に残しておいてやったり，寒さの厳しい年には，ハチドウをわらで巻いて暖かくしてやったりしている。

図13　庭先におかれた多数のハチドウ（右は防寒のためにわらで巻いた状態）

持続的なものとなっているのである。そして，このニホンミツバチの養蜂に携わっている人は，じつに楽しそうに仕事をしている。この仕事の楽しさこそが，経済的な意味はそれほど大きくない生業を継続させている大きな要因となっている。

　ニホンミツバチの養蜂にもみられるように，持続的な生産が可能な生業に用いられる道具は，比較的単純なものが多い。それゆえに，生業のなかで成果をあげるため，対象となる生きものの習性や生態をよく知り創意工夫を重ねることが求められ，人と自然の奥深いところでのやりとりとなり，そこに労働のおもしろさが生まれるのである。いまなお各地にみられる伝統的な農法や，漁撈，狩猟など❶についても同じことがいえる。

　こうした知識や技能は，現在では生業の維持だけでなく，里山での動植物の観察，山菜採りやキノコ狩りなど，自然を楽しむ場合の知識としても有効であり，農業・農村体験やエコ・ツアー（→p.41）などの場面でも活用されている。しかし，いわゆるレジャーのためのアウトドアとは異なり，あくまで野生生物を「利用する」ためのものであり，そこには自然と対峙する厳しさが求められることを忘れてはならない。

❶こうした生業は，マイナー・サブシステンスともよばれる。その特徴としては，伝統的で生産から消費までの過程が短い，自然と密接に関わっている，比較的単純な技術ゆえに高度な技法が必要とされる，経済的意味は大きくないが喜びと誇りをともなう，狩猟・採集の時期や場所が限られているため資源を枯渇させることがない，などがあげられる。

参考　アビ漁にみる仕事のおもしろさとその現代的な活用

　瀬戸内海の漁民文化の1つに，アビ漁というじつにたくみでユニークな漁法があった。

　アビというのはシロエリオオハムなどの仲間を指す渡り鳥で，瀬戸内海の蒲刈島や豊島に越冬にくる。やってきたアビは，海表面近くのイカナゴの群れを追う。するとイカナゴはおそれて深くもぐる。それを海底近くにいるマダイがねらう。そこで人間は，アビの行動をみながら釣りのポイントを決めて，イカナゴをえさにしてマダイを釣り上げるのである。

　釣り道具というのは，いくら進歩しても基本的な構造は昔と変わらないから，アビ漁で釣果を上げるためには，アビ，イカナゴ，マダイの3者の関係性や，それぞれの生態や行動についての具体的で精緻な知識が求められる。その意味では，人間の技能（とくに生態的技能，→p.35）が結集されたものであり，そこにこの漁のおもしろさがある。しかも，アビ漁は，必要なだけのマダイが釣れれば，その日の漁は終わる。ここには，無意識に過度な漁獲を避け，資源の持続的な利用を可能にするしくみが内在していた。

　こうした野生生物の生態や人間の技能を視野に入れた栽培漁業や観光漁業（魚やサンゴ礁などの生態にくわしい漁業従事者が，釣りのポイントやサンゴ礁のなかのスキューバ・ダイビングのスポットへの案内などをおこなう産業）などは今後の課題であるが，自然に対峙して生きる人びとの実践的な知識は，長い「人類の経験」によって生み出されたものであり，学ぶべきことが多い。

(4)「農」の生活世界のゆたかさと農村景観・文化の活用

私たちの近くでおこなわれている農耕や牧畜，漁撈あるいは採集や狩猟などの人間の行動は，多くの場合，食べものを得ることを第一義とした行動である。しかし，それらの生活世界は文化としても，じつにゆたかなものである。その一例を**自然暦**（民間暦ともいう）といわれるものでみてみよう。

自然暦とは，文字で書かれた暦が普及する以前から，自然界の変化を利用して，季節の変化を知るための方法として用いられてきたもので，日本列島の各地に数多く伝えられている❶。この自然暦は，多くの場合，2つの生物の発芽や産卵，開花，成熟などの時間的な関係性（同調性）を利用してつくられている❷。たとえば，「コスモスの花が咲くとマツタケが出始める」は，2つの生物の開花と発生の時期が重なることを利用した自然暦である。

2つの植物の関係を利用した自然暦では，1つが栽培植物，もう1つが野生植物になっていることが多い。それは栽培するものの播種（はしゅ）や収穫などの時期を知るために，野生植物の変化を時計として用いる巧妙なものである。

「チグサの花が飛びかかれば山桃ひかる」は，紀伊半島に伝えられている自然暦である。チグサは和名チガヤのことで，山桃は雌雄異株の植物である和名ヤマモモである（図14）。つまり，風媒花であるチガヤが開花・結実して果実が飛散するころ，ヤマモモの果実は成熟することをいっている。

❶日本各地の自然暦を採集した川口孫治郎の著書『自然暦』には，722の暦が収録されている。

❷2つの生物間の関係性としては，植物－動物関係，植物－植物関係，動物－動物関係がある。たとえば，「柳の芽が出ねばカラスの子は生まれない」は植物－動物関係の典型である。

図14 チガヤの花（花穂（かすい），上）とヤマモモの成熟した果実（下）

参考：自然暦の合理性と積算温度，暖かさの指数

生きものの生活史のエポックである植物の発芽，開花，成熟，また動物の発情，産卵，出産，回遊などは，受精後や産卵後からの積算温度によって決まることが多い。

たとえば，イネなら，苗から出穂までの約50日間の温度条件としては，平均気温24～28℃が必要である。そのため，年によって暖冬や冷夏になると開花や成熟などの時期が少しずつ異なり，現在の暦の絶対的な時間では月日を特定することがむずかしい。それよりは，2つの生物の自然観察によって得られる，チガヤの飛散とヤマモモの成熟などの時間的な関係性のほうが，信頼度が高いことになる。

なお，積算温度を利用して植物の分布や成長をみるめやすとしては，暖かさの指数がある。これは，月平均気温が5℃以上の月について，月平均気温から5℃を引いた値を総計したもので，この指数の地理的分布は植生分布とかなりよく対応する。

こうした自然暦は信頼度が高く（➡ p.32「参考」），いまでも，イネやムギなどの播種時期を他の野生植物の開花時期によって決めるなど，自然暦が暮らしのなかで活用されている場合がある。これはきわめて合理的なことで，「農」の文化のゆたかさを示すものである。

　生物的世界と生活レベルでつき合う農耕や牧畜などの世界が，自然を感得する感性を大切にしていることは当然であろう。しかもその世界は，自然の実践的で循環的な利用を基本にしている。したがって，物見遊山で一時的・断片的な自然を楽しむ「切り取られた自然」の観賞や，生活世界と切り離されたところで進められる文化遺産の保全とは異なったものである。

　農村景観の典型として，その景観保存がよくいわれる「棚田」も，棚田のある景色が美しいだけではなく，ぼう大な労力やコストをかけて棚田をつくりあげ，現在にいたるまで維持してきた人びとの営みこそが美しいのである。棚田をはじめとする農村景観は，こうしたまなざしで見つめていく必要がある（図15）。

　また，農村文化の伝承がいわれる，さなぶりや虫送り（➡ p.66），花見や秋祭りなどの農耕儀礼や年中行事は，農作業の必要性から生まれたものであったり，農作業をもとにした暦の節目になるものであったりする。これらも，「切り取られた文化」としてではなく，人間が自然と深く関わりながら営まれてきた農耕の営為の一環としてとらえていく必要がある。

図15　農村の景観・文化の例（棚田〈千枚田〉の景観，上：秋の収穫前におこなわれる祭り）

(5) 地域としての農業・農村の機能の持続的な活用

これまでみてきたような「人間と自然の関係」は,「人間と人間の関係」によっても支えられている。

たとえば,紀州備長炭の産地(→p.25「参考」)には,薪炭林の利用に関して,①直径1寸(3.3cm)以下のウバメガシとカシ類は伐らない,②株を枯死させないために1株から出た枝がすべて1寸以上であっても最低1本は伐らずに残す,といったルールがみられる❶。

また,中国の海南島のリー族の社会では,共有地において「自然に生えた植物」はだれが採集してもよいが,「人が植えた植物」は植えた人の所有になるという慣習的なルールがみられる。だから,植物として同じアダンであっても,あるアダンは所有が決まっていて,あるアダンはだれが採集してもよいわけである(図16)。

こうした慣習的なルール(「人間と人間の関係」のあり方)は,それぞれの社会における環境利用の試行錯誤のなかからつくりあげられてきたものである。このルールは,地域資源の持続的な利用を可能にし,環境の何かを守り,その社会の何かを守っている。

その意味で私たちはいま,さまざまな地域の「人間と自然の関係」とともに「人間と人間の関係」に学んでいく必要がある。農村と都市の交流やグリーン・ツーリズムなどの取組みにおいても,グループや地域全体で取り組んでいかなければ,解決できない課題は少なくない(→p.137)。

私たち人間が身のまわりの環境と関係を取り結ぶことができる範囲は限られているが,そのなかでの関係が悪化すれば地球全体がおかしくなる。「人間と自然の関係」の悪化は,資源の枯渇や栽培植物の不作をまねくなどして,飢餓や紛争といった「人間と人間の関係」にまで影響が及ぶ。

したがって,私たちが人類的な課題(環境問題や食料問題,資源問題など)を解決していくためには,環境汚染に対する規制を強めたり食料援助のあり方を考えたりするだけでなく,私たち1人ひとりが身のまわりの環境(自然,産業,文化など)とどのような関係を取り結んでいくか,ということが問われているのである。

❶これは,薪炭林を所有する集落の自治会が,炭焼きをおこなう人に山に生えている木を伐って利用する権利をゆずるさいの,規約の一例である。

図16 人が植え,所有が決まっているアダン(まわりがきれいに刈り取られている)

とくに，人間が「生身の自然」からしだいに遠くなり，食べものの履歴さえもわかりにくくなった現在❶では，自分たちの食べものが，どのような自然のもとで，だれによって，どんな関係をもって生産されているのか，を自覚的に意識しながら，身のまわりの環境や人びととの新しい関係を構築することが大きな課題となっている。

グリーン・ツーリズムや市民農園など，農村と都市の交流の新しい潮流は，まさに，私たち1人ひとりが身のまわりの環境と新たな関係を取り結んでいこうとする，積極的な取組みそのものであるということができる。農村と都市の交流の必要性は今後ますます高まり，さまざまな取組み（図17）も増えていくであろう。いままでの都市と農村との交流は，「眺める（都市）－眺められる（農村）」「食物を消費する（都市）－食物を生産する（農村）」といった関係であった。しかし，今後はそれぞれが他者の文化を尊重しつつ，相互に深い理解をめざすことになるであろう。その場合，とくに重要なことは，これまでみてきたような「人類の経験」としての「農」の世界についての深い理解である。

❶人間はいくら進歩したとしても，生物起源のものを主要な食べものにしている以上，生物的世界とは切っても切れない関係にある。しかし，分業化が進み，食べものが魚の「切り身」や「味つきピーナッツ」などとして手にはいるようになると，「生身の自然」が何であり，食べものをどのようにして得ているのか，わからなくなってしまう。

図17 農村と都市の交流の新たな取組み（都市住民も参加した草原の野焼き〈二次的自然の維持に欠かせない「農」の営み〉）

参考 自然に関わる技能，技術の特性と環境利用

経験的な知識の体系である技能は，客観的には系統化されていないようにみえるため，マニュアル化がむずかしく，「かん」とか「こつ」といった表現もされる。しかし，技能は経験に裏づけられた合理的なものでもある。

自然と関わる技術は，道具（t）と，それをあやつる身体的な技法（p）と，道具の対象である動物や植物に関する生態学的な知識（n）の総和と考えられ，tとpの和を身体的技能，tとnの和を生態的技能ということもできる。しかし，近代化にともなって，tの部分だけが肥大化して，技術の主要部分を道具や機械がしめるようになった。

人間と自然との距離が遠くなった現代では，自然のしくみやこわさを感得するためにも，生態的技能や身体的技能を身につけることの必要性が高まっている。

これに対して，客観的に系統化された知識の体系である技術は，マニュアル化が容易で，だれがおこなっても同じ結果が出る知識体系といえる。こうした技術に支えられて産業の近代化は進んできた。

ある社会集団の持続的な環境利用は，その社会がもつ技術水準と調和していた。しかし，社会が変化して，外側から技術が導入され技術水準だけが向上して，技術がある閾値をこえてしまうと，持続性が破壊されて深刻な問題が起こる。現在，世界中で起きている環境問題はその典型である。

世界的な広がりをみせているグリーン・ツーリズムの背景には，農業・農村にも及んだこの環境問題に対する反省がある（→ p.124）。

第2章

2 自然環境と農業・農村の発見・活用

1　自然の感じ方と自然環境の発見・活用

（1）身近な自然を発見・体験する

自然のメッセージを感じる

　私たちの身のまわりには，おもしろいな，不思議だなと感じる自然，どきどき，わくわくするような自然がいっぱいある（図1）。今日，あなたはどんな自然と出会っただろうか。自然は人間が生きていくためにはなくてはならないもので，自然のメッセージを感じるアンテナは，あらゆる生きものにそなわっている。

　もし，「おもしろい自然」や「どきどきするような自然」などと，出会ったことがないと思ったら，どこか場所を決めて，散歩や通学の途中など機会があるたびにみてみよう。それは，必ずしも自然がゆたかな場所でなくてもいい。1本の樹でもいいし，ある風景でもいい。人間にそなわっている五感を使ってみつめてみよう。ときには第六感を使って，感じるままにながめてみよう。

　そうすれば，やがて，わずかな変化に気づいたり，おもしろい自然に出会ったりすることができるようになる。そのような「気づき」や「出会い」を重ねることが，自然体験の第一歩になる。

「字書き虫」（ハモグリガの一種）の食痕（ツワブキの葉）

図1　おもしろいな，不思議だなと感じる自然（左：ネコヤナギの花穂，中：ふ化直後のカマキリ，右：光を放つヤコウタケ）

さまざまな自然の感じ方

　私たちは，さまざまな方法で自然を感じることができる。たとえば，身近な植物の葉の感触を比べてみると，つるつる，ざらざらなど，さまざまな感触があるのがわかるはずだ（図2）❶。よくみると，1枚1枚の葉の形や色もちがう。

　葉のにおいはどうだろう。少しだけ葉をいただいて，もんでからにおいをかいでみよう❷。たとえば，さまざまな薬効があるところから「十薬（じゅうやく）」ともいわれるドクダミ（図3）は，かなり強いにおいがするが，それはじっさいにかいでみないと表現できない。

　そのような体験を通じて，はじめは同じようにみえていた植物も，じつにさまざまな個性をもっていることがわかるだろう。そして，その1つひとつの個性は，個々の生きものが生きていくために長年かけて獲得した生きる知恵のあらわれである。

　自然界を移動しながら生活している動物のすがたから自然を感じる機会は，植物に比べると少ないかもしれない。しかし，多くの動物は鳴き声を発したり，ふんや足跡，食べ跡（食痕）などの「しるし」（**フィールドサイン**）を残したりしているので，それらに目を向けることで，おもしろいと感じる自然を発見することもできる（図4）。また，動物は自ら好適な環境を選び，なわばりをもつなどして生活しているので，えさのある場所や行動範囲などを，そっとながめていれば，どきどき，わくわくするような自然に出会うこともできる（図5）。

❶いろいろな植物が生えている場所に行って，目をつぶってどれか1つの葉にさわり，次に葉から手を離して目を開け，どの植物にさわったか，あててみよう。2人ひと組で，片方の人が自分の目をかくし，もう片方の人がさわらせる役目をして，ゲーム的におこなってもよい。

❷手にふれたり，においをかいだりするときには，ウルシなど，かぶれやすい葉もあるので注意しよう。

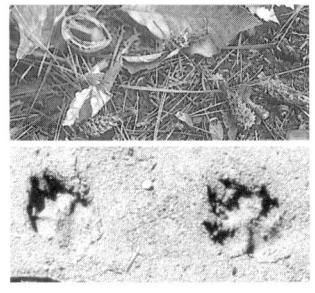

図4　動物のフィールドサインの例（上：リスの食痕〈オニグルミとアカマツの実〉，下：タヌキの足跡）

図2　いろいろな感触の葉（上：ツバキ，下：ブナ）

図3　開花期のドクダミ

図5　間近に見たアナグマ

2　自然環境と農業・農村の発見・活用

❶風の向きや強さは人びとの生活を左右することが多いため，地域の風位名には地域の生活と関わりのあるものが多い。

❷「いつ，どこで，何をみて，どのように感じたか」などが記録のポイントになる。
記録例：2002年2月15日　植物公園　ガスくさいからよくみると，ヒサカキの花の香り。ガスのようなにおいで昆虫を誘い，花粉を媒介させているのだろうか？

　私たちは，生きものだけでなく，さまざまな自然物や自然現象からも，自然を感じることができる。気象の変化や寒暖，風の向き（図6）❶や強さ，水の色やにおい，土の色などにとどまらず，五感をとぎすませば，大気の色や乾湿，風の音やにおい，水や土の味などから自然を感じることもできる。

　さらに，農村には，手入れされた小川のせせらぎの音，刈り取られた生草や乾草の香り，炭焼きがまから立ちのぼる煙の色やにおいなど，そこに人が暮らしているがゆえに，感じることができるぬくもりのある自然もある。

　こうした自然の季節による変化を，感じ発見してみるのもおもしろい。たとえば，鳥はいつさえずるか，セミはいつ鳴くか，季節によって風はどの方向から吹いてくるかなど，もう一度身近な自然をみつめ，そこにみられる生きものの知恵を発見してみよう。

　その場合，自然のなかで気づいたことやおもしろいと感じたことを手帳などに記録❷しておいたり，自然からみた数字のないカレンダー（図7）をつくったりしてみると，季節の変化がより身近に感じられ，自然のことがいろいろとより深くみえてくる。

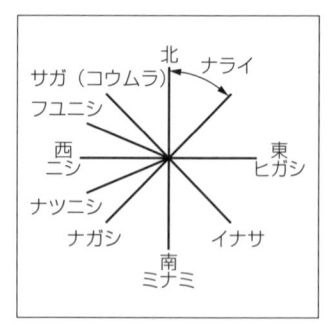

図6　地域の風位名の例（八丈島）
注　同じ島内でも，地域によって風位名が異なる。

(2) 自然の「つながり」や「広がり」をみる

自然のつながりの発見

　私たちの身のまわりの個々の生きものは，けっして単独で生きることはできない。さまざまな個性をもった生きものは，それぞ

	春	夏	秋	冬
よく吹く風	西〜南西または北東	南西	北東	西〜北西
植物その他	オオシマザクラ（花）スミレのなかま（花）	ガクアジサイ（花)	ナンバンギセル（花）イズノシマダイモンジソウ（花）ツワブキ（花）スダジイ（実）	ヤブツバキ（花）アロエ（花）
	海岸に海藻類がよくみられる	ヤコウタケなど光るキノコがみられる		
動物	アカコッコなどさまざまな鳥のさえずりがよく聞かれるツバメがやってくる（通過するだけ）ホトトギスがやってくる潮だまりにアメフラシがみられる	カラスアゲハ，アオスジアゲハがよくみられる潮だまりにさまざまな幼魚がみられる（チョウチョウウオのなかま，スズメダイのなかま，ベラのなかま，など）	海岸でシギやチドリのなかまがみられる（渡りの途中に立ち寄る）	タカのなかまがよくみられるウグイス初鳴き
人の暮らし	春トビ漁カツオ漁ストレリチアの収穫フリージアの収穫アシタバの収穫	夏トビ漁ムロアジ漁トコブシ漁テングサ漁	神社の例祭ストレリチアの収穫	イセエビ漁カツオ漁イワノリ漁アシタバの収穫

図7　自然からみたカレンダーの例（八丈島）
注　「〜がみられると，春（またはその他の季節）を感じる」など，身のまわりの自然から季節を感じてみる。

れに関係しあっている。ここでは,「食べる－食べられる」という関係から,生きものの「つながり」や「広がり」をみてみよう。

　生きもののなかには,擬態したり有毒物質を分泌したりすることによって,他の生きものに「食べられないように」するものがいる一方で,わざわざ「食べられるように」工夫をこらしているものがいる(図8)。鳥のふんに植物の種子が混ざっているのをみたことがあるだろうか(図9)。これは,自力では移動することができない植物が,分布を広げたり近親交配を防いだりするために鳥の翼を借りて,種子を少しでも遠くへ散布しようとしているものである。そのような植物は,種子を鳥に食べてもらいやすいように,種子のまわりに果肉をつけるなどの工夫をしている。

　ここには,植物は鳥に種子を運んでもらい,鳥は植物から食べものを得るという関係が成り立っている❶。植物の種子にはこのほかにも,風によって飛散させるもの,海流に乗って運ばれるもの,動物に付着して散布させるものなどもある。

自然の広がりと地域自然の個性

　植物の種子は,運よく遠くに運ばれたとしても,日照,水分,土壌などの条件が適していなければ育つことができない。生きものが生活するためには,環境条件が適していることが必要で,散布(自然によるたねまき)された種子のうち,発芽して成長を続けることができるものは,好適な環境条件のところに散布されたものに限られる(図9)。

❶鳥には,1年中同じ場所でみられるもの(留鳥),ある特定の季節にだけみられるもの(渡鳥や旅鳥,漂鳥),などがいる。鳥を観察する場合は,えさや水場のあるところ,なわばりをつくるところなど,その鳥の好きな環境へ出かけるとよい。鳥の食べるものは,植物の実のほか,花のみつ,昆虫,魚,ミミズ,カエル,トカゲやヘビ,他の鳥,ネズミなど,鳥の種類によってさまざまである(図10)。食べものによって,くちばしの形なども変化に富んでいる。

図10　ミミズや昆虫を探して地面を歩くアカコッコ(オス)

図8　ヒヨドリに食べられるアオキの実

図9　鳥のふんに混ざっていた種子(円内)と樹木の実生

2　自然環境と農業・農村の発見・活用

私たちが目にするさまざまな植物は，どんなところに生えているだろうか。また，それと同じ種類の植物を別の場所で見つけることができるだろうか。そのような視点でみてみると，路傍や農地，草原，森林，海辺などの環境ごとに特徴的な植物が生えていることがわかるだろう（図11）。もちろん，複数の環境に適応して生活している植物もある。さらに，その植物に支えられている生きもの（動物など）たちも，さまざまなかたちで関わりあいながら，その環境を生活の場として選択している（図12）。

　このような「環境と生きもの」，そして「生きものと生きもの」というつながりは，互いに関係しあいながらその地域ならではの個性ある「広がり」をかたちづくっている。そして，それぞれの地域の個性ある「広がり」がつながりあって，面積およそ38万km²におよぶ自然ゆたかな日本列島が形成されているのである。

　私たち自身も，なんらかのかたちでその自然とつながりながら生きていることを，体験的に感じてみよう。

図11　草地にみられるナンバンギセル（上）と海辺のがけに自生するイソギク（下）
注　ナンバンギセル（ハマウツボ科）は，葉緑素をもたず，ススキなどの根に寄生して生活している。

図12　いろいろな生きものがつながりあっている森林（落葉広葉樹林）

体験例　自然の縮図「潮だまり」をみつめてみよう

　潮が引いたときにできる小さな「潮だまり」は，海にすむさまざまな生きものが観察される海の縮図である。

　そこでは，海藻，カイメン，フジツボ，カニ，イソギンチャク，ウニ，貝，アメフラシ，魚など，さまざまな生きものの生活を通じて，生きものどうしのつながりを身近にみることができる。たとえば，海藻を食べるアメフラシや，海中で触手を動かして食物を捕まえているイソギンチャクなど，また季節によっては卵を守っている魚のすがたなども観察されるかもしれない。

　潮だまりを観察するさいには，潮の満ち引きが重要なポイントとなる。潮が最もよく引く大潮の干潮時が適している。地域や季節によって，観察される生きものが異なるのもおもしろい。1つの小さな石にも，たくさんの生きものが関わっているかもしれない。潮だまりのなかの石を動かしたら，ちゃんと元に戻してあげよう。

第2章　農業・農村の機能の発見と活用

(3) 地域の自然を活用する──エコ・ツーリズムの企画と支援

　私たちの身のまわりの自然は，ふだんから見慣れているために，当たり前のものと感じているかもしれないが，じつはその地域ならではの個性ある自然であり，地域の資源でもある。その自然を私たち人間は，さまざまなかたちで利用してきた❶。

　しかし，その一方で，地域の個性ゆたかな自然は，ときとして人間活動によって悪化したり失われたりすることがある。自然が失われると，それを基盤とした産業や文化が衰退したり破壊されたりしてしまう。私たち人間は，どうすれば自然を活用しつつ自然を保全し，ともに生きていくことができるのだろうか。

エコ・ツーリズムとは　地域の個性ゆたかな自然を生かしながら保全する方法には，さまざまなものが考えられるが，ここでは「エコ・ツーリズム」について紹介しよう。これは新しい旅の形態の1つで，グリーン・ツーリズム（→ p.124）と重なる部分も多い。

　エコ・ツーリズムの基本となる考え方は，「地域固有の自然や文化を活用することによって地域に経済効果をもたらし，さらに資源となる自然や文化を保全していく」ことにある。この考えにもとづいたツアーの形態が「**エコ・ツアー**」であり，現在では国内外のさまざまな地域で実践されている（図13）。

　エコ・ツアーの大きな特徴は，ツアー自体が「体験的」な内容であることと，「**インタープリター**」といわれる案内人が同行する点にある。ツアーの舞台となるのは，森や川，そして海など地域の個性ある環境である。提供されるアクティビティー（体験活動）はハイキング，バードウォッチング，スノーケリングをはじめと

❶たとえば，地域の自然を基盤とした農業や産業，さまざまな伝統技術，さらには文学や詩歌，絵画や音楽などに織り込まれた自然（→ p.59）は，私たちの暮らしにゆたかさをもたらしてきた。

図14　重要な役割を果たすインタープリターの活動（上：事前の打合せ，下：植物についてのちょっとした解説）

図13　いろいろなエコ・ツアー（左：ハイキング，右：スノーケリング）

2　自然環境と農業・農村の発見・活用

❶自然体験的な要素が含まれていれば，それだけでエコ・ツアーというわけではない。アクティビティーそのものに重点がおかれ，自然に対する配慮が全くなされておらず，本来のエコ・ツアーからはかけ離れてしまっているものもある。こうしたツアーでは，自然は消耗していくばかりである。

して，地域の自然を生かした多種多様な内容となる❶。

インタープリターの役割

インタープリターはさまざまな技術によって，体験的にその地域の自然や文化のおもしろさや大切さを参加者に伝え，参加者に「ここに来てよかった」「ツアーに参加して楽しかった」と感じてもらえるようなプログラムをつくり，ツアーを演出する（図14）。

そして，ツアーから帰宅した参加者自身が身のまわりの自然をみつめなおす機会が増えることも，エコ・ツアーの大きな効果である。一方，地域の住民が，当たり前だと感じていた地域の自然や文化について，自分たちが生きていくためにかけがえのないものであることを再認識し，それをよりよい状態に保ち続けるように努める契機となることも，エコ・ツアーの効果である。

このようなツアーを運営するインタープリターは，エコ・ツーリズムにおいて重要な役割を担っており，地域の自然や文化の保

参考　インタープリテーションとインタープリター

インタープリテーション（interpretation）は，一般に「解釈」「解説」「通訳」などと訳される。ここでは，自然のメッセージや楽しさをさまざまな手法によって参加者に伝えること，いわば自然と人間の仲立ちをすることを意味する。これをおこなう人をインタープリター（interpreter）といい，自然公園などにあるビジターセンターや自然教育施設，自然体験型の観光などの分野で活躍している。

インタープリターに求められる資質としては，「自然のメッセージを感じる感性をもっている」「解説する素材について体験的に正しく，よく理解している」「インタープリテーションの技術を身につけている」などがあげられる。こうしたインタープリター育成のために，さまざまな講習が各地で開催されている。

実践例　海外にみるエコ・ツアー－リバークルーズ，キャノピーウォーク

エコ・ツアーは世界各地で取り組まれるようになっているが，ここではマレーシア（ボルネオ島）でおこなわれている興味深い活動を紹介しよう。

キナバタンガン川でおこなわれているリバークルーズは，ボートに乗りながら川沿いの森林帯を観察する。そこでは，テングザル，カニクイザル，サイチョウなど，その地域ならではのさまざまな野生動物がみられる。

ボルネオでは，キャノピー（樹冠）ウォークというツアーもおこなわれている。これは，約40mの高さに設置されたつり橋の上から熱帯雨林の森をながめるものである（図15）。そこでは，地上からでははかりしれない熱帯雨林の景観と木々に集まる多様な鳥や昆虫などの自然の営みをみることができる。

全にとっても，よいインタープリターの存在が求められる。

プログラム作成と自然体験の支援 　地域の自然を活用したエコ・ツアーのためには，その地域でないと見たり体験したりできない自然や文化とは何か，を明らかにしてプログラムを作成する必要がある。

　ツアーを実施するにあたっては，参加者の好み，年齢，体力への配慮はもちろんのこと，安全管理に注意し，自然に対する負荷（インパクト）がないように心がけなければならない。このため，インタープリター1人に対する参加者の人数は限られてくる。

　しかも，ツアー自体は「楽しい」ことが重要で，生きものの名前を羅列したり，知識ばかりを語ったりするのは禁物である。インタープリター自身の体験に裏打ちされた感動や驚き，自然からのメッセージを伝えながらツアーを演出することが重要になる❶。

❶雲や風のようす，これまでの体験などから天気を予想する方法は，観天望気ともよばれ，エコ・ツアーでも活用できる。

図15　キャノピーウォークの例
（ボルネオ島）

体験例　エコ・ツアーをつくってみよう－八丈島での例

　自分たちの地域をだれかに楽しんでもらうとしたら，その地域に来ないと体験できないことはどんなことだろう。たとえば，伊豆諸島南部の八丈島で，エコ・ツアーの舞台となるのは，「島ならではの自然と文化」である。つまり，地質の異なる2つの山，そこに広がる照葉樹の森，川や島をとりまく黒潮の海などの自然，そして，そのゆたかな自然にはぐくまれた黄八丈や八丈太鼓（→p.68）をはじめとした文化である。そこでの自然を素材としたツアーの一例は，次のようである。

　ハイキングツアー　火山活動でできた地質や，照葉樹林の広がる森などの風景や，季節の花などを楽しみながらゆっくり歩く。ちょっとした解説があれば，自然はもっと楽しくなる。

　バードウォッチングツアー　伊豆諸島とトカラ列島にのみ生息している「アカコッコ」は，バードウォッチングツアーの人気者である。八丈では身近な鳥で，ミミズや昆虫を探して地面を歩いているすがたがよくみられる（→p.39図10）。

　スノーケリングツアー　マスク，フィン（足ひれ），スノーケルをつけ，ちょっぴりイルカになった気分で黒潮の海を体験する。海の生きものがとても身近に感じられる。

　ツアーの内容が決まったら，自然に対する配慮や安全管理も考えながら，じっさいに半日ていどのツアーのプログラムをつくってみよう。また，その体験を楽しんでもらうためには，何をどのように伝えればよいか，素材を準備してみよう。

プログラム例：「八丈富士を歩こう」
　9：15　底土港発
　　持ちもの・服装などの点検，コースの確認
　9：30　八丈富士登山口着
　　登りながら，島のいろいろな自然を体験
　10：30　八丈富士外輪山分岐点着
　　天候によってコースを検討（風が強ければお鉢巡りは中止，カルデラ内の神社へ）
　11：30　下山開始　12：00　八丈富士登山口着
体験を楽しんでもらうための素材の一例を示すと，以下のようなものが考えられる。

　同じアジサイでも，葉にさわってみると，ガクアジサイの葉はつるつる，ラセイタタマアジサイの葉はざらざらしている。つるつるの葉は，昔の生活必需品でした。さて，なんでしょう？　答えは，トイレットペーパーです。

2 身近な自然・農業・農村の発見

(1) 庭や路傍，緑地の探索と発見

　私たちにとって，最も身近な自然は，人家の庭や路傍，緑地（公園），校庭などであろう。日常的に接しているこれらの場所でみられる自然の多くは，人の手によってつくり変えられ，維持・管理されている人工的自然である❶。

　しかし，そこでは意外と多くの生きものが観察され，さまざまな自然の表情がみられる。たとえば，ふだん私たちが何気なく通っている路傍でも，そこに生えている雑草や人家の庭で栽培されている庭木類を数えていくと，ふつう60種類くらいにもなるといわれている❷。そこに飛来する鳥類や昆虫類，微生物にまで対象を広げると，生きものの数は無数に増えていく。

　人家の庭や公園，校庭などにみられる自然は，人が深く関わっているため，いつ，だれが，どうして植えたのか，といった歴史や物語が詰まっているものが多い❸。身近な自然の発見・活用にあたっては，こうした点に着目することも興味深い。

　身近な自然についての資料が集まったら，データベースとして

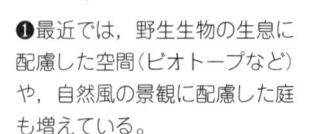

❶最近では，野生生物の生息に配慮した空間（ビオトープなど）や，自然風の景観に配慮した庭も増えている。

❷「路傍60種」という言葉もある。

❸これらの身近な自然は日々の暮らしとも深く関わり，詩歌や俳句に詠まれたりしているものも少なくない。

図16　名札をつけた植物

図17　校庭のマップとそこでみられる身近な自然

保存すると幅広い利用が可能となる（→ p.14）。また，植物に名札をつけたり，分布図（マップ）を作成したりすると，より多くの人に身近な自然に親しんでもらうことができる（図16，17）。

(2) 農地と農地周辺の探索と発見

　私たちが水田や畑，樹園地，草地❶などの農地をみたとき，まず気づくのは，その大きさや形，栽培されている作物（栽培植物）の種類，土の色や種類などである。たとえば，平野部の水田には，区画が整理された水田が多いが，山間部や山沿いには棚田❷や谷津田が多く，休耕田❸や耕作放棄地もみられる（図18）。

　栽培植物は，地域や季節によって多様で，販売用の生産性や収益性の高い作物（図19）だけでなく，自家用に栽培される多様で個性的な作物（図20），地域特産的な作物や伝統的な作物（図21）もある。同じ作物でも品種が異なることが多く，最近では，その地方特有の伝統的な種類・品種も見なおされている。

　また，農地には，そこで栽培される作物と一緒に生活している各種の野生生物も少なくない。農地をみる場合，栽培植物とあわせて，それを取り巻く多様な野生生物にも目を向けたい。

　さらに，農家の人に話を聞いたり，農地の周辺をよくみつめたりすると，さまざまな発見がある。たとえば，農地には，それぞ

❶わが国のように雨量の多いところでは，草地に火を入れたり，家畜を放牧したりすることによって，草地の状態が維持されるように工夫している。

❷一般に20分の1以上の傾斜地にある水田を指し，日本の水田面積全体の約8％をしめている。棚田がたくさん集まったものは「千枚田」ともいう。

❸米の生産調整のためイネの栽培を中断している水田で，雑草や害虫の温床となりやすいが，植物や小動物などの種類が増え，鳥類の集まる場所にもなる。

図19　販売用のブドウ（欧州種）

図20　自家用のマクワウリ

図18　谷津田（手前）と耕作放棄地（奥）
注　谷津田は，浅い山あいの水田で，山からのわき水を利用するため，一年中，水が枯れることはほとんどなく，多様な生きものが生息している。しかし，湿田で，水温が低いという欠点もある。耕作放棄地は，過去1年間作付けせず，今後も作付けする意思のない土地。

図21　伝統的な作物のワタ

2　自然環境と農業・農村の発見・活用

れ歴史があり，農地を造成・維持してきた人びとの営みが蓄積されている。それは農家や農村のなかで継承されたり，その土地の名前（「○○新田」など）や記念碑に刻まれていたりする（図22）。

農地の周辺には，その機能を支えている畦畔（けいはん）や用排水路などの装置や施設（図23）があり，農地を取り巻くそれらの環境には，多様な生きものがみられる（図24）。表1は水田畦畔の植物の種類を調べた例であるが，その多様さには驚かされる。

こうした農地とその周辺にみられる個性的な環境は，農村と都市の交流やグリーン・ツーリズムなどにおける貴重な資源となる。

(3) 集落・屋敷まわりの探索と発見

農村の集落は，地域の自然環境，農業生産のあり方，集落の成立の歴史的経緯などにより，多様で変化に富んでいる❶（図25，26）。全国的に江戸時代には新田開発がさかんにおこなわれ，その当時に開発された地域が1つの集落を構成している場合も多い。

❶自然条件から山すそに沿って形成されたもの，近畿地方の条里集落のように古代の土地区画法（条里制，耕地を縦横に6町〈約650m〉間隔で区切り，1区画を里とよんだ）をもとに形成されたもの，北海道の酪農地帯のように独立した牧場がいくつか集まったものなど，多様である。

図22 開田の歴史を伝える記念碑

図23 用水路に設けられた水車

図24 里山近くの用水路でみられた生きもの（カワセミ）

表1 水田畦畔でみられた植物（雑草）の種類

植物名	春(5月)	秋(10月)	植物名	春(5月)	秋(10月)	植物名	春(5月)	秋(10月)
アカザ	○		キツネノボタン	○		ツユクサ	○	○
アゼガヤ		○	キュウリグサ	○		トウバナ	○	
アゼナ		○	ギョウギシバ	○	○	トキワハゼ	○	○
アメリカフウロ	○		キンエノコロ		○	ナギナタガヤ	○	
イチゴツナギ	○		ゴウソ	○		ナズナ	○	
イヌガラシ	○		コオニタビラコ	○		ヌカボ	○	
イヌタデ	○	○	コギシギシ	○		ネズミムギ	○	
イヌビエ		○	コゴメガヤツリ		○	ノゲシ	○	
イボクサ		○	コメツブツメクサ	○		ノチドメ		○
ウシハコベ	○		シロザ	○		ノミノフスマ	○	
ウマゴヤシ	○		シロツメクサ	○		ハハコグサ	○	
エノキグサ		○	スイバ	○		ハマスゲ		○
オオアレチノギク		○	スギナ	○		ヒデリコ		○
オオイヌタデ	○		スズメノカタビラ	○		ヒナタイノコヅチ		○
オオイヌノフグリ	○		スズメノテッポウ	○		ヒメクグ		○
オオジシバリ	○		スズメノヒエ		○	ヒメコバンソウ	○	
オオバコ	○		スベリヒユ		○	ヒメジョオン	○	○
オオユウガギク		○	セイタカアワダチソウ		○	ヒロハホウキギク		○
オニタビラコ	○		タイヌビエ		○	マツバウンラン	○	
オニゲシ	○		タカサブロウ		○	ミゾイチゴツナギ	○	
オランダミミナグサ	○		タチイヌノフグリ	○		メヒシバ		○
カキドオシ	○		タネツケバナ	○		メマツヨイグサ		○
カタバミ	○	○	チガヤ	○		ヤエムグラ	○	
カモジグサ	○		チカラシバ		○	ヤブジラミ	○	
カラスノエンドウ	○		チチコグサ	○		ヨモギ	○	○
カンサイタンポポ	○		チョウジタデ		○	*Dandelion* sp.		○
キキョウソウ	○		ツボミオオバコ	○		*Erigeron* sp.	○	○
ギシギシ	○		ツメクサ	○				

注　ウマゴヤシ（*Medicago polymorpha* L.）とシロツメクサ（*Trifolium repens* L.）は別種
（高橋和成・田戸 亨「岡山朝日研究紀要第20号」1999年より作成）

個々の住宅についても，地域の自然環境と農業生産のあり方をふまえて敷地が区画され，建築されている。農家の屋敷内には，収穫後の作物を貯蔵する倉庫や蔵（倉，➡ p.72），農機具を収納するための納屋もあり，作業の動線❶を考慮した配置になっている。家の中に広い土間があるのは，雨天や夜間に作業をするための空間として必要だったからであり，広い庭先は収穫した作物を乾燥したり調製したりするためのものであった。

　農家の住宅や納屋などのまわりにみられる林は，**屋敷林**とよばれ，代々にわたって大切に管理されてきたものである❷（図27）。屋敷林は，季節風を防ぐ役割を果たすほか，そこで成長した木や竹は，まきや建材，農具の柄，うす，かごなどに利用され，人びとの暮らしを支えてきた。また，そこは鳥類や小動物などのすみかともなっていた。

　このように，農村の集落や屋敷は，それそのものが資源であり文化でもある。その実態や機能をみつめなおすことが，活用の第一歩である。

❶建物の内外で人やものが移動する状態を示す線のことで，建物の居住性や使い勝手の指標の1つである。

❷家屋に対する屋敷林の位置によって，地域の季節風の方向がわかる。屋敷林には地域固有のよび名があり，たとえば仙台平野では「いぐね」，出雲平野では「築地松」とよばれている。

農地の確認
　①水田（水色）　②畑地（茶色）　③果樹園（赤紫色）　④休耕地（赤色）

緑の点検
　独立木や軒高以上の樹木，まとまった緑地について記入する（緑色）

水路の点検 …水路構造で分ける
　①土水路（水色）　②石積み（茶色）　③コンクリート（紫色）

宅地境界の点検 …家まわりの境界を調べる
　①生け垣（緑色）　②空石積（茶色）　③コンクリートブロック（灰色）
　④フェンス（赤色）　⑤板塀（茶色）

建物の確認
　①母屋（茶色）　②付属舎（茶色×印）　③空き家（灰色）　④工場（紫色）
　⑤ビニルハウス（桃色）　⑤公共施設（赤色，名称記入）

敷地の確認 …敷地境界を記入する

屋根の点検 …材料名を記入する
　①かやぶき　②かわらぶき　③亜鉛鉄板ぶき　④その他

道路の点検 …舗装の状態を色分けする
　①舗装（灰色）　②未舗装（黄緑色）

図28　集落の調査方法（集落点検）の例
注　集落単位の地図（1/1,000）を用意し，色鉛筆などで調査結果を地図に書き込んでいく。

図25　大和地方の条里集落

図26　北海道の酪農地帯

図27　屋敷林の例（仙台平野）

2　自然環境と農業・農村の発見・活用

第2章

3 地域農産物の発見と栽培・加工

1 地域農産物とその加工・販売

(1) 地域農産物の発見

地域農産物とその種類

地域農産物は，それぞれの地域の風土のもとで適地適作を基本として，地理的・社会的条件などを生かして生産されてきた，その地域の個性がゆたかに表現された農産物ということができる。それは，人びとの命の糧となり，農家の経営を支えている，貴重な地域の資源である（図1）。さらに，今後の地域経済の活性化やグリーン・ツーリズムなどの取組みにとっても大切な資源となる。

地域農産物には，各種の農作物や畜産物をはじめとして，じつにさまざまな種類・品種がある。それらは，①地域で多く生産され農業経営や地域農業の基幹になっているもの，②生産は多くないが古くから続けられてきた伝統的なもの，③近年新たに導入された新規のもの，などに大別することもできる。

今日では，そのいずれもが農業経営や地域経済の発展にとって重要なものとなっている。とくに，最近では地域固有の味覚や文化を伝える，伝統的な農産物（在来種や地方品種など）も見なおされ，その発掘や生産の振興が各地で取り組まれている（図2）。

図2　生産の振興が図られている地域農産物の例（徳島県祖谷地方に伝わる在来種のジャガイモ）

図1　地域農産物の栽培（サトイモの栽培ほ場）

地域農産物の調査

地域農産物やその加工品を農業経営の改善や地域農業の振興，地域の活性化などに活用するためには，まず，地域で生産されている農産物の種類・品種とその生産状況をつかみなおす必要がある。そのためには，さまざまな角度から地域農産物について調査し，農産物マップ（図3）や収穫カレンダー（図4）などを作成してみると，地域農産物の実態を的確に把握することができる。

地域農産物の調査にあたっては，まず農林水産統計などの統計資料に目をとおすことによって，現在，生産されている農産物の種類，作付面積，収穫量，出荷量などを知ることができる。また，農家からの聞き取りや，農産物直売所（直売所，→ p.174）や地方市場から情報を得ることで，在来種や地方品種を発掘することも可能になる。

さらに，地域の農業試験場や農業改良普及センター，伝統的な農産物を保存・栽培している団体に出向いたり，過去の統計資料を調べたりすることで，現在ではほとんどみられないが，かつては生産されていた農産物を発掘することもできる❶。こうした農産物も，貴重な地域農産物であることを忘れてはならない。

❶「ポケット農林水産統計」の1965年版をみると，昭和38（1963）年には，ジョチュウギク，ヨモギ，ハッカ，アマ，コリヤナギ，ハゼ，トロロアオイ，ベチバー（ハーブの一種）など，いまではほとんどみられない作物が栽培されていたことがわかる。近年各地で復活の取組みがみられるナタネは，約14万haも作付けられていたこともわかる。

図3 農産物マップの例（新潟県山古志村〈現長岡市〉）

図4 収穫カレンダーの例（山古志村，上はトウガラシの地方品種「かぐらなんばん」）

(2) 地域農産物の加工

　地域農産物の加工には，食品だけでなく，各種の工芸作物を原料にした布や紙，香料，畳表，副産物を活用したわら加工品や工芸品など，じつに多様なものがあるが，以下，広く取り組まれている食品の加工についてみてみよう。

加工のねらい　地域農産物は，加工することによって，さらにその価値や個性を高めることができる。食品加工の基本的な目的は，食品の保存性❶や利用価値❷を向上させ，付加価値を高めることにある。同時に，地域農産物の加工は，たんに食品の価値を高めるだけでなく，農家経営の安定❸や地域農業の発展，地域経済の活性化につながる（図5）。さらに，地域農産物の加工を進める取組みそのものが，都市農村交流事業を推進し発展させていく力にもなっていく。

　すでに，地域農産物が加工されることにより，その価値や個性がさらに高められ，「地域特産物」として農村と都市の交流を支えている事例も少なくない。

加工品の種類　地域農産物の加工品には，多様な農産物（原材料）ごとに，米加工品，大豆製品，果実加工品，肉類加工品，乳製品など，じつにさまざまなものがある。また，各種の加工食品は，加工の方法や原理によって，塩蔵・糖蔵品，乾燥品，発酵品，缶詰・びん詰などに分けられたり，加工のていどによって，1次加工品❹（つけもの，みそ，酒類など），

---

❶保存性が増大する一方で，加熱によってビタミン類やアミノ酸の減少など，栄養価が低下することが多い。そのため，加工の過程でビタミン類やアミノ酸などが添加されることもある。

❷消化をよくする（消化性の向上），調理の手間を省く（利便性の向上），うま味を増す（し好性の改良），持ち運びを便利にする（輸送性の向上），出荷・供給期間を広げる（経済性の増大），などの効果が期待できる（図5）。

❸経営の多角化による所得の増大，農閑期の労力の有効活用，農産物（規格外品も含め）の有効活用などの効果が期待できる（図5）。

❹農産物を直接原材料にして，物理的あるいは微生物による処理や加工をおこなったもの。

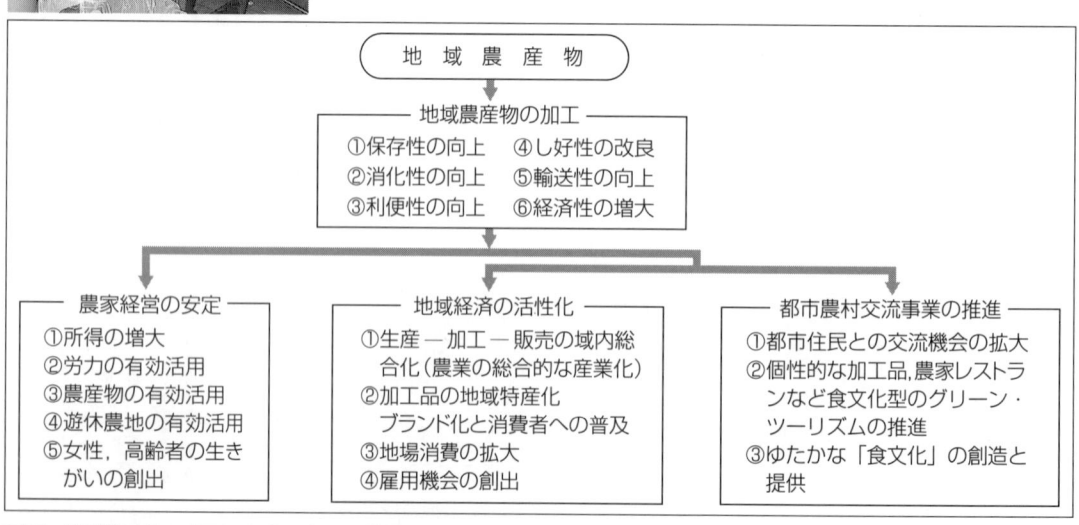

図5　地域農産物の加工のねらいとその効果（上はダイズ加工〈豆腐づくり〉の取組み）

2次加工品❶（パン，めん，マヨネーズなど），3次加工品❷（菓子類，調理済食品，し好飲料など）に大別されたりする。

|加工の取組みの留意点|

　地域農産物の加工を進めるさいには，その農産物の利用形態と加工品（図6），加工方法（図7）などをいろいろな角度から調査し，各地の先進事例にも学びながら取り組む必要がある。

　その場合，地域でとれた農産物を，その素材のもち味を生かしながら，その地域内で加工することが基本である（図8）。それぞれの地域には，長い年月をかけてその土地にあった農産物をつくり育て，加工する多くの知恵や技術が蓄積されている。その地域ならではの個性的な加工品をつくり出すことは，そうした知恵や技術をひきつぎ，現代的にアレンジしたり，多くの人に受け入れられるものに改良したりして，発展させていくことでもある。

　同時に，食品の加工・販売については，各種の法律や条例などによる規制があるため，関係機関と相談しながら進め，食品の安全性が損なわれたり，周囲の環境汚染をまねいたりすることがないように，十分に留意しなければならない。

❶ 1次加工品を1種類あるいは2種類以上用いて加工したもの。

❷ 2種類以上の1次あるいは2次加工品を組み合わせて加工したもの。

図8　伝統的な加工食品

図6　地域農産物の利用形態と加工品の例（ソバ）　　　（大澤 良により作成）

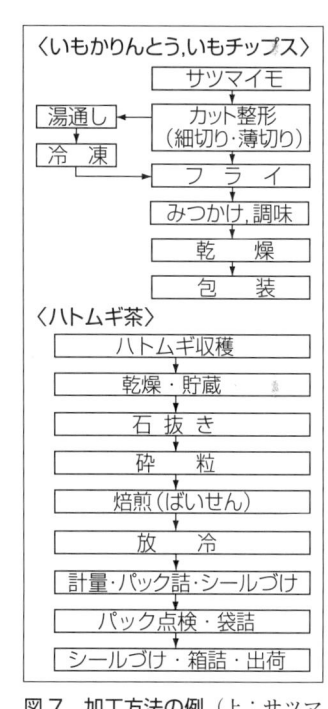

図7　加工方法の例（上：サツマイモ，下：ハトムギ）

注　上の湯通し，冷凍は，いもチップをソフトにするための工夫。

❶買い手の好みや暮らしぶりを1人ひとり把握し、毎日とれたての野菜を玄関先まで何十年にもわたって届けている農家の訪問販売は、商業でいう「ワンツーワンマーケティング」（特定の顧客のし好や要求などを詳細に把握し、長期的な関係を維持しようとするマーケティングの手法）をも包含してしまうはたらきをもっており、販売活動の原点ということもできる。

❷兵庫県のJA丹波ささやまでは、地域で生産される丹波黒大豆、山いも、丹波小豆、丹波くりを中心に加工から直売、そして郷土料理としての最終消費までを事業内容として、「特産館ささやま」を開設し、都市住民に、ゆたかな自然とおいしい特産物を提供している。

図9　いろいろな地域特産物（上から黒大豆、サツマイモ、ユズの加工品）

(3) 地域農産物・加工品の販売

　地域農産物や加工品の販売方法には、市場流通と市場外流通とがあるが、交流・余暇活動型経営（グリーン・ツーリズムや観光農園など）での販売方法としては、農産物直売所（直売所）での販売や庭先販売、産地直結販売（産直）などの市場外流通❶が重要になる（表1）。

　いずれの場合も、「顔がみえる販売」が大切で、農産物や加工品がつくられたプロセスや、それらの産品にまつわる地域の歴史や文化、おいしい食べ方などを伝えながら販売していくことが望ましい。そうして、継続して購入してくれる顧客（リピーター）を増やしていくことが経営の安定につながる。

　その場合、各種のチラシやパンフレットを添付したり、季節ごとに産品の案内状を出したり、インターネットを活用して情報提供したりすることも有効である（➡ p.188）。さらには、消費者との会話を大切にしたり、アンケートを実施したりして、その声を生産・加工の改善や新たな特産品開発に生かしていくことも大切である。

(4) 地域特産物の開発

　農家グループや農業協同組合（JA）などが、生産活動として商品開発を手がけ、農産物の生産を拡大し、その加工品を地域特産物として直売所で販売するなどの取組みが全国各地で始まっている❷（図9）。地域特産物の開発は、地域農産物やその加工品をよりすぐれた洗練されたものとして、有利販売するとともに、利用者

表1　グリーン・ツーリズムなどでの地域農産物や加工品の有効な販売方法

直売	農村の生活道路に面して設けられ、観光客や散策におとずれた人びとが利用しやすい。それぞれの農家が持ち寄った地場の手づくりの農産物や加工品は大変人気が高い。グリーン・ツーリズムの利用者の確保の面からも、農村のよさを伝えるこの直売所の販売方法の可能性を探りたい。
産直	農家や生産者団体などがインターネットや広告で直接おこなう方法と、仲介業者をはさんでおこなう方法とがある。農村と都市を結ぶ方策として有効である。近年、利用者のニーズに応えるべく「季節パック」や「詰めあわせ」などの工夫もみられる。農村をおとずれてもらうきっかけとして活用したい。
庭先販売	グリーン・ツーリズムで農村を訪ねてきた利用者に、農業生産の現場である農家のそれぞれの庭先で交流を楽しみながら販売する方法。農作物の生育過程や生産物の品質、なによりもお互いの理解が促進される。庭先での郷土料理、田舎料理のサービスへとつなげたい。グリーン・ツーリズムの導入のさいに採用したい理想的な方法の1つである。

（都市住民）の期待に十分に応え，グリーン・ツーリズムなどの農村と都市の交流を持続的なものにするうえでも必要なことである。

地域特産物を開発していくためには，これまでの各地の取組みから，次のような点が重要であると指摘されている。

①地域の農産物を基本として安全で健康によいものを開発する。
②先人の知恵の結晶である伝統食品からヒントを得る。
③伝統技術のなかに最先端の高度な技術も生かす。
④その土地の文化や歴史を感じさせる製品を追究する。

さらに，新規農産物にも目を向ける，世界的な広がりのなかで考える❶，遊び心も大切にする，などの柔軟な発想も大切になる。

地域特産物を開発していく基本的な方法と手順は，図10のように整理できる。こうした手順をふみながら，それぞれの経営のタイプや地域の状況にあわせて取り組んでいくことが大切である。

❶伝統的な農産物や加工食品の多くは，そのルーツをさかのぼれば，海外から伝えられたものを，その土地の風土や人びとの味覚になじむように改良を加えてきたものである。また，世界各地で，日本でみられるものと共通点の多い加工食品や食文化がみられることもある（→p.51 図6）。

開発すべき地域特産物の決定
①**地域農産物および加工品の調査**　地域の特性のある農産物や加工品には，どのようなものがあるかを伝統的なものも含めて調査する。
②**地域農産物および加工品の生産，出荷，販売実態の調査**　それらの，生産場所，生産方法，生産量，販売価格などを調査する。
③**利用者ニーズの把握**　地域住民や都市住民が，どのような農産物や加工品あるいは食文化などの交流を望んでいるのか，その調査方法と調査を計画し実施する。

地域特産物の商品化計画
①**品質規格の決定**　農作物の品種や品質，加工品の原材料や味，内容量など地域特産物の規格をどのようにすればニーズに応えられるか，その商品の特性が最大限に発揮されるかを決定する。
②**価格の決定**　販売価格をいくらくらいにするかを，商品開発のコンセプトに照らしたグリーン・ツーリズムの販売政策として決めておく。
③**包装（パッケージ）の決定**　どのような容器を用いるのか，ラベルはどうするのか，包装はどうおこなうかなどを決定する。
④**販売方法の決定**　産地直送，直売，小売りに流通させる，物産展示など有効な販売方法を決定する。
⑤**販売促進方法の決定**　グリーン・ツーリズムへの発展を視野に入れながら，地域特産物をいかにして知ってもらうか，広告媒体は何を使うか，協力機関も含めて決定する。

商品の原価計算
①**製造原価の計算**　種苗費，原材料費など，その商品そのものの原価がいくらになるか計算する。
②**包装（パッケージ）費の計算**　袋やびん，パックなどの費用，ラベルのデザイン費や印刷費などを計算する。
③**広告宣伝費の計算**　販売促進に用いたポスターやパンフレット，商品説明のチラシなど想定される費用を計算する。
④**販売委託手数料**　販売をJAや小売商に委託した場合に発生する手数料には，売上額に対して定額，定率などさまざまな計算方法がある。
⑤**商品利益の計算**　農産物やその加工品の生産に要した地代，投下資本利子，労賃を加えておこなう。

商品の生産と改善
①**仮生産，試作**　商品化計画にしたがって，地域特産物を生産してみる。
②**地域特産物のアンケート調査**　地域や生産に携わった関係者，利用者などへ広く提供し，商品についてアンケート調査をおこなう。
③**商品改良**　アンケート調査を分析し，さらによい商品へと改良をおこなう。

地域特産物の提案
地域特産物を農村地域の活性化に結びつけていくためには，地域特産物の生産へ向けた合意形成が必要になる。農業経営者やJA，地方公共団体などに提案し，実現をめざす。

図10　地域特産物を開発する基本的な方法と手順

2　特産的な作物（ソバ）の栽培・加工と交流

　地域農産物の利用や加工を進めるうえでは，まず，その農産物の特徴をさまざまな側面から検討し，その魅力やもち味を発見することが大切になる。ここでは，加工して利用する典型的な地域農産物であるソバを例に，その特徴や魅力を発見するとともに，わが国の代表的なソバ産地である幌加内町❶の取組みをとおして，地域農産物の栽培・加工の進め方や発展のさせ方をみていこう。

(1) 地域農産物の特徴と魅力の発見

作物としての特徴と魅力

　ソバは，冷涼な気候を好み，生育期間が2～3か月と短いことから，寒冷地や高冷地でもよく生育し，かつては救荒作物として貴重なものであった（図11）。

　ソバは，その実（子実）を食用にするだけでなく，茎葉は緑肥や青刈飼料のほか食用にも利用され，花は養蜂のみつ源ともなる。果皮（そばがら）も枕に入れるなどして有効活用されてきた。最近では，美しい花を一面に咲かせるソバを**景観形成作物**として導入し，地域づくりにも活用する取組みも各地でみられる。

食品としての特徴と魅力

　ソバは，栄養バランスが非常によく，炭水化物のほか，良質のタンパク質を多く含み，ビタミン❷やミネラルも豊富である。ルチン❸を含むことも，他の穀物にはないソバの特徴で，ヘルシーな

---

❶北海道の北西部に位置し，日本最寒の地といわれている。町の基幹産業は稲作，畑作，畜産を中心とした農業で，そのなかにソバはしっかりと根づき，栽培から加工，交流までのすべての取組みが町内でおこなわれている。

❷米麦などに含まれるビタミンは，ぬかに多く含まれるため精白や製粉中に失われやすいのに対して，ソバに含まれるビタミンは，子実中に均等に含まれるため製粉中の損失が少ないという特徴がある。

❸ビタミンPの1つで，高血圧予防効果，血管強化作用，抗酸化作用などがある。「ソバもやし」として利用される発芽まもないソバの茎葉にも多く含まれる。また，近縁種のダッタンソバはルチンをより多く含む。

ソバの花と果実

果皮を取ったソバの実

図11　作物としてのソバ

一面に広がる開花期のソバ畑

食品としても人気がある。

　ソバは，ふつう，果皮つきの実（玄ソバ）を製粉してそば粉にし，めん❶に加工して利用されるが，菓子類や酒類などの原料ともなる。粒のまま利用するそば米（ゆでて果皮を取ったもの）や，そば茶（実をほうじたもの）もある。地域特有の伝統的な加工法もあり（表2），それは地域の食文化としてうけつがれている。

(2) 地域農産物の栽培と加工・販売の取組み

栽培の改善　地域農産物を活用した良質な加工品生産のためには，まずその原材料の品質がすぐれ，安定的に生産されなければならない。とくに，ソバ加工では，良質なソバの生産が欠かせない。

　ソバは栽培地の幅が広く，省力的な栽培が可能な作物であるが，高品質・安定生産のためには，栽培技術の工夫や改善が必要になる。幌加内町では，①排水対策の徹底（暗きょ，心土破砕，深耕など），②適期播種（6月下旬まで），③播種方法（すじまきの推進，図12）と施肥量❷の検討，④コンバインによる適期収穫❸（図13），⑤作付体系の工夫❹，などが積極的に取り組まれている。

乾燥・調製の工夫　ソバは，乾燥・調製によっても品質，とくに風味が大きく左右される。幌加内町では，自然乾燥に近く，風味を損なわない通風除湿乾燥調製施設を導入して，細心の注意を払って乾燥・調製をおこなっている。また，雑草種子や石などの混入がないように，選別の徹底も図っている。

❶そばめんは，「そば切り」といい，たんに「そば」ともいう。

❷現在のソバは，施肥量を多くして収量を増やそうとすると，倒伏する危険性が高くなるため，町の農業技術センターでは，地域に適したソバの品種改良とあわせて，倒伏しにくいソバの品種改良も進められている。

❸ソバは，とくに適期収穫が重要であるため，そば部会や各関係機関でほ場を巡回して，収穫日を決定している。

❹収量・品質の向上，地力維持や雑草防除などをねらいとして，輪作や田畑輪換も取り組まれている。

表2　伝統的なソバ利用の例（岩手県）

そば切り（そばはっとう，手打ちそば）
そばねり（そばがき） 　そば粉に熱湯をかけ，手ばやくかき混ぜる
そばかっけ 　そば粉を熱湯や水で練って薄くのばし，三角に切ってなべで煮る
うちわもち 　みそや，くるみをあんにしたそばもちで，カシワの葉で包む
けえばもち 　くしにさしたうちわ状のそばもちで，ゆでてから，いろりで焼く
茎葉の利用 　ひたし，からしあえなど

図12　ソバの播種（播種機によるすじまき）

図13　コンバインによるソバの収穫

製粉・加工の工夫

そばは，とりたて，ひきたて，打ちたてが最高の味であるといわれるように，製粉や製めんの仕方も品質に大きな影響を及ぼす。幌加内町には，乾燥・調製施設とあわせて，製粉から製めんまでを一貫的におこなう施設も整備されている。製粉工場では，とりたてのソバの風味を損なわないように，電動石うすなどで製粉されている（図14）。そば粉は，加工に利用されたり，販売されたりするほか，自分でそばを打って楽しむ人のためにも提供されている❶。

町内でつくられるソバの加工品には，生めんや半生めん，乾めん（図15）のほか，菓子類や酒類などじつに多様なものがある（表4）。地域に自生するササの粉末やすりゴマを加えた新たな加工品も開発されている。

新たなソバ利用の取組み

幌加内町では，町の農業技術センターを中心にしてソバの新たな利用・加工法の開発も進められている。たとえば，そばがらを炭にして利用したり，その過程でとれる酢液を有効活用したりする研究も進められている。

また，町内の女性グループでは，アイデアをこらしたソバ料理や世界のソバ料理の研究にも取り組み，そば巻きずし，そばサラダ，デザートのそばゼリー，それにクリームチーズとハチミツたっぷりのそばクレープなどが考案されている。

❶そば打ちの基本的な手順は，以下のとおりである（➡分量は表3参照）。
①ふるう（粉をふるいにかけ，鉢に受ける）
②水回し（粉に水を加え，かき回して水を全体に含ませる）
③こねる（手で練り込む）
④のす（手でのしたあと，打ち粉を振ったのし台にのせて，めん棒でのばす）
⑤たたむ（打ち粉を振り，生地をたたむ）
⑥切る（包丁で細く切る）
⑦振るう（切っためんを持ち上げ，振って打ち粉を落とす）

表3 そば打ちの分量

全体量	そば粉	中力粉	水
1.5kg	1,200g	300g	675cc
1.2kg	960g	240g	540cc
1.0kg	800g	200g	450cc
800g	640g	160g	360cc
700g	560g	140g	315cc
500g	400g	100g	225cc

表4 ソバ加工品の例

そば粉	そば粉1kg，打ち粉500g
生そばセット	生そば8食，そば粉500g，そばつゆ1本
半生そば	240g（つゆつき）など
干しそば	200g×10束入りなど
そばパン	4枚入りなど
揚げそば	1袋（170g）
そばかりんとう	1袋（170g）
そば粉豆	1袋（135g）
そばの実せんべい	2包×6袋など
そばの実アイスクリーム	1個
そば茶	1個（200g）
そばの酒	2本（箱入り）など
そばビール	1本（355ml）

図14 電動石うすによる製粉　　図15 機械による乾めんの製造

(3) 地域農産物の栽培・加工を土台にした交流活動

「新そば祭り」での交流

幌加内町での最大のイベントは，初秋のソバの収穫期にあわせて開催される「新そば祭り」である。産地ならではの新そばを求めてやってくる人を，とりたての新そばや各種の催しによって，もてなそうというもので，祭りの期間には，人口2,000人あまりの町に約3万の人たちがやってくる（図16）。

祭りの会場では，ソバを栽培する人，打つ人，食べる人たちの語りあう輪ができ，そこでの「そば談義」は，ソバの栽培・加工の改善や新商品の開発などにも生かされる。高校生❶や小・中学生も積極的に参加できるように工夫され，世代をこえてそば文化を実感し継承していくことができる機会ともなっている（図17）。

そば打ち段位認定と食文化の継承

「新そば祭り」では，そばの手打ちの実演（図18）や，そば打ちの「段位認定審査会」，腕に自信の有段者たちが名人位をめざして技を競う「素人そば打ち名人大会」もあり，町内はもとより町外からの参加もある。「段位認定審査」❷は，そばを打って楽しみ，味わうとともに，そばでもてなしができる人たちを増やそうということをねらいとしている。町内にある高校の生徒たちも挑戦し，多くの有段者を誕生させてきている。こうした取組みは，地域の食文化を支える技の継承にもつながっている。

❶地元の高校と，そばをとおして交流の深まった広島県の高校も参加している。

❷そば打ち初段認定の基準（全国麺類文化地域間交流推進協議会の基準）は以下のようである。
そばの重量500g（そば粉400g，つなぎ粉100g）
①そば打ちが40分以内に終了している
②そばが切りそろえられている率は60％である
③そばを持ち上げても20cm以上につながっている
④打つ姿勢が堂々として落ち着いている
⑤周囲へのそば粉のこぼれが少なく，道具や衣服，身体の汚れ方も少ない。また，道具の後始末がきちんとできている

図17　「新そば祭り」での催し
（新そば献上祭）

図16　約3万人が集まる「新そば祭り」

図18　そば打ちの体験

3　地域農産物の発見と栽培・加工

(4) 地域農産物の栽培・加工の視点と進め方

これまでみた幌加内町でのソバを核にした取組みの特徴は、その栽培から加工・販売、交流までが、人と人がつながりあってダイナミックに進められている点にある。その取組みは、以下のような3つの段階をへて現在にいたっている。

特産作物の導入と栽培の拡大　1970年代に、日本最寒の地に適した農産物として、ソバが転作作物に選ばれ、栽培が本格化する。ソバは、省力的な作物で、他作物と労力が競合しないことなどから、栽培面積は増え続け、1984年には作付面積日本一となった。

栽培の改善と加工の拡充　作付面積日本一となったとはいえ、ソバの収量・品質、加工面などでは課題も多かった。そこで、名実ともに日本一のソバの町にしていこうと、1989年には町独自で農産加工総合研究センターを開設し、1991年には農業研究センターも設立された。1990年にはJAのソバ乾燥調製施設も増設され、1994年には製めん工場も稼動した。こうして良質なソバの栽培・加工の基盤が整備され、荒れていたソバ畑も美しいソバ畑に変わっていき、多様な加工品が開発されていくようになる。

自ら楽しみ交流して文化をつくる　ソバの栽培・加工が軌道にのってきた1994年には、町の有志によって、自らそばを打って楽しみ、味わい、手打ちそばの技を広め、そば文化を根づかせていこうと、「幌加内そばうたん会」が結成された。同時に「幌加内町そば祭り実行委員会」も結成され、この年から「新そば祭り」が開催されるようになった❶。

1999年には、そばに関わるさまざまな活動をしていた有志が一同に集まって、「幌加内町そば活性化協議会」❷が設立され、各種の取組みが町ぐるみで進められるようになる。さらに、地元の高校に学校独自の科目「ソバ」❸も導入され、そば文化を深化させ、若い人に継承していく態勢もできてきた（図19）。

この幌加内町の取組みには、作物の種類や規模の大小を問わず、地域農産物の加工を進め、それを核とした交流や経営を発展させていくための筋道が示されている。つまり、適地適作を基本にして、栽培・加工の改善を重ね、自ら楽しみながら地域の文化として定着させていくことで、持続的な発展が可能となるのである。

❶当初は花の咲く時期に開催されていたが、第4回からは祭りの時期を、新そばの味が楽しめる初秋に移したこともあって、より多くの人たちがおとずれるようになっていった。

❷町内の27の機関や団体（幌加内町、JAきたそらち、幌加内町商工会、幌加内町観光協会、空知北部農業改良普及センター、JAそば部会、幌加内町そば祭り実行委員会、ほろかない振興公社、幌加内そば道場、高校生そば研究班、幌加内そばうたん会、そばオーナー制度会など）に加え、422人もの個人が参加した。

❸科目「ソバ」の授業は1年生の必修となっていて、そばの歴史や文化、食品としての特徴（米との比較）、栽培・加工などを学ぶ。栽培やそば打ちの実習もあり、そば粉を使ったコロッケ、マドレーヌ、蒸しパンの調理にも挑戦している。

図19　高校生のそば文化を継承する取組み（上：「新そば祭り」への参加、下：学校案内にも紹介されている校内の「そば打ち道場」）

3　伝統的な作物の栽培・加工と文化の創造

　地域農産物には，古くから栽培・利用が続けられているものや，新たに導入され生産の振興が図られているものがある一方で，輸入品の増加や代替品の開発などによって，いまではわずかしか生産されていないものや，ほとんど消滅してしまったものもある。

　しかし，こうした伝統的な作物のなかには，収量は多くないが品質は非常によい，自然素材としてほかにかえがたい価値があるなど，すぐれた特性をもつものも少なくない（図20）。それらを発掘して，新たな加工品を開発していくことも，地域農産物の加工にとって重要なことである。ここでは，万葉の時代から染料などに利用されてきたムラサキを例にして，その取組みをみてみよう。

(1) 地域の風土と伝統的な作物の発見

　琵琶湖の東南岸に近い滋賀県八日市市（現東近江市）は，稲作を農業の基幹とし，良質な「近江米」の産地として知られている。歴史的には，万葉集を代表する歌（相聞歌）❶の詠まれた「万葉の郷」として有名であり，また江戸時代以来うけつがれてきた「八日市大凧」など，各種の伝統文化をいまに伝えている。

　八日市市の周辺は，いまでは湖東平野の肥よくな水田が広がっているが，かつては蒲生野とよばれる原野が広がり，そこにはムラサキ（図21）が自生し，ムラサキ栽培の御料地ともなっていた。

　しかし，そのムラサキは，八日市市においてもすがたをみることができなくなって久しくなっていた。

　このムラサキにふたたび光があてられたのは，蒲生野の周辺が

❶万葉の代表的な歌人，額田王は，「あかねさす紫野行き標野行き　野守は見ずや　君が袖振る」（ムラサキの生えている野を行き，御料地を行きして，あなたが私に袖をお振りになるのを，野の番人は見ているではありませんか）と詠み，これに大海人皇子（のちの天武天皇）が，「紫草のにほへる妹を　憎くあらば　人妻ゆゑに　吾恋ひめやも」（紫の色のごとくつややかで美しいあなたを，もし憎く思うならば，なんで人妻であるあなたを私が恋いこがれるでしょうか），と応えている。

図20　わが国の伝統的な作物の例（アマ，種子から油〈あまにゆ〉をしぼり，茎からは繊維をとる）

参考　わが国の伝統的な作物，生物資源とその発見

　わが国の伝統的な作物には，アワ，ヒエ，キビなどの食用作物のほか，ナタネ，ゴマ，アマ（図20）などの油料作物，アイ，ベニバナ，ムラサキ，アカネなどの染料作物，アサ，カラムシなどの繊維作物など，多様なものがある。

　また，それぞれの地域にみられる伝統的な野菜や果樹，花きなどにも多様な種類・品種がある。

　こうした生物資源を発掘するには，地元の市町村誌や郷土史のほか，江戸時代の「農業全書」「広益国産考」などの農書や，「諸国物産帳」，昭和前期の食や農業の記録「日本の食生活全集」なども参考になる。

八日市市によって,「万葉の森 船岡山」として公園に整備されたときからである。そして,園内ではムラサキをはじめとして,万葉集に登場する約100種の植物が栽培されるようになったのである(図22)。

(2) 伝統的な作物の栽培・加工の取組み

ムラサキの価値の再発見

さらに市は地元の専門高校(農業高校)にムラサキを使った特産品の開発を依頼した。しかし,高校では,ムラサキそのものについても,その加工法についても知識は皆無だったため,ムラサキについて文献調査から開始した。そこでわかってきたのは,以下のような点である。

①現在では,八日市以外でも自生はほとんどみることができなくなり,環境省の絶滅危惧種[1]にも指定されている。

②根に消炎,解熱,解毒などの薬用作用があり,漢方では紫根とよばれる。葉にも解毒,血糖値降下のはたらきがある。

③花は白色で,紫の色素は暗紅色をした根からとれる[2](図23)。このシコン色素は,天然のものとして食品への使用が認められている。

試行錯誤のムラサキ栽培

つづいて高校では,公園で栽培されていたムラサキのたねをまいて栽培し,色素を抽出することにしたが,それは試行錯誤の連続であった(図24)。たとえば,秋に根を掘り上げてみると,根

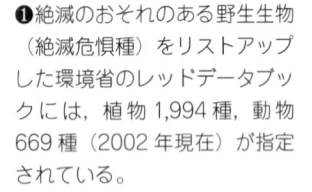

[1] 絶滅のおそれのある野生生物(絶滅危惧種)をリストアップした環境省のレッドデータブックには,植物1,994種,動物669種(2002年現在)が指定されている。

[2] 万葉の時代も,ムラサキの採取や栽培によって根が集められ,そこからとった色素が染色などに利用されていた。

図23 ムラサキの根と抽出した色素

図21 ムラサキの葉と花

図22 「万葉の森 船岡山」の万葉植物園

は暗紅色のものが少なく，色素がほとんど含まれていなかった。これは，ムラサキと類似したセイヨウムラサキとの交雑種[1]が栽培されていたためで，純粋なムラサキのたねの入手先を探し求め，改めて栽培しなおす必要があった。

ムラサキの栽培方法についても，土壌の水はけをよくする必要があること，栽培したものは自生のものより色素含量が少なく，播種後2年でようやく利用可能な根が収穫できることもわかった。また，露地の栽培では，順調に生育すると直根が発達して収量は多くなるが，天候に左右されやすいため，プランターでの栽培にも取り組むなどの工夫を重ねていった[2]。

効率的な色素抽出 掘り上げた根を天日乾燥させ，エチルアルコールにつけると，どんどん紫色の色素がしみ出てくる。効率よく色素を抽出するには，ダイズなどから油を取り出すときに使う脂肪抽出器を用いればよいこともわかった（図25）。このようにして，やっと濃い紫の色素を集めることができるようになったのである。

(3) 新たな商品開発の着眼点と方法

加工品の開発と販売 ムラサキの色素を使った加工品としては，まず高校の特産品開発グループを中心にして，洋菓子やパンがつくられた。加える色素の量を増減することで，薄いピンクから濃いムラサキまでの色が調節でき，きれいな色の洋菓子やパンができることがわかった。

[1] セイヨウムラサキからは紫の色素はとれないし，雑種も色素が少なくなる。ムラサキは葉や茎がざらざらしているが，セイヨウムラサキはなめらかである。また，セイヨウムラサキは，ムラサキより草姿もやや小ぶりであることから識別できる。

[2] 植物バイオテクノロジーを活用して，ムラサキの培養も試みられている。

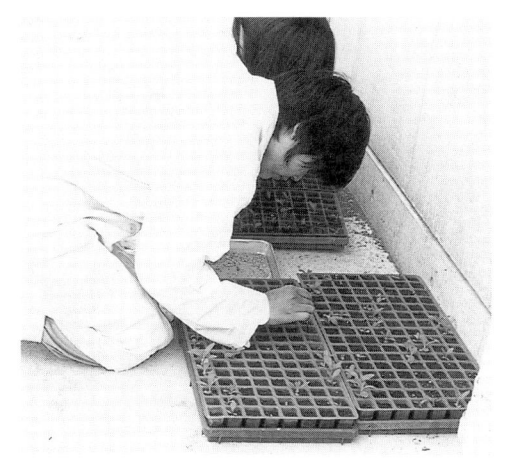

図24 セルトレイを使った育苗

図25 効率的な色素の抽出

ムラサキの緑の葉を、そのまま貼りつけて焼いたせんべいもつくった。

ただ1つ問題点は、シコン特有のにおいがあることで、それを消すために加熱処理したりシソエキスを加えたりする方法も見つけていった。

そして、各種の加工品を学校の農業祭や八日市市の秋まつりで売り出すと、「万葉の郷」にちなんだ菓子を高校生が開発したということで、大きな評判をよんだ。

製菓店と連携した商品開発

市内の製菓店では、高校と連携して、ムラサキを使った商品を開発するところも出てきた。製菓店ならではの技術で改良を加え、もち、せんべい、まんじゅう、ケーキなどが開発された（図26）。商品名やパッケージも工夫され、万葉の郷や額田王にちなんだ商品名がつけられたり❶、万葉の歌を印刷した包装紙が考案されたりした。洋菓子には、フランス語の「ガトー（お菓子）」と伝統の「ムラサキ」などを組み合わせたしゃれた商品名もつけられた。

これらの商品のパッケージには、校名にちなんだ「南高ブランド」の文字も印刷され、地元高校の取組みが発端になった商品であることが示されている。

加工の幅を広げる取組み

高校の特産品開発グループでは、加工の幅を広げ、ムラサキの色素でスカーフやネクタイなどを染める取組みも開始した❷（図27）。畳表（イグサ）をムラサキの色素で染めてつくったコース

❶額田王の娘、十市皇女（とおちのひめみこ）にちなんだ物語性のある商品名も工夫されている。

❷染色には、色素の発色をうながすために、ミョウバンなどを媒染剤として用いている。

図27　ムラサキを用いた各種の染色

図28　ムラサキで染めたイグサのコースター

図26　ムラサキを用いたいろいろな菓子（左）と製菓店と協力した洋菓子の開発（右）

ターも考案した（図28）。それをもとに，市内の畳店では手づくり工芸品を製品化している。さらに，ムラサキを利用した酒や，薬効に着目したお茶「紫草抹茶」も開発するなど，年々その加工の幅が広がっている❶。

（4）伝統的な作物の加工・活用の進め方

これまでみた八日市市でのムラサキに着目した伝統的な作物の復活とその加工の取組みで注目される点は，万葉の時代までさかのぼり，その地域に埋もれていた価値ある農産物を発掘し，栽培・加工法を工夫して現代によみがえらせていることである。さらに，地元の自治体，高校，製造業者などが連携して，次々と新しい加工品を開発し，地域の歴史や文化が反映された商品化を進めている点も注目される。

つまり，伝統的な作物や生物資源に着目した特産品の開発では，①その地域固有の生物資源に着目する（新たに栽培する場合もある），②背景となっている自然，歴史，文化を探る❷，③古い時代のものを新技術も取り入れてよみがえらせる，④歴史や文化を感じさせる商品のネーミングやラベルなどを工夫する，といった点がポイントとなる。また，開発のアイデアを生み出すには，楽しさを大切にし，遊び心や心のゆとりも必要である。

こうした取組みは，地域産業の活性化の契機となるとともに，地域の食文化や生活文化の向上や創造につながる❸。

❶高校では，ムラサキと関連の深い万葉の植物，アカネの栽培にも取り組み，その根の色素（アリザニン）でハンカチやスカーフなどの染色も試みている。

❷日本各地には，ムラサキをとおして文化を共有する地域（八日市市を含め，青森県十和田市，埼玉県熊谷市，東京都武蔵野市，調布市など）があり，それらの地域どうしの交流もおこなわれている。

❸さらに，自分の住む地域の歴史，文化，自然を共有して，住民どうしがふれあい，地域に誇りをもち，いっそう住みよい地域にしていこうという気風も生まれてくる。

参考 地域の歴史・文化，物産が集う「蒲生野万葉まつり」

八日市市の蒲生野では，秋の午後から夜にかけて，万葉集の歌を節をつけて読み上げる朗詠，薪能（薪を燃やして明かりにして演じる能）の観賞などがおこなわれる（図29）。また，万葉にちなんだ弁当やムラサキを用いた物産の展示販売もおこなわれ，多くの都市の人びとも参加している。

つまり，「蒲生野万葉まつり」は，地域の歴史や文化と物産が集い，農村と都市の交流の場ともなっている。

図29 「蒲生野万葉まつり」での万葉集の朗詠

第2章

4 農村文化の発見と活用

1 農村文化とその発見・活用

(1) 農村文化とその特徴

農村文化とは　農村文化というと，まず郷土芸能や祭り，伝統行事などがイメージされる❶。しかし，農村文化は，それらにとどまるものではない❷。農村文化とは，農村に暮らす人びとが地域の自然にはたらきかけ，形成したり獲得したりして共有してきた，生活様式とそれに関する表現，習慣，能力などの全体を指すもの，ということができよう（図1）。

農村文化の成り立ち　農村文化の多くは，その土地土地の風土に根ざした生産や生活のなかから生まれ，それを永続的なものとするために，地域のなかで共有され伝承されてきたものである。年中行事や祭りなどは，豊作や健康などへの祈願や感謝に由来し，農作業や季節の節目節目におこなわれるものが多い。また，それらは，生産と生活の場である農村空間において，生産や生活をもとにした時間（暦）にあわせておこなわれることによって，輝きを増し躍動感のあるものとなる。

このように農村文化は，農村の生産や生活の営みと密接に結び

❶文化財保護法（1950年制定）では，有形文化財，無形文化財，民俗文化財，記念物，伝統的建造物が対象となっている。

❷たとえば，農村の暮らしのなかにみられる何気ない風習や習慣，その地方固有の言葉，食物の採取・栽培・飼育技術やそれを保存・調理・加工する知識や技術，道具や生活用品をつくる技能や技術，などもすぐれた農村文化である。

図1　農村文化の例（左：秋祭り，右：かんじき競争，上：農民の技＜イネの結束＞）

ついて生み出され，それは人が暮らしてきたすべての地域において，なんらかのかたちでみられるものである。

農村文化の実態と変容

私たちが現在，接することのできる農村文化は，基本的には農村という地域社会のなかで共有されて伝えられてきたものであるが，それは，その成立以来，完成された不変のものとして，伝えられてきたのではない。いまに伝えられる過程では，創意工夫が重ねられて変化したり，あるものは途絶えたり伝えられる範囲が限定されたり❶，途絶えていたものが復活したり，さらに比較的近年になって新たに創造されたりしながら，現在にその多彩なすがたを伝えているのである。

したがって，農村文化は，決して過去のものではなく，現在の私たちの内にあり，生活のなかに息づいているものも少なくない。また，著名な郷土芸能や祭りなどが現存している地域のものだけではなく，日本列島のすべての地域に関わるものである。

農村文化の活用とその取組み

こうした農村文化は，その価値が見なおされ，農村と都市の交流やグリーン・ツーリズムなどにおける活用も本格化しつつある。その場合，私たちの内にある農村文化を発見・活用していくことは，現在の私たちの暮らしや文化を見つめなおしていくことでも

❶古くから伝えられてはいるが，それが意識化されていなかったり，特定の個人だけに限られていたりするため，途絶えているかのようにみえるものもある。

図2　わら加工の継承（わらじづくり）

参考　農耕と農村文化を支える稲わら

稲わらは，米を実らせ支える根幹であるとともに，農民の貴重な生産素材であった。良質な米を実らせた稲わらは，相互にふれあうとかちかちと鳴り，何をつくっても丈夫で，美しい光沢がある。それは，それぞれの用途にしたがって，各部位がむだなく利用されてきた。

こうした稲わら利用のなかで，とくに驚かされるのは，その用途の広さはもとより，稲わらのもつ特性を最大限に引き出してきた農民の創造力のたくましさである。

稲わらとその加工品は，農家の生活や農作業にとって欠かせないものであった。たとえば，屋根をふき，雪囲いをし，むしろに織って敷き，かぎ縄にしていろりに下げ，また布団の材料にもなり寝床をつくった。堆きゅう肥の材料や敷わら，牛馬のくらや縄の材料，作物のおおいや結束などにも広く利用された。

農民の体もまた，稲わらによって守られていた。みの，肩あて，はばき，わらじなど，数えきれないほどのものがあった。これらは，農作業のなかで，雨や雪などから身を守り，五体を支え，したたる汗を吸い取ってくれた。

こうした，稲わらのもつ特性を最大限に引き出して利用してきた，農民の技能やそれによって生み出された各種のわら加工品は，すぐれた農村文化であるということができる（図2）。

ある。ここにも，農村文化を活用していく積極的な意義がある。

農村文化の活用に向けた取組みは，それぞれの地域の農村文化の成り立ちやあゆみ，現状などによっても異なってくる。

つまり，農村文化の活用とは，現在すでにある広く知られた文化を伝承して活用していくだけでなく，先人からうけつぎながら創意工夫を加えて自らが楽しむ，都市の人びとも巻き込んで途絶えたものや意識化されていなかったものを発掘して復活させる，さらには現在の地域の農業や生活の様式にあったものを新たに創造していく，ことでもある。そこから，農村と都市の新たな交流も生まれてくる（➡ p.71）。

(2) いろいろな農村文化とその活用

農村文化には，じつに多様なものがあるが，ここではその一例を紹介する（表1）。年中行事などには，地域固有のよび名も多い。

農耕儀礼，年中行事 農耕儀礼は，順調な農作業と豊作を願い，また収穫を感謝しておこなわれる，農立て❶，さなぶり❷，虫送り❸，田の神送り❹などの一連の周期的な儀礼（表2）で，農村文化の原点の1つともいえるものである。農村の伝統的な年中行事（伝統行事）は，農耕儀礼をもとにして先祖を供養する祭祀や外国から伝えられた文化・行事が一体となり，いまにいたったものが多い（図3）。それは，暮らしのなかに季節感や躍動感をもたらしている。

祭り，郷土芸能 祭りは，もともとは人間と自然や神が交渉する集団的行動（儀式）であったが，農村の祭りには，農耕儀礼や伝統行事から発展したものも多い。地域の物産や産業・文化などに由来する「祭り」も各地で取り組まれている（➡ p.57，63）。

---

❶その年の農耕をあらかじめ祝うために，1月1日におこなう行事で，「農はだて」「くわ立て」などともいう。

❷田植えが済んだ祝いの行事で，「さのぼり」「しろみて」などともいう。

❸作物などの害虫を除くために，松明（たいまつ）をともし鐘鼓（しょうこ）を鳴らすなどして田のわきを大勢で歩く行事。

❹田の神が山へ帰るのを送る行事で，時期は地方によって9〜12月と異なる。

図3　伝統行事の例（邪霊の侵入を防ぐ「塞の神（さえ）」〈火祭り〉）

表2　稲作に関係する伝統行事の例

春〜夏	農立て 田遊び さおり 田植え祭り さなぶり 虫送り
秋〜冬	初穂（10/15〜17） 田の神送り（10〜12月） 新穀（11/23）

注　田遊びは，イネの豊作をあらかじめ祝う芸能。さおりは，田植えを始める日の祝い。

表1　農村文化の例

郷土芸能	伝統芸能，農村歌舞伎（かぶき），仕事唄（うた），祭り唄，など
食文化	郷土料理，田舎料理，つけもの，みそ，酒類，特産加工品，など
伝統工芸	木竹工，わら細工，染織，漆芸，陶芸，人形，など
民話	神話，伝説，語りもの，昔話，世間話，村史，など
伝承遊び	こま回し，たけうま，たこあげ，あやとり，目隠し鬼，など
生産，技術	伝統農法，生業暦，在来作物，農具，野良着，伝統建築，など

郷土芸能は，農耕儀礼や伝統行事などに，舞い，踊り，唄，太鼓，語りなどの芸能的な要素が取り込まれて形成されてきたもので，じつにさまざまなものがある。たとえば，「田楽」は稲作儀礼を芸能化したもので，田遊び，田植え祭り，田植え踊りなどがみられる。神楽のうち民衆のあいだで育った里神楽は，地域ごとに変化をとげていまに伝承されている。

食文化

　私たちの先人は，日本列島の変化に富んだ自然条件（→ p.19）のなかで農耕や漁撈などを営み，多様な農産物や水産物などを食料としてきた。これらの貴重な食料を季節ごとに，より有効に合理的に食べていくために，その地域特有の保存・調理・加工方法を生み出してきた❶。

　さらに，それぞれの地域の食は，日々の生活や各種の行事や祭りなどとも深く関わりながら創意工夫が重ねられ，じつに多様な料理や加工品と食事の様式を生み出してきた❷。その地方の個性ゆたかな郷土食（郷土料理）も，その1つである（図4）。

　食文化とは，こうした食の生産から保存・調理・加工にいたる一連の知識や技術と，それによって表現された料理や加工品および食事の様式の総体ということができる❸。それは，私たちがそれぞれの地域で命をつないでいくための基盤であるとともに，日々の暮らしに潤いや楽しさを与えてくれるものである。

農村文化の活用に向けて

　私たちの暮らす地域に息づいている多彩な農村文化を活用していく場合には，まずその地域の農村文化について，把握しなおしてみることが大切である。そのうえで，活用しようとする農村文化が明らかになれば，その起源や変遷，現状などについて調べ，それを地域で共有していく必要がある。そのためには，調査結果を多くの人に伝えることができるように，整理・編集して発信していくことも大切になる❹。

　じっさいの活用に向けた取組みでは，まず自ら見たり体験したりしてみることが第一歩である。そして，そこで感じたことや発見したことをもとに，その農村文化のもつ現代的な意義や伝承の必要性について発信し，地域の合意形成と継承のためのシステムやプログラムをつくっていくことが必要になる❺（→ p.75, 115）。

❶食料の保存・加工技術の代表的なものとして，米は「米こうじ」として微生物をたくみに利用しながら，つけもの，みそ，清酒などに用いられるが，これらには，いずれも古い歴史と洗練された技術が生かされている。

❷日常食のほか，祝事の日の晴れ（ハレ）食，年中行事の日の行事食などが工夫され，食生活に変化や楽しみを与えていた。

❸郷土料理を含めた食文化や伝統工芸などの活用にあたっては，ただたんに郷土料理の提供や特産物の加工や製作に終わるのではなく，食と食文化の地域性と自然や農産物から多くのものを利用して暮らしに役立ててきた，農家や農村の知恵が理解されるようなあり方が望ましい。

❹集団としての取組みが必要となることが多い農村文化の活用にあたっては，この点が重要になる。

❺伝統行事や郷土芸能の活用にあたっては，農業・農村体験と組み合わせて，地域の暮らしと一体になった農村文化の総体を体験してもらうように工夫することも大切である。

図4　郷土食の例

2 郷土芸能（和太鼓）の探究と活用

日本列島の各地にはさまざまな郷土芸能がある。しかし，現在ではその由来や現状について，そこに住む人であっても意外と知らないことが多い。郷土芸能を継承し，活用していくための第一歩は，その実態に関心をもち，自ら体験してみることである。

その取組みのなかで，郷土芸能の新たな魅力を発見したり，大きな感動を味わったりすることもできる❶。そして，その魅力や感動を地域の仲間や都市の人と共有していくことが，郷土芸能の活用につながる。以下，和太鼓を例にその取組みをみてみよう。

(1) 地域の風土と郷土芸能の魅力の発見

地域の風土と郷土芸能

伊豆諸島の南部に位置する八丈島は，黒潮暖流の影響を受け，高温多湿で雨が多いのが特徴である。地域の特産品としては，古くから黄八丈❷が有名であり，島の主力産業となってきた。近世においては流刑地でもあったが，流人は島の文化的発展にも貢献している❸。近年では，花きなどの栽培もさかんで，農業と漁業を基盤に，ゆたかな自然環境を活用した観光も発達している。

こうした地理的・歴史的条件や地域の産業，人びとの暮らしなどを背景として，八丈島では踊りや唄，民謡，太鼓などのさまざ

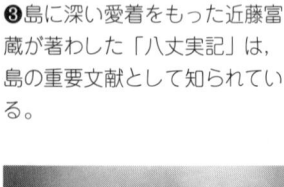

❶伝え聞いていたこととは異なる事実や魅力を発見したり，外からながめていたのでは味わうことのできなかった感動を味わったりすることもできる。

❷地域に生えるカリヤス，ツバキ，タブノキ（方名マダミ），シイなどを材料にした染料で染めた絹織物で，おもに黄色を基調にして茶，黒などの縞がはいり，使うほどに色がさえる。江戸時代には租税の上納品とされた。

❸島に深い愛着をもった近藤富蔵が著わした「八丈実記」は，島の重要文献として知られている。

図5　浜遊びでたたく八丈太鼓（下）と高校生による太鼓の演奏（上）

図6　文献（「婦人盆中太鼓打図」）にはじめて登場する八丈太鼓（「八多化の寝覚草」1840年より，八多化は八丈を意味する）

第2章　農業・農村の機能の発見と活用

まな芸能が生まれ，いまも島の行事や暮らしのなかに受け継がれている。「八丈太鼓」とよばれる和太鼓（図5）もその1つである。

八丈太鼓のルーツ

八丈太鼓の由来については諸説❶あるが，文献にはじめて登場する太鼓の記述（図6）や，当時の島の慣習や産業・社会の状況からすると，「年貢として納める黄八丈を織っていた女性たちが，気晴らしに太鼓を木につるして打ったのがはじまり」というのが信頼できる説のようだ。

つまり，八丈太鼓は，島の生業のなかから生まれ，生活に根ざした太鼓として人びとに親しまれて，継承されてきたのである。

八丈太鼓の特徴と魅力

八丈太鼓は，1つの太鼓を両側から2人でたたく，全国でもめずらしい両面打ち太鼓である。そのひびきは，一定のリズムを刻む下拍子と，そのリズムにあわせ，即興でたたく上拍子とからなる。上拍子の打ち手は，下拍子にあわせながら，そのときどきで打ちたいように面やふちをたたいて，リズムを即興で創作していく❷。

八丈太鼓のおもしろさは，このリズムの創造性にあり，1個の太鼓から，打ち手が変わるたびにいろいろな音色が出る。太鼓をたたく構えや向きにも個性がある❸。このように八丈太鼓は，打ち手の「個のひびき」が大切にされる太鼓である。そのひびきは，無限の可能性を秘めたものであり，それをとおして「その人らしさ」が伝わってくるのが八丈太鼓の魅力である。また，経験や技術の有無を問わず，だれでも親しむことができる，という「幅の広さ」もこの太鼓の魅力である。

❶「流人となって刀を取り上げられた武士が，胸に募る想いをばちに託して打ったのがはじまり」とも伝えられてきた。しかし，これは流刑地であったがゆえに生まれた言い伝えのようだ。

❷上拍子にはもともと決まった型はなく，島で打ち継がれている伝統的なリズムを基本としながら，打ち手の自由なリズムが生かされる。

❸体の構えは，足を閉じて背筋をぴんと張って打つ場合，足を大きく開いて力強く打つ場合などがある。体の向きは，太鼓の正面に向きあう，斜に構える，などさまざまある。構えや向きは，たたき手の好みや体力，リズムや速さによって異なるもので，たたき手は自分にあったスタイルを探求する。

参考　八丈太鼓にみる上拍子と下拍子のテンポとリズム

上拍子と下拍子の阿吽（あうん）の呼吸も，八丈太鼓の妙であり，大きな特徴となっている。打つ速度は上拍子の打ち手が決める。テンポを上げたければ，徐々に速度を上げていく。下拍子の打ち手は上拍子の打ち手が打ちやすいように，テンポをしっかりあわせてリズムを刻んでいく。

こうして上拍子の呼吸を肌で感じ取り，速度をぴったりあわせ，さらに威勢のいい掛け声を飛ばして，上拍子を盛り上げていくのも下拍子の大切な役目となる。

下拍子には，「ゆうきち」（図7），「ほんばたき」「しゃばたき」「ぎおんばたき」とよばれるリズムがあり，それぞれ独特の味わいがある。

図7「ゆうきち」の譜面の一部（採譜者：浅沼享年（みちとし））

（2）郷土芸能の活用と交流活動の取組み

暮らしのなかの太鼓

八丈太鼓のひびきは，島の四季折々の行事や祝いごとのときなど，じつにさまざまなところから聞こえてくる。

たとえば，秋祭り❶には，太鼓がトラックに積まれて島じゅうを駆けめぐり，大人に混じって子どもたちも小気味よいリズムをひびかせる（図8）。冬の駅伝やマラソン大会では，豪快な応援太鼓が遠くまでひびく。高校の卒業式では，太鼓のひびきに送られて若人たちが旅立つ。一方，老人ホームからは，懐かしくやさしいひびきが聞こえてくる。このように八丈太鼓は，島の行事や生活の場，学校などで打ち継がれている生活文化そのものである❷。

島文化を伝える太鼓

八丈太鼓は，島をおとずれた観光客を出むかえるためにも広く活用されている。とくに，夏や正月に桟橋でたたかれる太鼓に，船から降りてきた乗客はしばし足を留めている。春のフリージア祭り❸では，一面にフリージアが咲く畑のかたわらで八丈太鼓が演奏され，花摘みに来た旅人の心を和ませている。つまり，八丈太鼓は旅を演出し，旅人たちに島文化の魅力を伝えるという大きな役割も果たしているのである。

太鼓をとおした交流活動

島の大賀郷地区では，1990年代なかば，盆踊りに活気を取り戻そうと八丈太鼓を取り入れ，だれでも自由にたたけるようにした。すると太鼓のひびきに誘われて，島の人たちだけでなく，観光客

❶優婆夷宝明神社の例祭のことで，この神社は八丈島の総鎮守である。

❷八丈太鼓は，現在では舞台芸能として，さまざまな太鼓グループによって全国各地のステージでも演奏されるようになっている。しかし，本来，島の人びとの暮らしに溶け込んだ太鼓であり，打ち手が楽しんでたたく伝統的な太鼓である。

❸フリージアが咲く3月中旬から末にかけて，畑で自由に摘むことができるようにした島の観光イベント。

図8　トラックに積んだ太鼓をたたいて島を回る秋祭り

図9　太鼓を囲んで「石投げ踊り」に興じる盆踊り

も徐々に集まり始め，人びとは迫力のある勇壮なひびきに圧倒され，また歯切れのよい軽快なリズムに体を動かし，どこか懐かしい心地よいひびきに酔いしれた。

たたき手によってさまざまな音色を発する，この変幻自在で奥深い郷土のひびきは，人びとを次々に魅了していった。さらに，聴き手は同時にたたき手ともなり，はじめてたたく人も島のたたき手のリズムに触発されながら，思い思いのリズムを自由に刻んでいき，互いにリズムを創作しあう楽しさをたん能した。ときには太鼓にあわせて唄われる「太鼓節」❶に聴き入り，一方では輪になって「石投げ踊り」❷に興じ，八丈の夏の夜を満喫した。以後，大賀郷地区の盆踊りは，毎年この形態で続けられるようになり，踊りや太鼓の好きな人たちでにぎわっている（図9）。

（3）郷土芸能の活用に向けた活動のあり方

島の人たちは，太鼓のひびきについて「だれそれ太鼓」といういい方をよくする❸。「個のひびき」を大切にしてきた伝統と，「その人らしさ」が伝わってくる八丈太鼓ならではの表現である。「個のひびき」が尊重されてきたがゆえに，それぞれのたたき手は，自分の太鼓に創意を加えて，自分らしさを探求してきた❹。そして相互に影響しあいながら，八丈太鼓は受け継がれ，発展してきたのである。

大賀郷地区の盆踊りで，島のたたき手が自ら太鼓をたたいて楽しんでいたら，自然に人びとが集まってきて太鼓や踊りの輪が広がったという実話は，郷土芸能の継承・発展のためには，そこに伝わるすぐれた芸能を，強制でも義務感からでもなく，そこに住む人びとが自ら味わい，楽しむことがなにより大切であることを教えてくれている。そのすがたに人は魅せられていくのである。

ここからは，私たちが郷土芸能を活用していく場合の1つのあり方もみえてくる。つまり，それぞれの郷土の芸能について，その地域の人びとが関心を向け，その本来のすがたや魅力を探り，その魅力を味わい，自分たちなりに享受する。そして，そのすがたをそこに住む人びとや外部（都市）の人びとにもみてもらい，そこから活動や交流の輪を広げていく，というあり方である❺。

❶下拍子にあわせて唄われ，八丈太鼓に欠かせないものである。その郷愁のただよう旋律と歌詞は，落ち着いた下拍子のひびきとともに，聴く人の心に迫ってくる（東京都無形民俗文化財に指定）。

❷太鼓のリズムにあわせて輪になって踊るもので，近年になって本土から伝わり，島で継承されてきた踊り。

❸「おかえ太鼓」で知られる稲田かえさんは，戦後，日本各地に招かれて演奏し，八丈太鼓を世に広めた。

❹ばちの材質や長さ，太さによってもひびきが異なるため，島のたたき手は，島内に自生するムラサキシキブやクワ，ヤマギリなど，自分の好みの材を用いて，たたきやすい長さや太さのばちをつくり（図10），独自のひびきを追求していく。

❺こうした活動や交流は，そこに住むより多くの人にその芸能の魅力を再認識してもらう機会となったり，観客だった人が自らの地域を見つめなおす契機となったりして，そこからさらに活動や交流の輪を広げていくことも可能になる。

図10　ムラサキシキブの原木とばち

3　伝統的な建物（農家の蔵）の発見と活用

(1)「農家の蔵」とその特徴

蔵とその種類

　私たちの住んでいる地域には，長年の利用や風雪，天災などに耐え，人びとの暮らしを支えてきた建物や施設がある。各地にみられる蔵❶はその代表的なものである。蔵には構造や材質によって，高倉，校倉（あぜくら），板倉，石蔵❷，土蔵❸などがあるが，現存している蔵には，土蔵が多い❹。

　いまでは，蔵というと，商家の繁栄や富の象徴としての蔵や，観光化された「蔵のある街並み」がイメージされやすいが，農業生産や農家生活を支えてきた「農家の蔵」も各地にみられる。

地域の資源・文化としての蔵

　蔵（土蔵）は木材や土，竹，わらなど，それぞれの地域の自然物をおもな建材としてつくられており，環境にやさしい建築物である。構造上では耐火性や防水性，耐久性を高めたり，盗難やネズミの侵入を防止したりするための工夫が，無名の職人によって随所にこらされている。そして，農家の手によって大切に維持・管理されてきた。

　このようにしてつくられ維持されてきた蔵は，家屋や庭，生け垣などとともに農家の屋敷を構成し，農村の景観をかたちづくっ

❶収穫した農産物や家財道具，地域の物産，宝物（ほうもつ）などを収納・保存しておく建物（施設）である。

❷高倉は，床を高くした倉。校倉は，部材を横に組んで壁をつくった倉。板倉は，板を組み合わせた倉。石蔵は，切り石を積み上げた蔵。

❸厚い土壁で囲われており，温度や湿度をほぼ一定に保つことができることから，酒やしょうゆ，みそなどの醸造の場としても広く利用されており，それらは酒蔵，しょうゆ蔵，みそ蔵などとよばれている。そこには，蔵の環境に適した微生物（酵母）もすみついており，それは「蔵つき酵母」とよばれている。

❹地域によっては，石蔵や板倉などもみられる。

図11　蔵のある農村（尾上町）の景観

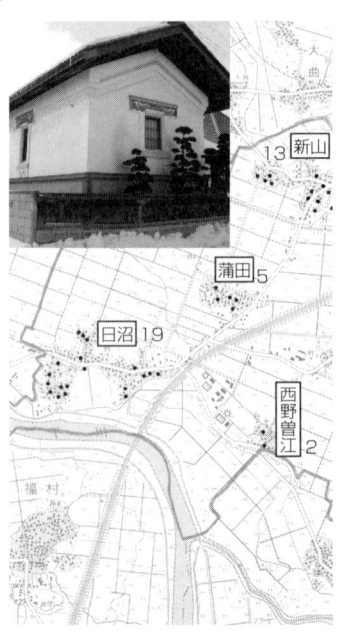

図13　蔵の分布状況と蔵の様式

第2章　農業・農村の機能の発見と活用

てきた（図11）。同時に，気密性が高く光が制限され歴史を感じさせる蔵の内部（図12）は，日常の生活空間とは異なる特有の雰囲気を醸しだしてきた。

つまり，農家の蔵は，地域の自然資源と人的資源（職人の技）を結集してつくられ，農家の手によって何代にもわたって維持・管理されたものであり，農村の資源であり文化でもある。

しかし，生産・生活様式の変化にともなって蔵の利用が減少し，放置されたり，解体されたりした蔵も少なくない。蔵はいま，「減ることはあっても，増えることはない」貴重な資源なのである。

（2）蔵の保存と利活用の取組み

最近，こうした蔵のもつ価値や機能を見なおし，新たな利活用を図る取組みが各地でみられるようになっている❶。以下，その先例を津軽平野の南部に位置する尾上町での取組みからみてみよう。

忘れられていた蔵

尾上町は，米とリンゴを中心とする農業を基幹産業とした町で，江戸時代から維持されてきた「サワラの生け垣」に代表される，農家の庭園（地元では「坪庭」という）が美しい町としても知られている❷。

この町には，いまなお333棟の蔵が現存しており，その数は全世帯数の約11％に及んでいる（図13）。さらに，その所有者の約

❶蔵を農業・農村体験やグリーン・ツーリズムの核として位置づけた取組みや，山村などで農家の離村によって荒れたままになっていた民家を修復して，多面的に活用していこうとする取組みもみられる（→ p.136）。

❷この町の農家の庭園や生け垣をはじめとする景観は，高く評価されており，「農村景観百選」「かおり風景百選」にも選ばれている。

図12　蔵の内部の例（約140年前に建てられた蔵で，昔の農具が保存されている）

（黒い丸印は蔵の位置，数値は集落ごとの蔵の数，写真は現存する蔵の様式の例）

4　農村文化の発見と活用

94%が農家であるという大きな特徴がある。しかし、この蔵の存在については、「サワラの生け垣」のように広く評価されることはなく、地元の人のなかでもあまり意識されていなかった。

❶たとえば、「戦争中、白い蔵は攻撃の目標になるといわれ、白くぴかぴかにしていた蔵に、「サンソー液」（農薬の名称、石灰硫黄合剤）を散布して赤くした。数日後、終戦になったと聞いている」といったコメントも寄せられている。

蔵の見なおしと再発見

しかし、住民のなかには、自分たちが生きていたあかしとして蔵を残したいと思う人びとがおり、平成13年には町内外の有志によって、蔵の実態を町内外の多くの人に知ってもらい、蔵の保存と利活用の促進を図りながら、だれもが住みたいと思うまちづくりをめざす「尾上町蔵保存利活用促進会」が設立された。そこで、まず取り組まれたのが、「蔵マップ」の作成である。

この取組みは、地元の大学生が中心になって、蔵の数や分布、様式などの詳細な調査がおこなわれ、そのデータは1冊のマップにまとめられた（図14）。そこでは、1つひとつの蔵のじつに個性的なすがたも浮き彫りにされている（表3）。そして、このマップによって、蔵の実態が、はじめて多くの人に知られるようになったのである。農協の広報誌にも、町内の蔵の特徴を紹介する連載が開始され、蔵に刻まれた、さまざまな歴史が語られている❶。

図14　蔵マップ（抜粋）

表3　333棟の蔵の様式

壁（色）	白	276	腰（模様）	石積	171
	茶	24		無	96
	灰	20		ひし形	14
	ベージュ	10		模様石	14
	その他	3		六角形	7
屋根（色）	赤	163		その他	23
	青	76		不明	8
	緑	60	扉（形式）	無	170
	茶	24		漆喰製	86
	その他	10		鉄製	59
（形式）	離	262		その他	18
	着	71			

蔵を活用した多様な取組み

「蔵保存利活用促進会」を中心に、次のような四季折々の取組みも始まっている（図15）。

蔵・農家庭園フォートラリー（4月）
農作業体験ファームステイ（5～6月）
蔵・農家庭園ウォッチング・手作りこんにゃく体験ツアー（6月）
ねぷた祭りファームステイ（7～8月）
蔵・農家庭園ウォッチング・ブドウ収穫体験ツアー（9～10月）
蔵・農家庭園ウォッチング・リンゴ収穫体験ツアー（11月）

図15　蔵を活用した蔵ウォッチング（左）、地元大学生による農家に宿泊してのリンゴ収穫体験（右）

これらの取組みは，いずれも農村の景観や文化と農業体験を結びつけ，農業・農村の機能を総合的に活用したものである。そこでは，花や野菜といった地域にとって比較的新しい農作物にも光があてられたり，新たな農産加工❶も開始されたりしている。つまり，農家の蔵や庭園に注目した農村と都市の交流は，地域の農業生産や食文化の創造につながる可能性を秘めている。また，ここでの取組みは，地元の大学生や高校生が積極的に参加し，協働や提言がおこなわれている点も大きな特徴である（図15，16）。

　今後の取組みとしては，蔵のすぐれた居住性を生かした農家民宿（→ p.132）用の宿泊施設，郷土食の調理・創作のための施設や農家レストラン，伝統的な農具の展示や工芸品の創作などのための施設などとしての利活用も考えられている❷。

❶新たにコンニャクづくりも取り組まれているが，津軽地方は，コンニャクの生育の北限地より北に位置しているので，これまでコンニャクを栽培・加工する伝統はなかった。

❷蔵保存利活用研究会では，蔵についての情報紙「季刊 蔵ジャーナル」の発刊も開始している。

（3）伝統的な建物活用の視点と進め方

　尾上町にみるような地域の内発的な発展をめざす取組みには，地域の資源，人材，技術などを総合的に活用することが重要である。とくに，地域のすぐれた個性（建物）が発見できれば，地域活性化のための具体的な事業にまで深化させることが可能になる。

　たとえば，農家の蔵や生け垣は，伝統を重んじる地域性や農家としてのなんらかの必要性によって維持されてきた。しかし，これは個人的なことであって，そこに蔵や生け垣があるだけでは，それらが「人と人を結ぶ」ものとして機能することはなかった。

　ところが，農家の蔵や生け垣が，地域の環境を守る，福祉を向上させる，伝統的文化を継承する，といった公益性をもつものであることが明確にされることで，人びとは蔵や生け垣をあらためて見つめなおし，それらについて語りあうようになり「人と人を結ぶ」ものとなった。加えて，それらを事業化可能な施設として設定することで，事業運営体としての「蔵保存利活用促進会」の設立・活動が可能となった。

　今後は，これまでの取組みをさらに深化・発展させるとともに，事業の後継者を育てるために，とくに高校生や大学生の参加を求め，NPO法人設立による公益性と事業化をあわせた取組みを進めていくことが提案されている。

図16　蔵保存利活用促進会と連携した学生・生徒の活動（上：高校生による蔵の調査，下：蔵フォーラムで実施したワークショップでの発表）

第2章

5 農業・農村体験の企画と指導・援助

1 里山での自然・農村体験とものづくり

1 里山・棚田の特徴と自然・農村体験の援助

里山の自然は，四季折々にゆたかな恵みをもたらしてくれ，かつて人びとの生活と密接に関わって成立していた（➡ p.24）。現在では，里山に生活を依存することは少なくなったが，里山には，じつに多様な機能があり，生命をはぐくみ，地域の環境を守る自然の宝庫として，ますます貴重な存在となっている。

傾斜地に階段状につくられた棚田は，ふつう里山を開いてつくられたもので，里山と一体になって多様な機能を発揮していることが多い❶（図1）。里山とあわせて棚田の探索もおこない，そこから自分たちでできる保全活動❷にも取り組んでみよう。

里山を舞台にした自然体験や農業・農村体験には，さまざま

❶里山や棚田などから成る地域は，里地里山（「都市域と原生的自然との中間に位置し，さまざまな人間の働きかけを通じて環境が形成されてきた地域であり，集落をとりまく二次林とそれらと混在する農地，ため池，草原等で構成される地域」環境省）ともよばれ，その面積は国土の約4割に及んでいる。一般的には，二次林を里山，それに農地などを含めた地域を里地とよぶことも多い。

❷各種団体のボランティアや市民グループによる畦畔（けいはん）の草刈りなどの支援もおこなわれている。

機能	活用例	里山・棚田の資源		活用例	機能
自然環境、農村景観の保全、多様な生物の保全など	かやぶき屋根，炭俵，敷物	ススキ（カヤ），コガヤ	棚田	和紙の原料	洪水防止、土壌侵食防止、水源のかん養など
	薬草，お茶，入浴剤	キハダ，ドクダミ		紙すきののり，天然のり	
	ご飯，みそ汁，料理	米，野菜，果樹，花き		建材，炭材，飾り，家具	
	笹もち，ほうば皿，芳香剤	ササの葉，ホオの葉		自家用茶，茶飯	
	食材（そば粉，きび・あわもち）	雑穀		バック，かご，なた入れ	
	ウシやヤギのえさ，田畑の肥料	雑草，牧草		とちもち	
	竹細工，建材，竹炭，カヌー材	タケ	里山	炭材，キノコ原木，木工，飾り木	
	観賞用お花炭	野の花		食材，堆肥材料，除草	
	とろろめし，そばのつなぎ	ヤマイモ（ムカゴ）		食材，養殖	
	換金産物，食材（わさびづけ）	ワサビ		ノネズミ・モグラの駆除	
	食材，保存食	山菜		まむし酒・食材	
	換金産物，食材，保存食	キノコ類		生活・生産の水・淡水魚の養殖	
	蒸しぐり，焼きぐり，くりご飯	クリ		炭窯，小屋の土台，たたき台	
	くるみみそ，くるみあえ	クルミ		窯の材料，土器	
	生業の技，生活の知恵など		人間(お年寄り)	生業の技，生活の知恵など	
	農産物の供給　食文化の伝承・創造		生業の技の伝承・創造	農村文化の伝承・創造	

（里山・棚田の資源：コウゾ，ミツマタ／トロロアオイ／スギ，ヒノキ／チャ／アケビ（つる）など／トチ／雑木，倒木／ウシ，ヤギ，家禽／渓流魚／フクロウ／マムシ，ハチ／水／石／粘土）

図1　里山・棚田の資源活用の例

ものが考えられるが，その一例を表1に示した。里山の自然やすばらしさやその多面的な機能を伝え，理解してもらうには，具体的な体験プログラムをつくり，多くの人が四季をとおして楽しめるようにする工夫が必要となる。

そのためには，指導者自身が体感することが出発点である。体験した事例や写真，本もののすばらしさ（紙や炭，それらの工芸作品などの実物）をみせて感動を与えることも効果的である。そのためにも無理のないプログラムづくりや安全への配慮が必要となる。

また，炭焼き，紙づくりなどの技術を伝えるだけでなく，技術の背景にあるものや人間生活との関わり，ものづくりのプロセスの大切さに気づかせたりすることが重要である❶。

自然体験の案内者は，おとずれる人と同じ目線に立つとともに，自ら楽しんで行動し，自然を科学することによって，おとずれた人が自然に関わる感動と興味を高めていくようにする。体験に参加した人から感想を集めたり，自らが案内するだけでなく体験した人に案内役をしてもらったりすることも大切である。

❶里山での自然体験や農業・農村体験は，人が本来もっている五感をみがき，健全な発達をうながすことができる。そして，自然や農業・農村を好きになる人が増えていけば，里山の自然が保全され，地域の活性化にもつながり，環境問題の解決につながる明るい展望も見いだせる。

図2 スギの木を登る

表1 里山での自然体験，農業・農村体験の例

森の探索	森の神秘を体験	
	森の探索	人工林と雑木林において1周1～2時間ていどのコースを探検する
	木登り	安全ベルト，ロープで安全を確保し，スギの木や雑木を10mほど登る（図2） 安全確保の方法も学ぶ
生活の技の体験・伝承	お年寄りから学ぶ	
	キャンプ	まき割り，風呂たき，たき火，炊飯を自分で工夫 簡易フリークライミング（建物の壁面など），たいまつ行進を楽しむ
	食文化体験	きびもち，とちもち，みそかんぱ（五平もち），山菜料理，そば打ち，なめこ汁を味わう バタバタ茶（茶葉を積み上げ，3週間で5～6回の切り返しをして発酵させる）
	山仕事体験	のこぎり・なたの使い方，チェーンソー，道具のつくり方をお年寄りから学ぶ，ニソ（マンサクの小枝を利用した縄）の使い方，つるの編み方
	キノコほだ木づくり	雑木を切り，シイタケ，ナメコ，ヒラタケなどを植菌する
炭焼き	循環システム・リサイクルを体験	
	炭の効用の学習 炭商品の開発	流木・廃木の炭化，土壌改良（粉炭の散布） 商品例：チャコールバック，ミニ炭俵，飾り炭，茶道用炭
和紙づくり	年間をとおした和紙づくりで循環を体験	
	材料の播種	コウゾ，ミツマタ，トロロアオイを栽培
	繊維（「クサ」）づくり	刈取り，蒸気蒸し，皮むき，表皮はぎ，水さらし，皮打ちの作業
	紙すき	すき枠づくり，紙すき，脱水，乾燥の作業
	和紙の利用	卒業証書台紙，絵手紙用紙，はがき，文集用紙
土器づくり	自然のなかで野焼きを体験	
	地元の土を使った土器づくり	土を水でこねて形をつくる，長時間かけて焼き上げる（ものづくりの原点）

2 森の散策と渓流（水源）の探索

森の散策

人は，森の恵みや自然の恩恵を受けて生きてきた。しかし，多くの緑が失われ，森のもつ機能が低下し，地域の環境が悪化しているいま，生命をはぐくむ森に目を向け，森と語りあうことが必要となってきた。

森にはいると，野生動物との出会い，色あざやかな木肌や季節色の発見，ゆたかな水をはぐくむ大木群や朽ちた木の上でおこなわれている世代交代の観察など，感動的な自然体験ができる。

森を案内するときは，次のことに留意する（表2～4，図3，4）。

①事前調査をおこない，コースの特徴，ポイントを把握したうえで，散策のテーマを設定し，具体的な行動計画を立てる。

②自分自身が楽しむとともに，説明するときは，自信をもって大きな声で，笑顔をつくって語るようにする。

③現地での事象の説明は，科学的なものだけでなく，人との関わりや社会問題にもつながっていることを具体的に示す。

表3 森の散策の計画立案のめやすと案内事項

コース時間設定のめやす	・標高100mごとの所要時間は，登りは20～30分，下りは10～15分 ・平たん地は1kmを20分 ・休憩，観察はこまめに10分ていど ・標準コースは3～4kmで2時間 （標高差，道の整備状況により変わってくる）
案内事項	とき，ところ，集合場所，コース概要，持ちもの（雨具なども），担当者，連絡先

表2 季節別の森の散策例

季節		テーマ	行動	場所	活動の意義・発展
早春	3月中旬～4月初旬	春の息吹発見	マンサクの花，フキノトウ，カタクリの花など，春のきざしを発見	南，西向きの丘陵地 谷川沿いの両岸	里地里山の整備
春	4月初旬～5月中旬	芽生えの追跡	ヤナギ，コナラ，サクラなど，落葉樹の芽生えの追跡（山菜採集，花見，バードウォッチング）	登山道，遊歩道，作業道，旧街道のあるところ	緑の再生（植林）
初夏	6月初旬～7月中旬	新緑のたん能	樹種ごとの若葉の形・色合いの観察	雑木林や地域に残されている保安林 古木，老木，大木のあるところ	土砂流失の防止
夏	7月中旬～8月中旬	渓流の探索	山歩きや森林トレイル，渓流の探索で清涼感を満喫	登山道や遊歩道が整備されているところ	水資源のかん養
秋	9月中旬～11月初旬	実りの発見	クリ，クルミの採集，キノコ狩り 紅葉と落葉道の散策	平たん丘陵地で落葉樹林帯または原始林帯地域	地域産物の加工
冬	1月下旬～3月中旬	雪世界の探索	スキー，ワカンを装着し歩いて別世界の発見	歩くスキーでは林道，作業道，ワカンでは雑木林探索	雪の利活用

春：春を告げるフキノトウ 　　夏：渓流の探索 　　秋：木々の結実，紅葉 　　冬：銀世界の歩行

第2章 農業・農村の機能の発見と活用

④常に人員の行動を把握し，自然の保全の大切さを伝えることに努めるとともに，ハチなどの危険回避を念頭において行動する。

考えているだけでなく，まずは森の中にはいってみよう。そうすれば，森のメッセージを感じることができ，自然に対する興味・関心が高まり，畏敬の念も芽生えてくる。

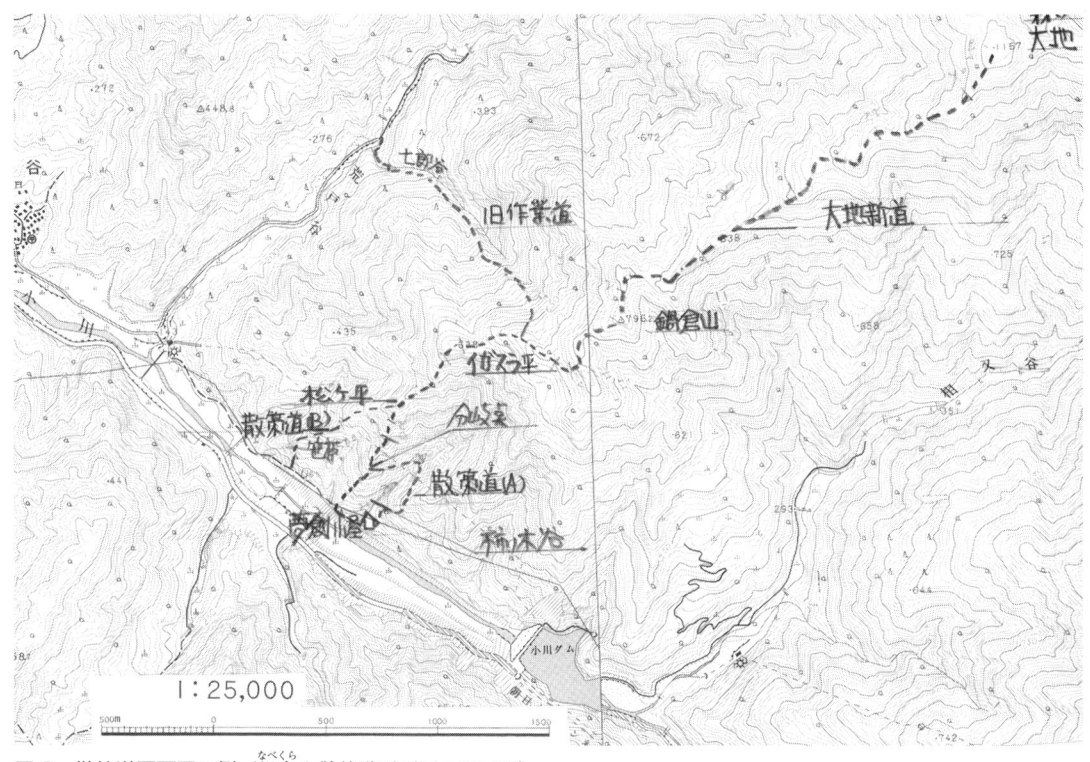

図3　散策道平面図の例（鍋倉山散策道平面図 1/25,000）

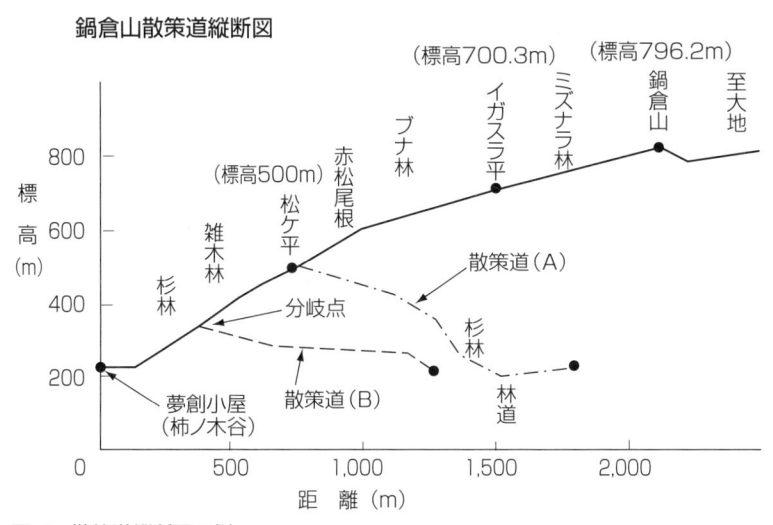

図4　散策道縦断図の例

注　縦断図の書き方：平面図のコース距離（200〜300m）ごとに地図上の等高線と交差する標高を読み取り，距離を横軸に，標高を縦軸にプロットしてつなぐ。

〈コースタイム〉

1. 鍋倉山往復：距離4.2km
 夢創小屋 $\xrightarrow[30分]{60分}$ 松ケ平 $\xrightarrow[20分]{45分}$ イガスラ平 $\xrightarrow[15分]{30分}$ 鍋倉山

2. 散策道(A)：距離2.0km
 夢創小屋 $\xrightarrow{60分}$ 松ケ平 $\xrightarrow{30分}$ 笹原 $\xrightarrow[林道]{20分}$ 夢創小屋

3. 散策道(B)：距離1.0km
 夢創小屋 $\xrightarrow{20分}$ 分岐点 $\xrightarrow{15分}$ 柿ノ木谷 $\xrightarrow{20分}$ 夢創小屋

5　農業・農村体験の企画と指導・援助

渓流の探索

人間にとっても，里山の動植物にとっても，水は生命の源である。その源流や水源を求めて谷川をさかのぼり，森がはぐくむゆたかな水と，この水によってつくられた自然の造形や水の循環と利活用を見つめてみよう（表5，図5，6）。

渓流の探索では，整備された道やルートだけでなく，水の中を歩いたり，草つき❶や岩場，とろ❷や滝などに出くわしたりもする。そこでは，日ごろ経験できない清涼感が味わえ，ほとばしる水音，透き通った水の色，肌を刺す水の冷たさに鋭気が養われる。わずかな水の中でも生息しているサワガニやサンショウウオなどを発見して，その生命の原点の営みに感動を覚えることもできる。

しかし，川底は滑りやすいうえに転石❸が多いので，足場が不安定で，一瞬の判断ミスで転んだりずぶぬれになったりすることもある。また，雨が降ったり，動物（サルやカモシカなど）が移動したりすると，両岸から落石や雪のブロックの落下などが起こることもある。事前準備を十分におこなうとともに，行動中は常に緊張感をもち，周囲に気配りして危険防止を図る必要がある。

❶岩石地帯や岩壁などにみられる草生地。

❷水深のあるところ。流れがゆるやかで，「どろ」ともいう。

❸岩盤から離れ，流水などで押し流されて丸くなった岩石。

表4 森における観察・調査事項の例

事項	内容
地形・地質	平たん・ゆるやか・急峡，赤土・黒土・砂混じり土，岩と植生の関係
植物（植生）	樹木・下草などの名称，群生・単独などの構成・機能調査
動物	けもの道，食べ跡，足跡，ふん，鳴き声，えさ，食物連鎖，行動の観察
危険物	毒草，毒キノコの観察，ハチ類，毒ヘビ，クマ遭遇時の対応などの事前調査
香り	花・葉・樹木のにおいと名前
音	風，木の葉，水音などの状況
資源	建築材，製紙材，肥料材などの資源活用調査

表5 渓流の探索の手順

事前準備のポイント	・地図による渓流の概要把握（距離，こう配，滝，えん堤，両岸傾斜状況） ・渓流川底縦断図の作成（→図6） ・事前現地調査。渓流の模様把握。水量，川底状況（岩石の大小，転石，草つき，滝，えん堤），流域状況，避難コース有無の確認。地元ヒアリング（難所，う回道） ・現地調査をもとに，はきもの，持ちものを決定。地図と縦断図でコースとコースタイムを設定し，行動計画書を作成 ・持ちもの，とくに地図，野帳，カメラの防水対策 ・アブ，カ，ハチなどの防虫対策
実行のポイント	・探索始点で計画概要の再確認をする ・探索は浅瀬を選んで岸辺に沿って進む ・Ｖ字谷では，水深があれば岸壁を横切って進む ・滝，急流個所，えん堤，とろなどの危険個所はう回する ・源流は，崩壊でできた小さなデルタ末端部に多い ・下流，中流，上流地点における水生動植物，崩壊地，沿岸樹木，水の利活用，取水施設，コケ類の付着状況などを観察する ・行動中は，地図上での位置を確認し，水の量・色・濁り・音などの異常事項に注意する。常ধ天候をチェックする ・帰路は，下りが多く足場が確保しにくく滑りやすいので注意する（急流地点などでは，ときには進行方向に背を向けた姿勢で下降する） ・後日，行動・観察記録や写真などをもとに記録としてまとめ，反省点を付して保存する

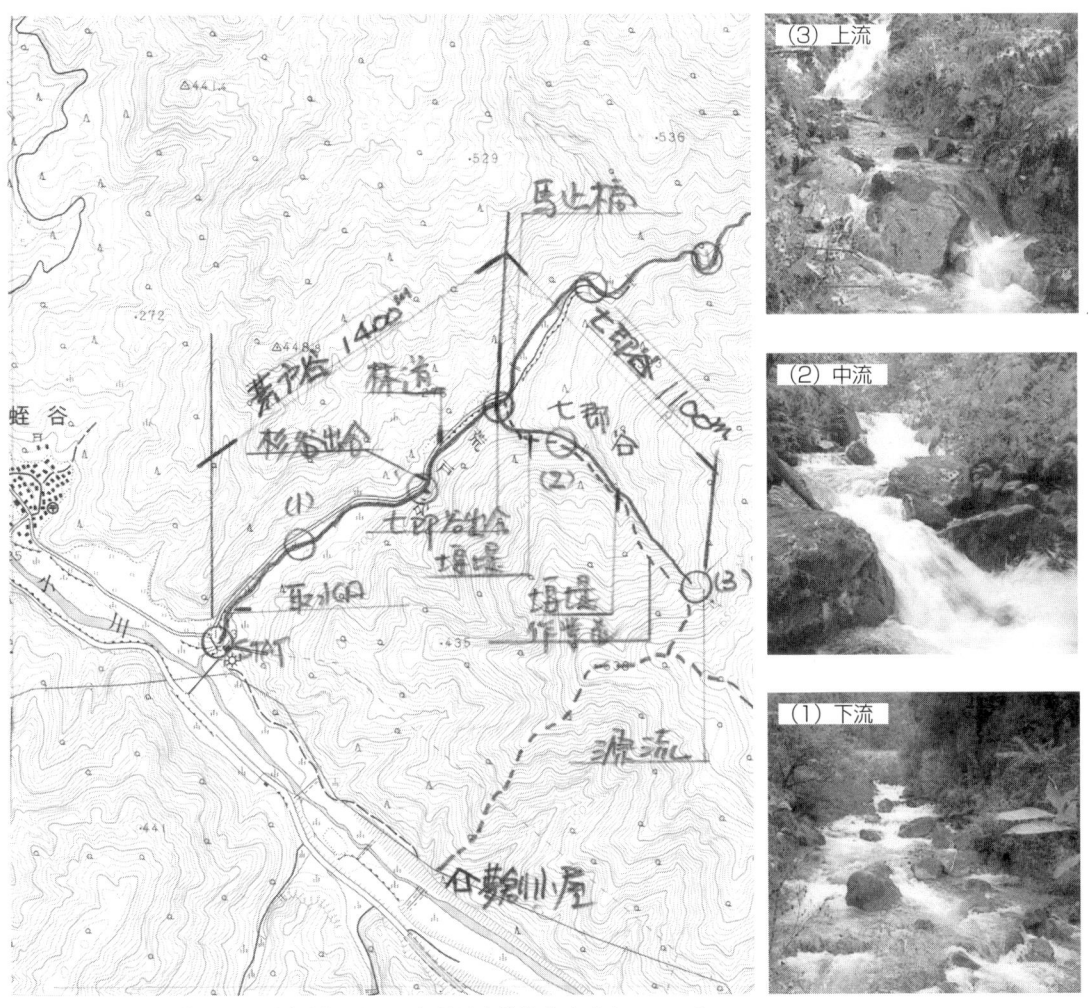

図5 渓流の探索道平面図の例（荒戸谷，七郎谷渓流散策道平面図 1/25,000）
注　右の写真は，地図中の (1) (2) (3) の位置で撮影したもの。

荒戸谷〜七郎谷溯行縦断図

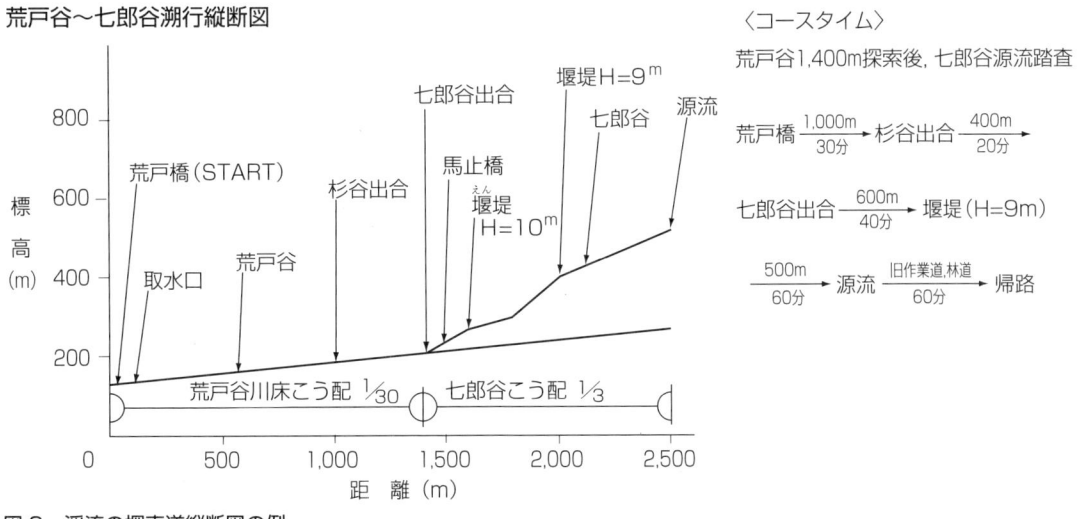

図6　渓流の探索道縦断図の例

〈コースタイム〉

荒戸谷1,400m探索後，七郎谷源流踏査

荒戸橋 $\xrightarrow[30分]{1,000m}$ 杉谷出合 $\xrightarrow[20分]{400m}$

七郎谷出合 $\xrightarrow[40分]{600m}$ 堰堤（H=9m）

$\xrightarrow[60分]{500m}$ 源流 $\xrightarrow[60分]{旧作業道,林道}$ 帰路

3 山菜, キノコの採集・栽培と利用

採集と利用

里山の恵みである山菜, キノコ, 木の実などは, 人びとの生活の糧として, また旬の味覚や, 自然の素朴さが好まれて, 今日に伝えられている。

山菜 山菜には, 野山に自生するシダ類のワラビ (図7) やゼンマイ❶をはじめ, ウド, ススダケ (図8), アザミなどのほか, サンショウ, タラの芽などがある。農村に暮らす人びとは, 毎年繰り返し採集しながらも, 一定の品質を確保し, 自然の生態系を保全するため, 個体の維持分は摘み取らずに残している。

キノコ キノコの生育は, 適度な温度, 湿度, 光が必要で, 土壌の中に落ち葉, 枯れ木, 枯れ草などの有機物が豊富に含まれている環境条件でないと発生しない。この条件を最もよく満たすのは, ふつう, 針葉樹が混ざった広葉樹を中心とする里山である。ブナ, ミズナラの林にはキノコの量も種類も多く, ナメコ, クリタケ, ブナハリタケなどが倒木や切り株に発生する❷ (図9)。コナラ, クヌギの雑木林には, ナラタケ, シメジ, スギヒラタケが発生するが, 寿命が短いので毎日の観察が欠かせない。

食べ方・保存法 山の幸の料理は, 色や形, 香りや味, 歯ごたえなどのもち味を十分に生かすことが大切で, 天ぷら, 酢のもの, おひたし, 煮もの, つくだ煮, 炊き込みご飯などにする。山菜やキノコは, 無農薬, 無肥料の自然食品で, しかもタンパク質, ビタミンA・Cおよびミネラルの豊富なものが多く, 健康食品としても活用されている。

山菜やキノコの保存方法には, 色と風味を保つ従来の塩づけ,

❶食卓で人気があるゼンマイは, 雪解けにともなって, いちばんはやく芽を出し急成長する山菜で, 葉の開く前に採集する。

❷ブナやミズナラの根元近くには, まれにマイタケがみられる。

図9 倒木に発生したナメコ

図7 採取適期のワラビ

図8 ススダケの皮むき

保存に便利な乾燥処理，新鮮さをそのままに保つ冷凍処理，びん詰め，かすづけなどがある。

栽培と利用 山菜やキノコは，「自然食」として多くの人に親しまれ，旬の料理として食卓をにぎわせてきている。近年は，健康食品や「自然食」への関心の高まりを背景に，山菜やキノコを栽培・加工し，おとずれる人に提供していくとともに，おとずれた人が自分で山菜やキノコを採集して料理するなどの野趣味あふれる自然体験や，学習型システムづくりの取組みもみられるようになった。

里山の立地条件を有利に生かした促成栽培，抑制栽培をおこない，それを地域活性化の取組みと結びつけて，固有の資源を生かす取組みが注目されている。

❶表面に不規則なみぞのしわがあるため，「鬼グルミ」といわれる。

❷水にさらしてあくを抜き，粉にしてとちもち，せんべいなど各種の食品加工に利用する。

参考 さまざまな山の幸の利用

木の実 秋には，オニグルミ❶，トチの実，クリ，アケビ（図10），ヤマブドウなどの木の実が採集できる。オニグルミは里山の山林や谷すじに自生している。栄養価が高く，血液中のコレステロールを除くのに役立つことから，現代向きの食品といえる。トチの実は，縄文時代から食べられていた木の実で，古代食として，また非常食としていまに伝えられている❷。

変わったものでは，伐採や枝打ちのさいに大量に発生するスギの葉を，熱水蒸留装置を用いて処理し，精油成分を抽出して香水や芳香剤などに使う方法がある。

薬草 薬草は，人間の健康を守るために，医薬品の原料をはじめとして，煎じ薬や薬用酒，茶，入浴剤などとして用いられ，健康づくりに役に立っている。また，免疫活性を高め，健康を保持する予防医学の場でも注目されている。しかし，薬用資源は，自然破壊や乱獲などによって，絶滅の危機にひんしているものも多く，それを防ぐためには，保護すると同時に育成をする必要がある。

薬草は，光を好むものが多いが，なかには半日陰を好むものもあるので，特性に応じた栽培場所を選ぶ必要がある。オウレン，オタネニンジン，ゲンノショウコ（図11），センブリ，ドクダミなどは，比較的栽培しやすい。

図10 完熟したアケビ

図11 花をつけたゲンノショウコ

体験例 山菜，キノコの栽培

● 山菜栽培

おもな山菜の栽培暦を図12に示す。

ギョウジャニンニク 冷涼な気候を好み，標高300m以上での栽培に適している。夏には遮光が必要となる。種子による繁殖技術が確立されて大量増殖が可能となり，3年目から採集できる（図12）。若葉をおひたしなどにして，ニンニクとニラをミックスしたような風味を楽しむことができ，山野草としての観賞もできる。

ゼンマイ 生育は半日陰が適し，杉林などの中で栽培できる。増殖は株分けが最適である。食用には栄養葉の若芽を摘み取り（図13），ゆでてあく抜きしたのち，手でもみながら天日で乾燥させる。長期保存ができ，味がよいので，煮付けや精進料理などで幅広く使われる。

ウド 比較的冷涼な気候を好む。夏季に養分を蓄積するので，夏季の夜温の低い中山間地での栽培に適している（図14）。株分けや種子で増殖できる。酢のものや天ぷら，煮付けにすると，少し苦味があっておいしい。

アサツキ 排水良好な日あたりのよいところが適地で，野生のりん茎（球根）を採集して畑で増殖する。3月下旬から4月にかけて伸びた新芽を酢のものや薬味として食べる。

種別	年＼月	1	2	3	4	5	6	7	8	9	10	11	12	備考
ギョウジャニンニク	2年										植付			実生は繁殖・養成の2年後に植付
	3年			追肥	敷わら	収穫	除草		遮光		追肥			収穫後1年は養生，2年目に収穫
	4年					収穫		養生						
ゼンマイ	1年										植付	敷わら		株分け
	2年			追肥		除草・遮光								
	3年				収穫	除草・遮光								栄養葉の育成管理
ウド	1年				植付	除草								株分け，実生は繁殖・養成の2年後に植付
	2年				追肥	除草								
	3年				収穫	除草					幹刈取			以降，毎年収穫
アサツキ	1年									植付	追肥			ほ場で球根の養成
	2年					除草	掘あげ山あげ			山降ろし	収穫			促成栽培
	3年	収穫												

図12 おもな山菜の栽培暦
注 気候・土壌・排水条件などの適地の選定がポイント。

図13 採集したゼンマイの栄養葉の若芽

図14 中山間地の畑で育つウド

●キノコ栽培

おもなキノコの栽培暦を図15に示す。

里山にある雑木を利用したキノコ栽培の取組みを紹介する。

キノコ栽培の原木に適した樹種は，広葉樹のコナラやクヌギ，クリなどである。ハンノキ，ブナ，サワグルミ，サクラなどでも栽培が可能である。

キノコの原木である「ほだ木」は，晩秋から春にかけてつくる（図17上）。樹種に適したキノコの菌種を1本のほだ木（長さ約90cm，直径約15cm）に30〜40個ていど打ち込んで植菌する。

そののち，直射日光のあたらない木もれ日ていどの場所を選び，伏せ込む。伏せ込む場所は，杉林などが適している。

伏せ込んだ年から2，3年にかけて天然のものに近いキノコが発生し（図17下），その採集と味覚が楽しめる。

また，森の木が混んだところは抜き伐りして風通しをよくし，キノコの発生しやすい環境をつくるが，伐った木に植菌しておけば，次年度から収穫が楽しめる。また，そうすることで，キノコづくりによる森づくりもできる。

図16 キノコ（シイタケ）の発生

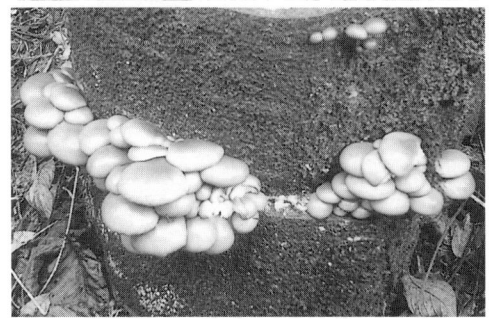

図17 ほだ木づくり（上）とヒラタケの発生（下）

種別 \ 年 月		1	2	3	4	5	6	7	8	9	10	11	12	原木の樹種	備考
シイタケ	1年		原木		植菌	仮伏せ			遮光					コナラ，クヌギ，クリ，ミズナラ	植菌を春におこなって，翌々年の春と秋に収穫(図16) 2年目秋に少量発生することもある
	2年								遮光		伏込み				
	3年				収穫				遮光		収穫				
ナメコ	1年		原木		植菌	仮伏せ			遮光		伏込み			サクラ，ヤナギ，ブナ，ハンノキ，サワグルミ	植菌を春におこなって，翌年の秋に収穫する
	2年								遮光		収穫				
	3年								遮光		収穫				
ヒラタケ	1年				植菌				遮光		収穫			ブナ，コナラ	春，輪切り原木に菌をサンドイッチ状に植菌すると，その年の秋に発生
	2年				収穫				遮光		収穫				
クリタケ	1年			原木	植菌	地伏せ			遮光		伏替え			クリ，サクラ，ハンノキ，コナラ	2年目の秋に収穫
	2年								遮光		収穫				

図15 おもなキノコの栽培暦
注　栽培場所は，直射日光のあたらない，木もれ日ていどのところを選ぶ。

5　農業・農村体験の企画と指導・援助

4　ものづくり（炭焼き，和紙づくりなど）体験

　里山にある石，土，木，竹，つるなどの身近な自然資源を材料にして，地域に伝承されているものづくりの技を学び，チャレンジ精神で創意工夫をして，さまざまなものをつくってみよう。

　地元にある材料だけでつくる事例として，石と土を用いた炭焼　5

〈炭焼き〉

炭材料収集　4〜5月
・流木，間伐材，雑木 ・コウゾ，ミツマタのしん

おがくず集積
カブトムシ養殖後，肥料に再利用

粉炭集積
土壌改良剤

木酢液採集
防虫・抗菌剤

山歩き　7〜8月
水源を探索し，水の循環，森林の保全を学ぶ，雑木伐採

炭焼き・工芸品づくり　4〜11月
炭焼き 工芸品づくり ・炭工芸，脱臭，脱湿剤

しん材の集積
・コウゾとミツマタのしんの再利用

お年寄りとの交流
技の伝承

感　想
環境保全，自然の循環

〈和紙づくり〉

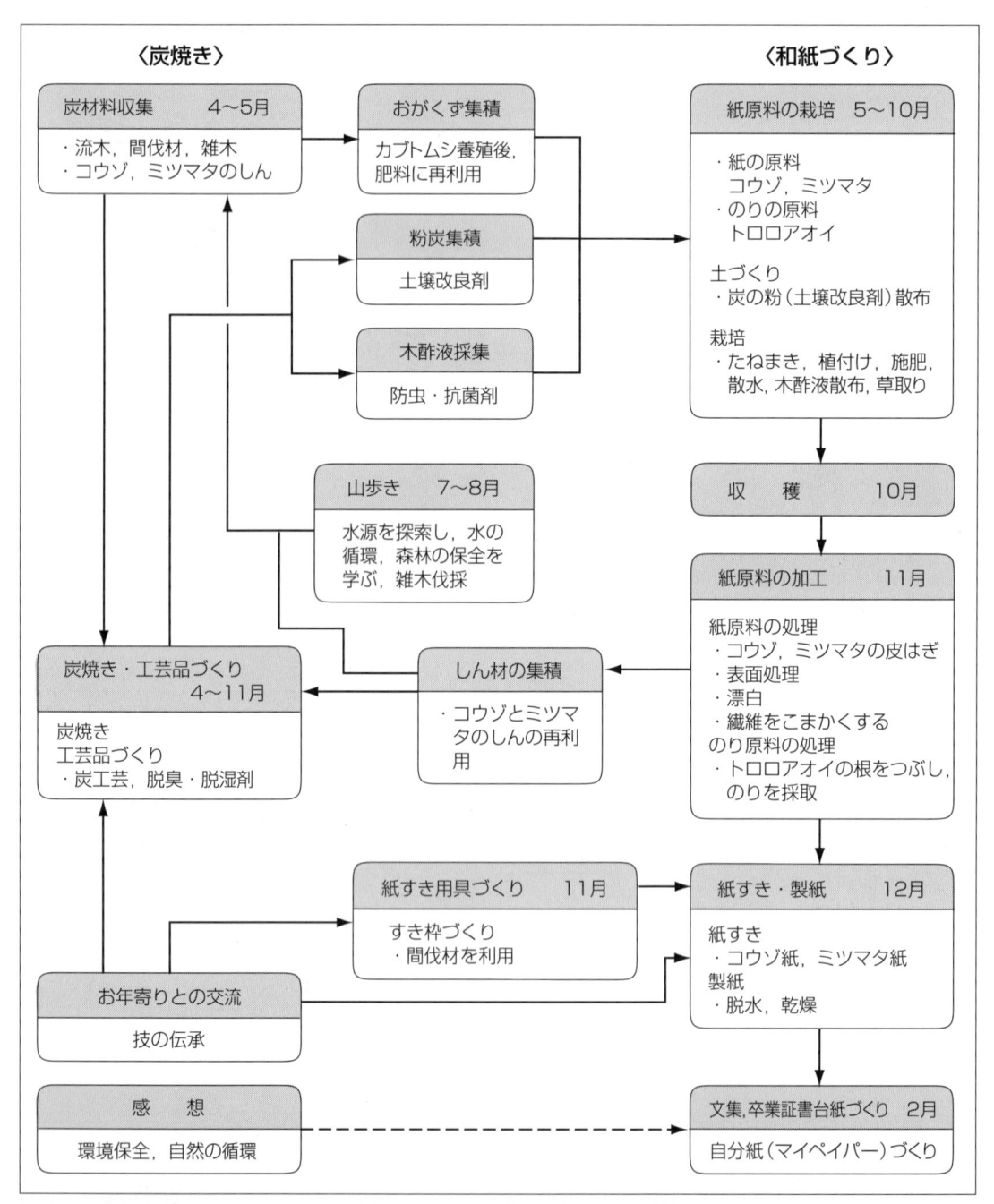

紙原料の栽培　5〜10月
・紙の原料 　コウゾ，ミツマタ ・のりの原料 　トロロアオイ 土づくり ・炭の粉（土壌改良剤）散布 栽培 ・たねまき，植付け，施肥，散水，木酢液散布，草取り

収　穫　10月

紙原料の加工　11月
紙原料の処理 ・コウゾ，ミツマタの皮はぎ ・表面処理 ・漂白 ・繊維をこまかくする のり原料の処理 ・トロロアオイの根をつぶし，のりを採取

紙すき用具づくり　11月
すき枠づくり ・間伐材を利用

紙すき・製紙　12月
紙すき ・コウゾ紙，ミツマタ紙 製紙 ・脱水，乾燥

文集，卒業証書台紙づくり　2月
自分紙（マイペイパー）づくり

図18　年間をとおして資源循環を体験する炭焼き，和紙づくりを中心とした体験プログラム

きがまによる炭焼き，コウゾやミツマタを原料にした和紙づくり，野焼きによる土器づくり，スギの間伐材を材料にした丸太小屋づくり，川遊びができるカヌーづくりなどを紹介する。

年間をとおして資源循環を体験する例を図18に示す。

炭焼き 炭のかまは，地元の粘土と石を使って，地下水が浸透してこない広場につくる。かまのサイズや排煙の呑み口の位置が重要で，炭焼きを生業としていたお年寄りのアドバイスを得る必要がある（図19）。

炭には，製造方法によって白炭と黒炭がある。白炭は，熱いうちにかまから炭をかき出し（図20），土や砂などでおおって消火する。白炭はかたくて火はつきにくいが火力は強い。黒炭は，炭が焼けたらかまを密閉して消火する。やわらかく火はつきやすいが火力は強くない。

かまから出る煙を集めて冷却すると木酢液が採取でき，害虫の防除効果などがある。これを蒸留すれば入浴剤などに使用できる。

お花炭 ツバキやコスモスの花や草，木などを炭化させたものである（図21）。お花炭は，ふつう黒炭を焼くときに，炭化させたい花などをかま木のすき間にセットしてつくる❶。できたお花炭は額に入れて炭工芸品にするとよい（→ p.89 図24）。

炭は，燃料として使われるほか，室内インテリアの素材としてもよく，また，炭袋を床下や壁に設置して脱臭・脱湿剤にしたり，粉末にして土壌改良剤にしたりするなど，その用途が広い。

❶壊れたり灰になったりするものも多く，お花炭に仕上がる確率は，ふつう20％ていどである。

図21 お花炭の例

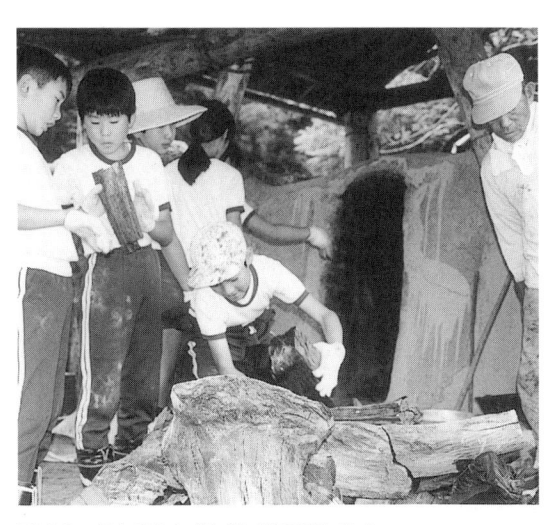

図19 お年寄りに学びながら炭を出す

図20 白炭づくりでの炭のかき出し

5 農業・農村体験の企画と指導・援助

体験例 ## 炭焼き（黒炭）と炭の民芸品づくり

●かまづくりの準備

・設計図（図22）の作成：幅，奥行，高さの寸法記入

・かま場の選定：平たん地で，水場があり，原木集積が容易な場所。管理道の近くで，かまをつくる土があり，地下水が出てこないところ

・材料：石，山土砂，赤土，粘土，旧かま跡の土など

・かま木（原木）1回分（支持用）

・用具の作成：きねなどのしめ固め用具など

・雨対策：ブルーシートの準備，または小屋の建設

・指導員の確保

●かまづくり

①かま底部地下の排水工事をする。

②石を底部に敷く。

③たき口，排煙口を先に施工して，底から石と粘土を積み上げる（図23左）。

④かまの垂直部の内壁をつくる（図23中）。終了後，かま中央部で火をたき，内壁を乾燥させる。

⑤かまにかま木をアーチ型に詰め込み，天井をつくるときの支持および裏型枠に利用する。

⑥詰めたかま木の上全面をむしろでおおう。

⑦練り上げた土を，おおったむしろにたたきつけるようにして，まんべんなく貼りつけ，天井部をつくる。

⑧貼りつけた土を，きねや突き固め具などでたたいてしめ固める。⑦と⑧を3〜4回繰り返し，計画した厚さにする。

⑨たき口で火をたき，天井と側面壁を乾燥させる。

⑩そのまま，かまに火を入れると，初がまと同時に，かまの完成となる（図23右）。

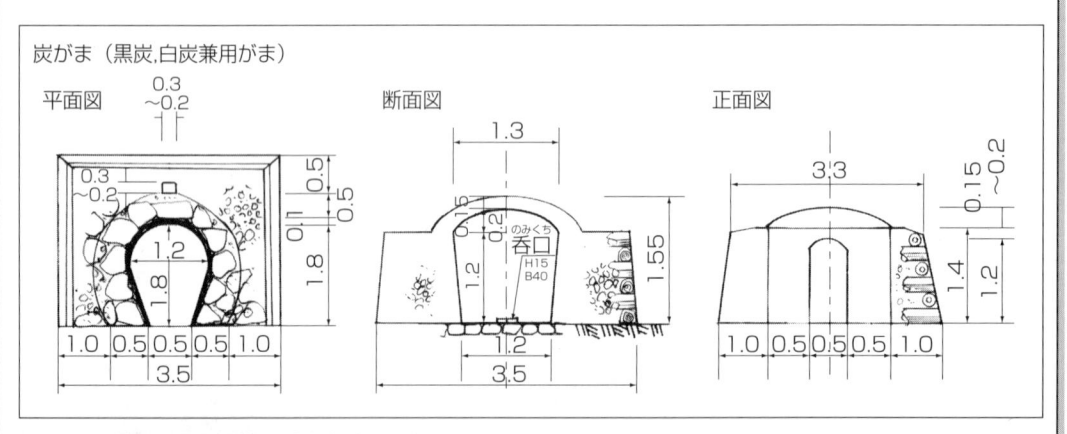

図22 炭焼きがまの設計図の例（単位：m）

図23 炭焼きがまづくり（左：排煙口〈奥〉をつくって底から石を積み上げる，中：垂直部の内壁をつくる，右：完成したかま）

●炭焼き
　①原木をかまのサイズにあわせて切断し,かまの横に集積する。
　②かまの中にかま木をすき間なく縦に並べる。
　③たき口付近には太いかま木をおきながら,順次,加熱用のかま木を詰め込む。
　④たき口の上部3分の1ほどをレンガなどでふさぎ,下部も20cmほどふさぐ。
　⑤たき口で5～6時間火を燃やし,かまの温度を上げる。
　⑥排煙温度が82℃をこえた時点で,たき口は小さな吸気口(幅15cm,高さ10cm)を残してレンガで閉める。
　⑦煙の勢いをみながら吸気口,排煙口を開閉して,火勢を調整する。3～4日焼く。
　⑧排煙口にパイプを斜めに設置して煙を集め,大気で冷やして木酢液を採集する。
　⑨煙の色が青色から紫に変化し,無色になれば,炭化が完了する。
　⑩たき口の吸気口を大きく開いて精錬(通称,練らし,かまの温度を1,000℃まであげる)をかける。
　⑪精錬を終えたら,たき口全面を密閉する。その上に,さらに灰の水溶液を塗って完全密閉する。
　⑫約1週間でかまの温度が常温に戻る。たき口を開いてかまの中から炭を取り出す。

●お花炭づくり
　草,木,花を,そのままのすがた,形に炭化した炭をつくる。
　①材料にする枝,葉を整形しておく。
　②黒炭用のかまにかま木を縦におくとき,木と木のあいだに空間をつくり,そこに材料をセットする(かま木が炭になると縮小し,排煙口の方向へ傾いてお花炭を壊すので,この空間づくりがポイントとなる)。
　③お花炭は,周囲の炭を取り出したのち,1つずつ取り出して,1つずつ箱に収納する。
　④お花炭をお茶花にしたり,厚さのある額に入れたりして飾る(図24)。
〈簡易なつくり方〉
　①空いた茶筒や缶のふたに,くぎで直径2mmくらいの穴を3つあける。
　②材料を茶筒か缶に入れ,おがくずをひとつかみ加えて,穴をあけたふたをする。
　③火の中に茶筒か缶をおき,中に入れたおがくずの煙で材料をいぶすようにする。
　④2～3時間たったら茶筒か缶を火から出して,冷ます。
　⑤冷めたら,お花炭を取り出す。

●炭の民芸品づくりの例
　チャコールバッグ　小炭を砕いて水洗いし,乾燥させてさまざまな袋に詰めた脱湿袋(図25左)。
　「しょい幸」　コウゾのしんをフレーム材とし,丸い細い炭をミニしょいこにセットして,細縄で固定した飾り炭(図25中)。
　「縁結び」　コウゾのしんで台座をつくり,この上に丸い炭をのせて細縄で固定し,中央に和紙を巻いた飾り炭(図25右)。
　ミニ炭俵　カヤで編んだミニ俵に炭を収納し,胴回りを縄でしめ,木口を小枝で止めた飾り炭。
　精製木酢液　木酢原液を2回蒸留して透明な液とし,小びんに詰めた入浴剤や脱臭剤。

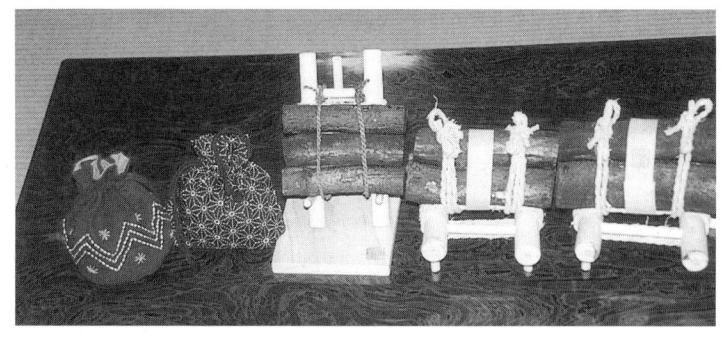

図24　額に入れて飾ったお花炭

図25　炭の民芸品のいろいろ(左2つ:チャコールバッグ,中:「しょい幸」,右2つ:「縁結び」)

和紙づくり

和紙づくりは，コウゾやミツマタ，トロロアオイ[1]など，紙の原材料づくりから始める。秋にこれらの原材料を収穫し，コウゾやミツマタを蒸して皮をはぎ，ごみを取り除き，繊維を綿のようにこまかくしたもの（「クサ」という）にして，糊料を加えて紙をすき，乾燥させて和紙にする。完成した和紙は，はがきや文集の用紙などに使うとよい。

[1] コウゾはクワ科の，ミツマタはジンチョウゲ科の低木で，樹皮が和紙の原料となる。トロロアオイは，アオイ科の1年草で，根が和紙づくりの糊料となる。

体験例　和紙づくり

●材　料
　コウゾやミツマタ，トロロアオイ（図26）

●用　具
　・蒸し具：ふたのできるドラム缶。これを台の上にのせ，火力で蒸気を発生させる。
　・紙すき水槽：すき枠を自由に操作できる大きさの水槽。大型の発泡スチロールの箱でもよい。
　・脱水機：掃除機の吸水口をスリット状にして脱水する装置。
　・乾燥機：蒸気で鉄板の表面を熱する箱形の装置（ガスまたは電熱，炭火を使用）。
　・すき枠：木枠に極細金網を張った用具（竹編みのすだれの代用）。
　・その他：ミキサー，はけ，さらし布，受け台，すだれ。

●手　順（図27）
　①コウゾを1mくらいに切りそろえる。
　②ドラム缶に入れてふたを閉め，コウゾの切り口の皮が5mmほどちぢむまで3時間くらい蒸す。
　③蒸し上がった皮を根もとのほうからはぐ。
　④その皮の表皮（汚れた茶色の表皮）を包丁やナイフで取り除く。
　⑤表皮を取り除いた皮を水または雪にさらして漂白する。水さらしなら2〜3日，雪さらしなら4〜5日さらす。
　⑥かまに皮と木灰，カセイソーダのいずれかを加え，皮がちぎれるまで煮詰める。木灰なら6時間，カセイソーダなら3時間ぐらいかかる。
　⑦ごみを取り除き，2日間，水にさらして漂白する。
　⑧平らな石を台にして，皮を木づちでたたき繊維をこまかくする。または，同量の水を加えてミキサーでこまかくする。
　⑨トロロアオイの根をたたいて，粘りのある水溶液（「クサ」をつなぐのり）を採集する。
　⑩「クサ」とトロロアオイの液を水槽に入れて，手ですくってとろりとするていどに混ぜる。
　⑪すき枠で水槽の混合液をすくい上げ，均等の厚さにすき上げる。
　⑫さらし布に移す。
　⑬すき上がった原紙を脱水機で脱水する。
　⑭乾燥機に張って乾燥させると，和紙が完成する。

図26　和紙づくりの材料（左：原料のミツマタ，中：トロロアオイの根，右：トロロアオイの花〈黄色〉）

土器づくり

周辺の山から粘土を掘り出し,これを水に溶かして小石を取り除き,精製する。その粘土で器などの形をつくり,自然乾燥する。これを遠火で2時間くらい乾燥してから(図28),火の中に入れて10時間くらい野焼きを続けると,金属音のする色づきのよい土器ができる。

丸太小屋づくり

丸太小屋づくりをするためには,前年度に,スギの間伐材や,雑木林のクリ,ナラなどを必要な量だけ伐採し乾燥させておく。小屋の規模や利用方法によって,つくり方も異なってくる。地面に穴を掘って建てる掘っ建て小屋,基礎部分を石や岩で固めて土台木を設置した本格的な小屋(図29),ヤギやアイガモを飼育するための簡易な小屋などがある。

小屋づくりには,段取りや知恵,技,道具,力が必要となる。地域のお年寄りは,そのすべてを生活や生業のなかで体験している。そのようなお年寄りに助言や支援をしてもらえば,比較的容易に小屋をつくることができる。小屋をつくることで,さまざまな人との出会いが生まれ,ものづくりの夢がさらにふくらむ。

図28 土器の野焼き(遠火で土器を乾燥)

図29 基礎部分を石で固めた丸太小屋

図27 和紙づくり(左:蒸したコウゾの皮をはぐ,中:すき枠ですく,右:乾燥機で紙を乾燥する)

カヌーづくり

カヌーがあると，渓流や川などでの自然体験がより魅力的なものとなる。カヌーには，丸太をくりぬいたり，板を張りあわせたりした本格的なものもあるが，以下のような方法でつくることもできる。間伐材の板と竹を組み合わせて，長さ3m，幅60cmの舟形をつくり，これを帆布で包む。骨組みは3分割できる構造にすると，運搬が容易である。

体験例　カヌーづくり

設計図（図30）にもとづいて，3分割したものをつくり，川辺で1つに組み立てる（図31）。

● 仕　様
 ・部材：杉材，孟宗竹，帆布，ひも（以上，地元産資材で）
 ・形式：3分割組み立て式，帆布張りカヌー
 ・構造：柔構造（衝撃吸収，支艇骨―孟宗竹，接合―ひも）
 ・重量：18kg以下
 ・乗員：2名（体重合計150kg以下）

● 製作方法
〈準備〉
 ・主艇骨材：杉材（幅3cm，高さ2cm，長さ1.5m）6本
 ・支艇骨材：孟宗竹（直径10cm，長さ2m）2本
 ・背骨材：杉材（幅3cm，高さ2cm，長さ1.5m）2本
 ・舳先（ヘッド）材：板材（厚さ1.5cm，縦横50cm）2枚

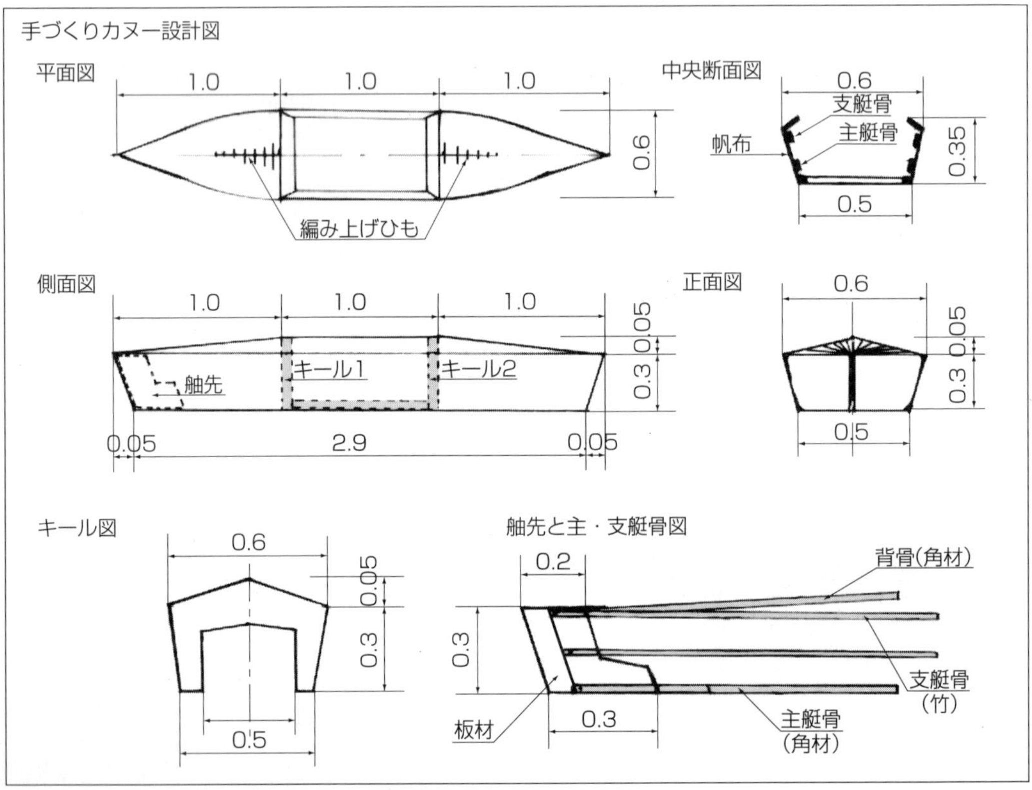

図30　手づくりカヌーの設計図の例（単位：m）

・キール材：板材（厚さ1.5cm, 縦横60cm）2枚
・座席部材：板材（厚さ1.0cm, 縦50cm, 幅10cm）7枚
・接合：ひも（直径3mm）20m, 木ねじ（長さ15mm）50本（乗り場板, 主艇骨の固定）
・編み上げひも：ひも（直径5mm）10m
・帆布張り：帆布4番（広さ6m^2, 防水加工済）

〈製作〉
① 舳先（ヘッド）とキール部材を整形する。
② 主艇骨, 支艇骨（竹2本を縦に4分割して8本）, 座席部材を整形する。首舳の主艇骨を座席部でひもを用いて接合する。舳先と後部の支艇骨を中央部とキールで結ぶ。
③ 先端部, 中央部, 末端部を組み立てる。
④ 帆布を裁断する。
⑤ カーヌ袋を縫う。
⑥ カーヌ袋に組み立てた③を入れる。
⑦ 支艇骨材などをひもで固定する。
⑧ 背骨部の帆布をひもで編み上げて仕上げる（図32）。

●操作手順
① 浅瀬にカヌーを浮かべ, 低い姿勢ですばやく乗り込む。
② 横揺れに対応するためのパドル操作を練習する。
③ パドルを川底にあてて押しながら, 静かに浅瀬を離れる。
④ パドルを操作して前進, 回転, 横断をおこない, 走行する（図33）。
⑤ 浅瀬に戻り, パドルを川底に突き刺して静止してから降りる。

注意事項：ジャケットを必ず着用し, 素足で乗船する。石にあたってカヌーが壊れるおそれがあるので, 浅瀬での走行は避ける。

図31　3分割したカヌーを組み立てる

図32　完成したカヌー

図33　パドルを操作してカヌーで川を走行する

2　農業体験の企画と指導・援助

(1) 農業体験とその指導・援助

農業体験の意義と広がり

作物の栽培や家畜の飼育，農産物の加工などは，私たちの命をつないでいる人間の最も基本的な活動の1つである。そうした活動を自ら体験する農業体験には，多くの意義[1]が認められている。そのため，農業体験は，家庭園芸や援農の取組み，学校教育や社会教育などのなかにも広く取り入れられ，近年では，グリーン・ツーリズムや市民農園，観光農園（とくにオーナー制）などの一環としても取り組まれている[2]（図34，→ p.131，152，179）。

指導・援助の目的と意義

農業体験の指導・援助は，体験に参加した人びとに，作物や家畜などの農業生物の特性や栽培・飼育環境の特徴，農作業の方法などを教えたり助言したりすることである。そして，そのことをとおして農業生物に対する興味・関心が高まり，農業が好きになり農業・農村について理解が深まるようにしていくことでもある。

さらに，農業体験の指導・援助は，指導・援助にあたる人が，自分のもつ知識や技術を，他の人にわかりやすく伝えるということをとおして，改めて見なおしたり，さらに深めたりするよい機会ともなる。つまり，「教えることによって学ぶ」という関係が生まれるところにも，農業体験の指導・援助の意義がある。

[1] 自然のなかで労働し収穫する喜びが得られる，身体的・精神的な健康を維持・増進する，感性をみがき他者理解をうながす，人と人の交流をうながし人間関係をゆたかにする，農業・農村についての理解をうながす，などがある。

[2] 近年，学校教育では，小学校から高校にわたる「総合的な学習の時間」においても，積極的な取組みがみられる。また，一般市民を対象にした公開講座，新規就農者の研修，企業の研修などでも取り入れられている。

図34　いろいろな農業体験（左から，栽培体験〈イネ刈り，スイートコーンの間引き〉，飼育体験〈乳牛の世話〉，食品

| 指導・援助の
留意点 | 農業体験で取り扱う農業生物は，野生生物を人が改良してきたものであり，自ら成長する力をそなえているが，その能力を十分 |

に発揮させるためには，人の手助けを必要とする。また，農業体験の主役は，あくまで参加者である。

そのため，農業体験の指導・援助にあたっては，参加者が農業生物などにはたらきかけ，その反応をみながら自ら発見し創意・工夫していけるようにしていくことが基本である❶。そして，農業のおもしろさと同時に，その奥深さにふれられるようにしたい。

農業体験によって，その作物や家畜などが順調に成長し，多くの収穫物が得られるほど，喜びや達成感も大きい。したがって，体験の途中で作物が枯れたり家畜が死んだりするような事態は，できるだけ避けるようにしたい。しかし，命あるものを相手とする農業体験においては，死と向きあう姿勢も大切になる。

❶「指導」は意図された方向に教え導くこと，「援助」は参加者が問題解決しようとするときに助言すること，ということができる。農業体験の指導・援助にあたっては，この両方を適切に用いることが大切になる。

(2) おもな農業体験の特徴とその取組み

農業体験には，作物の栽培や家畜の飼育，農産物の加工にとどまらず，それ以外にもさまざまなものがある（→ p.132）。おもな農業体験の特徴とその取組みにあたっての留意点を紹介する。

| 栽培体験 | 田畑での本格的な栽培のほか，花壇や各種の容器やプランターなどを活用した取組みも可能であり，小さい子ども（園児）から大人まで，だれでも取 |

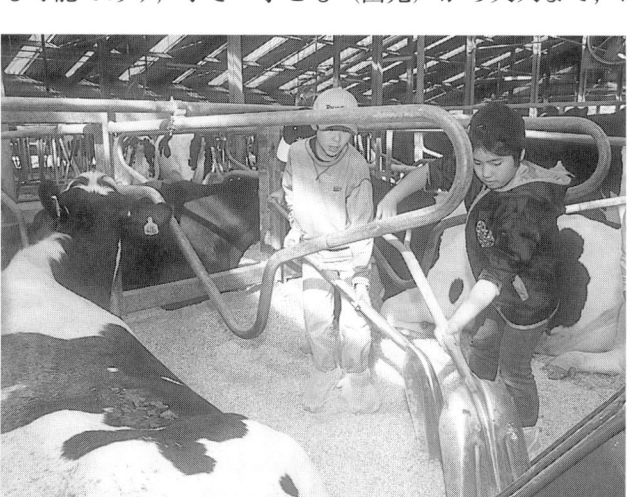

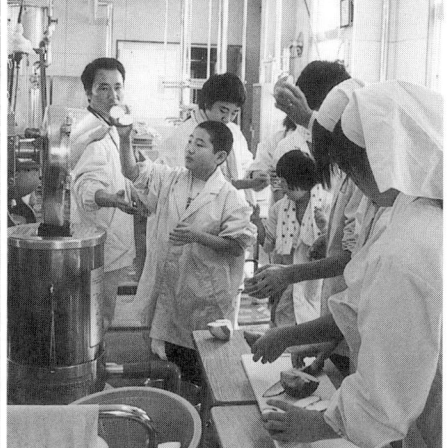

加工体験〈ジュースづくり〉，上はうどんづくり）

り組みやすく，参加者や体験の目的などにあわせて，多様なプログラムをつくることもできる。

しかし，作物の成長は季節の変化とともにゆっくりと進み，さまざまな作業が組み合わされて，収穫までにはふつう数か月を要する。そのため，栽培体験の企画にあたっては，たねまきや植付け，収穫の体験だけでなく，継続的に一連の作業が体験できるようにし，そのなかで作物の成長の変化や生命現象のたくみさなどにも気づかせるようにしたい❶（図35）。そのためには，見本園を設置して，品種や植付け時期，栽培法などをかえて，生育の比較ができるようにすることも効果的である。

❶作物の生産を支えている，土づくり（堆肥づくり），畦畔の草刈り，用排水路の清掃などの体験も，意義深いものとなる。

飼育体験

栽培体験と共通する点も多いが，植物では体験できない，動物のもつぬくもりを感じたり，出産やふ化の瞬間をみつめたり，動物とのコミュニケーションを図ったりするなど，感動的な体験が可能である（図36）。しかし，そのためには，じっくりと動物の観察を続けたり，動物と接したりする必要がある。

そのため，飼育体験の企画にあたっては，滞在してゆとりをもった体験や継続的な観察ができるようにすることが望ましい。実施にあたっては，動物にストレスを与えたり，外部から病原菌が持ち込まれたりすることがないように，十分注意する必要がある。

同時に，ウシ，ウマ，ブタ，ヤギなどの大きな動物の場合には，常に危険をもともなうので，安全上の配慮も欠かせない。

図35 作物の成長のすがた（ツルレイシ〈ニガウリ〉の発芽〈左：子葉の展開時，右：本葉の展開時〉）

食品加工体験

天候や時期を問わず実施できる体験が多いため，取り組みやすく，「食べる」楽しみもあり，参加者の期待も大きい。しかし，加工することだけが主目的となると，地域の農業や生活とのつながりが弱くなってしまうこともある。

そのため，食品加工体験の企画にあたっては，地域でとれたものを加工して食べる（地産地消，→ p.201）ことを基本にすることが望ましい。栽培・飼育体験と結びつけて，自分たちで栽培・飼育したものを材料にして加工までおこなうことが理想的である。

実施にあたっては，食品の安全性が損なわれないように，材料の吟味や衛生面にも十分配慮しなければならない。

図36 動物とのふれあい

(3) 農業体験の企画とプログラムの作成

農業体験の企画　どのような農業体験をいつ実施するかなど，農業体験の企画にあたっては，その地域や農場，自分の経営のなかの多様な作物や家畜などの資源（資産）や栽培・飼育や加工などの取組みを見なおし（→ p.48，84），農業体験に活用できる「もの」や「人」，「場所」などを発見していく必要がある。

たとえば，農業体験には，その地域や経営の基幹となる作目だけでなく，自家用の作物や家畜，お年寄りがもっている農具の使い方や加工の技，各種の農業機械なども活用できる。また，参加者のニーズも考慮して，ハーブなどの新規作物や新たな加工品などに目を向けることも興味深い（→ p.132）。

そうして，農場の特徴や個性，自らの経営の持ち味を生かした農業体験を企画することが大切である（図37）。なお，農業体験の企画にあたっては，農村の自然や景観，文化などを活用した体験を組み合わせていくこともできる（→ p.75）。

全体のプログラム　農業体験の全体の企画やプログラムの作成にあたっては，参加者のねらいや目標をつかむことから始まり，ふつう，図38のような手順に沿って具体的なプログラムを作成していく。

たとえば，栽培体験の場合には，体験に活用する作物の栽培時

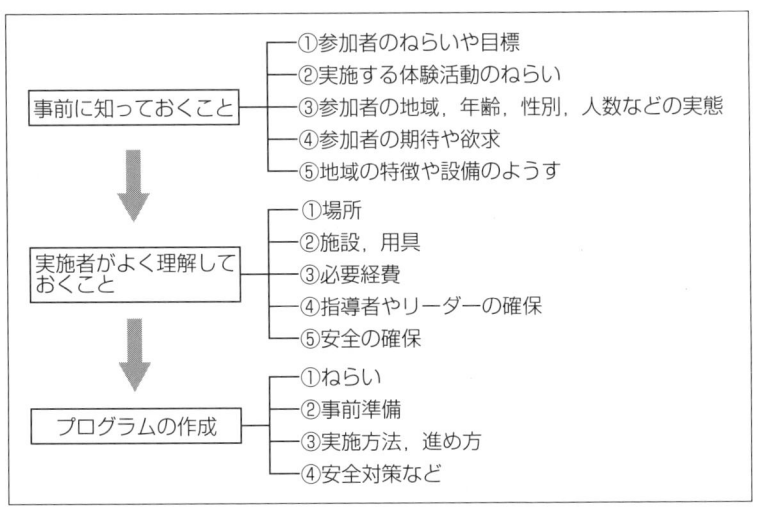

図38　農業体験のプログラム作成の手順　（(社)全国農村青少年教育振興会「魅力ある農業・農村体験学習―入門編―」をもとに作成）

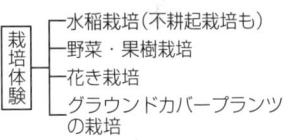

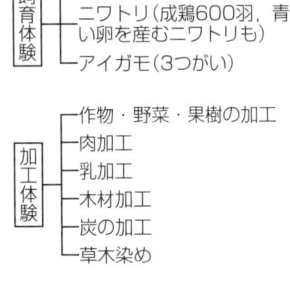

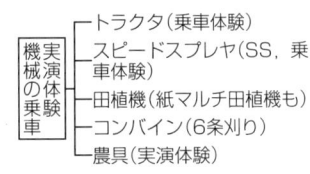

事前に知っておくこと
- ①参加者のねらいや目標
- ②実施する体験活動のねらい
- ③参加者の地域，年齢，性別，人数などの実態
- ④参加者の期待や欲求
- ⑤地域の特徴や設備のようす

実施者がよく理解しておくこと
- ①場所
- ②施設，用具
- ③必要経費
- ④指導者やリーダーの確保
- ⑤安全の確保

プログラムの作成
- ①ねらい
- ②事前準備
- ③実施方法，進め方
- ④安全対策など

図37　1つの農場で企画されている農業体験の例（写真はSSの乗車体験）

栽培体験
- 水稲栽培（不耕起栽培も）
- 野菜・果樹栽培
- 花き栽培
- グラウンドカバープランツの栽培

飼育体験
- 乳牛（成牛12頭，子牛数頭）
- ニワトリ（成鶏600羽，青い卵を産むニワトリも）
- アイガモ（3つがい）

加工体験
- 作物・野菜・果樹の加工
- 肉加工
- 乳加工
- 木材加工
- 炭の加工
- 草木染め

機械の乗車・実演体験
- トラクタ（乗車体験）
- スピードスプレヤ（SS，乗車体験）
- 田植機（紙マルチ田植機も）
- コンバイン（6条刈り）
- 農具（実演体験）

❶指導・援助は，すぐれた技をもつ地域の人（名人）を講師として招いておこなうことも有効である。また，農業体験は，かんたんな道具や手作業でおこなったほうが，おもしろさや発見が生まれることが少なくない（→ p.31）。

❷各地の農業高校では，学校農場を活用して，園児から大人までを対象にした農業体験が積極的に取り組まれており，それは「教育ファーム」「ふれあい農園」などともよばれている。学校農場内に市民農園を開設し，高校生が市民の栽培体験を支援したり，料理教室を開催したりしているところもある。

期を調べて，栽培暦や収穫カレンダーなどを作成して，体験をおこなう作業や取組みの内容，時期を明らかにする（図39，→ p.49 図4）。その場合，発芽や開花の観察などの調査・観察の要素も取り入れたり，収穫物を使った料理や加工にまで取り組んだりしていくと，より魅力的な体験とすることができる。

体験ごとのプログラム　たねまきや収穫，えさ給与，乳しぼりなど，体験ごとのプログラムの作成にあたっては，その体験が無理なく進められるように，場所や時間，資材，実施方法などについて十分検討するとともに，その体験がおもしろくなり感動や発見が生まれるような「仕掛け」❶も工夫する必要がある。

（4）農業体験の指導・援助の進め方

じっさいの農業体験の指導・援助の進め方は，参加者の年代や体験のねらいなどによって異なるが，ここでは，小・中学生や園児の栽培体験の指導・援助にあたる場合❷を中心にして，その進め方を紹介する。

農業体験の準備と基本的な進め方は，表6および図40のように整理することができるが，以下のような点にも十分に留意する。

表7　農業体験と関係する小学校のおもな教育内容

社会	地域の特色 　産業，地理などの学習 わが国の農業 　日本の農業学習 　国土や自然の学習
理科	生物とその環境 　飼育・栽培学習 　植物の成長学習
生活	自然との関わり 　自然観察学習 　植物栽培学習
図工	表現 　造形活動学習
家庭	調理 　調理学習
道徳	自然および郷土 　自然環境学習 　郷土・文化学習
特別活動	学級活動，児童会活動，クラブ活動

表6　農業体験のためのおもな準備

ほ場の準備	農業体験の目的にあわせた耕起，整地，うね立てなど
材料の準備	受け入れ人数分の種子，苗，肥料など
用具・器具類の準備	移植ごて，くわ，収穫はさみなどの準備と手入れ
受け入れの準備	教室や控え室，便所などの準備，案内や表示など
指導と援助のための準備	知識と技術，組織と役割分担，実施計画と実施

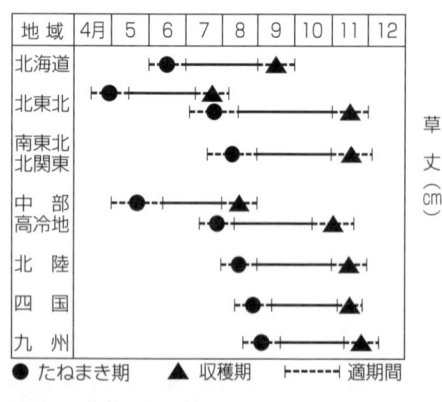

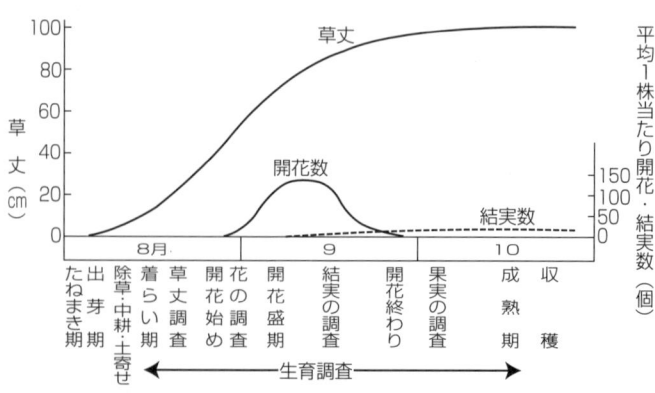

図39　作物の作付期間（左），生育経過と作業・調査項目の例（ソバ，生育経過は長野県中信地方）

事前の学習・準備

小・中学生を対象に、農業体験の有無や関心のていど、農業・農村に対する理解状況を把握するためには、相手先の先生方に話を聞いたり、関連する教科・科目の学習内容（表7）を把握したりしておくとよい❶。

作業の手順やポイントの説明は、ふつう、野外において短時間に的確におこなう必要があるので、あらかじめ説明用の黒板やパネルなどを作成しておくとよい（図41）。

園児や小学生などを対象とする場合には、挿絵や紙芝居の要素も盛り込んで、わかりやすく楽しい説明にする工夫も大切である。

学校の授業時間内での取組みの場合には、事前にタイムスケジュール（表8）も作成しておくとよい。

❶市民農園などでは、募集時に農業体験の有無やていどについてアンケートを実施しておくことも有効である。

表8 収穫体験の実施計画表（タイムスケジュール）の例

時間	内容
9：00～05	全体のあいさつと日程の説明
9：05～15	グループやペアの確認、自己紹介
9：15～20	農場へ移動
9：20～30	作業の説明、実演
9：30～50	収穫作業（まず当日の試食分を収穫）
9：50～10：50	畑全体の収穫と茎葉のかたづけ
10：50～11：00	調理室へ移動
11：00～50	試食・交流、持ち帰り分の袋詰め
11：50～12：00	あとかたづけ
12：00～05	あいさつ後、解散

注　小学生（1クラス）対象にした、いも類やスイートコーンなどの収穫体験の例。時間内に試食まで体験できるようにするため、当日の試食分は先に収穫し、すぐに調理室へ運んで調理を開始しておく。そうすると、スイートコーンは「もぎたて」のおいしさを味わうことができる。

図41　黒板や実物を活用した説明

事前学習
- ①農業体験（授業）の目的について、小学校の先生に聞いて全員で共通理解を図っておく
- ②参加者の農業体験の有無やていどについても、①と同様とする
- ③農業体験の内容となる農業に関する知識と技術について、十分学習しておく

事前準備
- ①あらかじめ主指導者と補助指導者、あるいは指導・援助班の編成などの組織上の準備をしておく
- ②指導と援助にあたっての内容や方法が統一されるように、事前の打ちあわせをおこなう
- ③「事前学習」の①②から、指導・援助の実施計画を作成する
- ④配布物など必要なものがあれば準備する

実施
- ①実施計画にもとづいて実施する
- ②展開は、導入説明→内容説明→実技説明と実技、注意→参加者の取組み→成果の確認、評価→あとかたづけ、という流れが一般的である
- ③時間内で円滑に展開、進行できるように指導と助言に努める

評価
- ①実施計画は適切なものであったかどうか評価を加える
- ②指導と援助を含めた取組み全体について、改善点を見つけて次回に生かす

図40　農業体験の準備と基本的な進め方

❶専門的な知識を振り回したり、専門用語を並べたりすることは禁物である。また、説明の内容は必要最小限にとどめ、不足する内容があれば、じっさいの体験のなかで補うようにする。

❷たとえば、お米の量はいまでも○○合、○○升といった単位で示されることが多いが、1合（180mℓ）のお米の重さはどのくらいだろうか。→答え：品種によるちがいもありますが、コシヒカリの乾燥したもみで約130g、玄米で150gです。

図42 農業生物の営み（スイートコーンの受粉）の説明

指導・援助の実際

多数の小・中学生を対象にしてグループで指導・援助する場合には、グループごとに自己紹介をするなどして、できるだけ意思疎通を図っておく。

作業前の説明では、作業の要点や安全上の注意点などについて、はじめての人にもわかりやすく説明し、その作業の意義についても簡潔にふれておく❶。説明にあたっては、関連するクイズなども盛り込んでいくとよい❷。

体験のない人には、最初に演示してみせることも必要で、作業の遅れが目立つ人がいれば手助けも必要になる。しかし、参加者自らが主体的に取り組んでいけるようにすることが基本であり、その人のペースを乱さないような配慮も大切である。

同時に、指導・援助者は、自らが指導・援助にあたるだけでなく、参加者どうしのあいだで指導・援助しあうような関係が生まれるように配慮をしていくことも重要である。

また、農作業のなかで発見できる、農業生物の興味深い営みや生育のよしあしの見分け方、興味深い周辺の環境の見方などを助言していくことは、農業・農村に対する興味・関心を高めたり理解を深めたりすることにつながる（図42）。

農業体験の発展

農業体験を一過性の体験にとどめないで、農業・農村に対する理解につなげたり、農村と都市の交流を深めたりしていくためには、農業体験の評価やその後の継続的な取組みも大切になる。

図43 農業体験に参加した小学生との継続的な交流

図44 学校農場を活用した自然観察（生きもの学習）

たとえば，参加者や学校などと共同で収穫祭を開催したり，体験の記録集を作成したり，次回の栽培計画を一緒に作成したりするなど，継続的な交流によって取組みを深化・発展させていくようにする❶（図43）。

市民農園や観光農園などでは，「交流ノート」を設置したり「農園通信」を発行したりして相互交流に努め，参加者（都市住民）が感じた率直な感想や農業・農村に対する意見・提案なども積極的に出しあってもらい，今後の取組みの改善や地域づくりなどに生かしていくこともできる❷。

❶相手先の学校へ出向いて，授業をおこなったり授業を受けたりすることも効果的である。

❷農業体験の参加者に，その地域で取り組まれている集落環境点検やワークショップ（➡ p.116）などに参加してもらうことも意義深いと考えられる。

(5) 農業体験からの広がりと発展

農業体験は，それ単独でおこなわれることもあるが，その体験は，多くの場合，農村の自然環境や景観，文化などともふれあいながら進められている。そうした世界を，農業体験と組み合わせていくことは，その体験をより魅力的なものにすることにつながる。ここでは，その一例を紹介しておこう。たとえば，農家の田畑や市民農園，学校農場などの農業体験の場は，貴重な自然観察や動植物を活用した遊びの場ともなる（図44，45）。

農地の自然観察　田畑などの農地には，農作物以外の多数の生きものも生きている。それらのなかには，雑草や害虫，病原菌など，作物に被害を及ぼすものもあるが，それらも含めて，自然界の多様な生きもののすがたや生活史，生活環境，食物連鎖などを知ることは，それらとじょうずにつき合ったり，それらを活用したりしていくうえでも必要なことである。

そこで，農業体験の参加者に，たとえば，ミミズのいる土は肥よくな土であること，スズメは害鳥とされるが多くの害虫を食べてくれる益鳥でもあること，雑草のなかには食用になるものも少なくないこと（➡ p.27），などにも気づかせたい。

動植物を使った遊び　農地やその周辺でみられる動植物は，遊びの素材にもなる。たとえば，レンゲソウを使った花輪づくり，草笛づくり，トンボ釣り，クモ合戦など，さまざまな遊びがある。こうした遊びには，その地方独自に伝承されているものあり，それは貴重な農村文化の1つでもある。

図45　農地とその周辺の多様な生きもの（上：メダカ，下：レンゲソウ）

第2章

6 農業・農村の機能の総合的な活用

1 農業・農村の資源と農村景観の活用

(1) 多様な地域資源の機能と農村景観

地域資源と多面的機能

農業・農村には，前節までに学んだことからわかるように，生産や生活に利用される多くの資源がある。これらの資源は，それぞれの地域に固有のものが多く，**地域資源**❶とよばれている。私たちの身のまわりでみられる地域資源を拾い出してみると，表1のようにじつに多種多様で，地域の自然や人工施設，生産物のほか，文化的資源や人的資源も少なくないことがわかる。

これらの地域資源は，さまざまな機能をもち，地域住民のみならず，国民全体に多様なかたちで活用され，日々の暮らしを支え，ゆたかにしている。

たとえば，里山の林は木材やキノコを産出するほか水源をかん養し，棚田は食料を生産するほか洪水や土壌侵食を防止している。また，これらの場は自然体験の貴重な舞台となるとともに，里山や棚田の資源が織りなす景観は，人びとにやすらぎや快適さなどを与えてくれている。さらに，そこではぐくまれた農耕儀礼や年中行事などの農村文化は，人と人の気持ちを結び，地域社会のコミュニティ❷を支えている。

❶ 地域資源がもつ石油や石炭などの資源と異なる特質としては，①土地や気象などのように人間の手によって移転させることができない（非移転性），②それぞれの資源は相互に深く関わりあっている（有機的連鎖性），ことなどが指摘されている。

❷ ある地域的領域において，共通の帰属意識をもつ住民が，その地域内でさまざまな社会的相互作用をしている社会のこと。

表1 地域資源の分類と活用例

資源種	おもに生産に関わる		おもに生活に関わる
自然資源	土壌，地質 水田，畑地，山林 樹林地，牧場	地形，気象，空気，地熱 里山，水，太陽光 河川，湖沼，バイオマス	星，温泉 花，植生 屋敷林，社寺林
人工施設資源	温室 ビニルハウス（農地） 加工施設，直売所	道路，水路 ダム，ため池 交流施設	橋，公園 集会所，家並み 民家，生け垣
地域生産物資源	農畜産物，山菜 農産加工品，種子，農具	工芸品，民芸品 堆肥，薪，炭，和紙	郷土料理 木工品，竹細工
文化的資源	生産暦，生業 棚田，栽培・飼育技術 伝統的農法	農耕儀礼，年中行事 鎮守の森，水利遺構 民俗芸能，祭事	人生儀礼 神社，石仏，板碑 民話，食文化
人的資源	農産加工技術者 篤農家，営農集団	わら・竹細工職人 かやぶき職人，紙すき職人	芸術家，研究家 スポーツマン，文化人 自治組織

地域資源のもつ多様な機能は，表2のように整理されるが，食料や木材などを生産する以外の多様な機能は，**農業・農村の多面的機能**❶といわれるものである。この多面的機能は，地域資源が保全・利用されることによって維持・発揮されている。

とくに，わが国の農村には，人間と自然が共生した多様な二次的自然が形成されており，その環境は，農林業において土地，水，植物などの資源の利用・管理が適切におこなわれることによって安定的に保たれ，多面的機能が発揮される基盤となっている。

総合的な資源活用と農村景観

私たちの身のまわりの地域資源は，表1でみたようにじつに多様であるが，それらは多くの場合，相互に関連しあいながら有機的に結びついて，さまざまな機能を発揮している。たとえば，「農産物の供給」という機能を発揮させるためには，少なくとも土壌や水などの自然資源に，種子や農具，栽培技術などの資源が結びつくことが不可欠である。

このように，多様な地域資源が有機的に結びつくことによって発揮される機能の代表的なものに，農村景観の形成がある。

農村景観の多くは，田畑や山林などの自然資源を基盤として，そこで多様な農業生物や野生生物を育成・保全し，永続的な生産と生活をつくっていく営みをとおして形成・維持されるものである（図1）。

❶食料・農業・農村基本法（平成11年7月制定）の第3条では，「国土の保全，水源のかん養，自然環境の保全，良好な景観の形成，文化の伝承等農村で農業生産活動がおこなわれることにより生ずる食料，その他の農産物の供給の機能以外の多面にわたる機能については，国民生活および国民経済の安定に果たす役割に鑑み，将来にわたって，適切かつ十分に発揮されなければならない」としている。

表2 農業・農村がもつ農産物などの供給機能と多面的機能
（農業土木学会編「改訂6版農業土木ハンドブック」より作成）

農産物などの供給	農産物やその加工品の供給
生活・就業の場の提供	住宅地の提供（静かな環境，ゆったりとした居住空間の提供） 施設など用地の提供（工場，レクリエーション施設用地の提供）
国土の保全	侵食防止（土壌侵食，土砂流出，風食などの防止） 自然災害防止（山くずれ，洪水などの防止）
水資源のかん養	水の貯留，水量調節，水質浄化，地下水かん養
自然環境の保全・形成	自然景観の形成 気象緩和（気温緩和，地温緩和，湿度調節） 大気汚染防止（CO_2吸収，O_2供給，じんかい浄化など） 野生動植物の保護
文化資源の提供	自然学習の場の提供（自然探求，体験学習〈観光農園〉山村留学，情操などのかん養） レクリエーションの場の提供（スポーツ，行楽，健康維持増進，地域交流） 農村景観の形成 文化の伝承（伝統文化の保存）

図1 暮らし（農業生産）がつくる農村景観の例

たとえば，農村景観の代表的なものである，かやぶき屋根のある景観を維持していくためには，かや（ススキやチガヤなど）が生える土地を保全し，かやぶきの職人や技能をもつ人を確保するとともに，地域に住む人びとの協力も欠かせない（➡ p.138 図13）。

一方，近年各地に登場しているヒマワリ畑やハーブ畑などの美しい景観（図2）を定着させていくには，それらの栽培技術の改善やイベントの開催などとあわせて，その生産物が有利販売できる加工施設や直売所などの資源も必要になろう。つまり，農村景観を形成・維持していくことは，さまざまな地域資源を相互に関連づけて総合的に活用していくことにほかならないのである。

(2) 農村景観の構成要素と特徴

景観とその構成要素 景観という言葉は，一般には景色や眺めと同じような意味で使われてきたが，最近では，さまざまな地域資源が組み合わさり，地域の生産や生活をとおして表現される土地のすがた全体を示すもの，とされている。したがって，景観には，視覚でとらえ得るものだけではなく，音や香りなどの人の五感によってとらえられる現象すべてが含まれる（➡ p.105「参考」）。

図2　ヒマワリ畑が広がる景観

農村景観の構成要素は，里山，原野，山林などの自然景観系と

実践例　地域資源（里山）を守る多様な活動 ▶▶▶▶▶▶▶▶▶▶ 【ぽんぽこ山】

三重県松阪市の宇気郷地区がある柚原町は，市の中心部から20km離れた山の中にあり，過疎化・高齢化の進んだ53戸，人口108人の小さな集落である。

宇気郷地区では，昭和60（1985）年に，江戸時代に生まれた木綿のトップブランド松阪木綿の復興をめざして女性グループ「さゆり会」が発足したのを契機に，早起き市の開催，ジャンボ七草がゆづくりなど，市街地の住民と連携した多様な活動を展開し，平成4（1992）年，地域振興を担う集団「うきさとむら」が誕生した。

その後，支援者のネットワークを広げ，平成10年には，市街地の住民を中心とした環境ボランティアが，間伐をおこなって里山を再生しようと，環境NPO（民間非営利組織）「ぽんぽこ山」を創立した。

これに参加する人びとは，たんにボランティアとして奉仕活動をするというのではなく，「里山の自然と食を満喫しながら山を守る」という精神で，活発な活動を展開している。

人工景観系に大別され，人工景観系は，集落，道路，各種生産施設などの**施設景観**と，祭り，各種の年中行事など農村特有の**生活景観**の2つに分類される。施設景観はさらに，家並み，集落内道路などの生活施設，集会所，広場などの社会施設，および農地，牧草地，サイロ，ビニルハウスなどの生産施設に分けることができる。

以上の分類と，近景・中景・遠景といった分類とによって景観構成要素を整理すると，表3のようになる。

表3 農村景観の構成要素　（農村景観計画研究会「景観づくり・むらづくり―農村景観づくりの手引き」より作成）

		近景	中景	遠景
	自然景観系	水，土，風，草木，鳥，獣，魚，昆虫	河川，水辺，岸辺，里山，原野，樹木，丘陵	山林，山脈，稜線，地平線，水平線，河川，湖沼，海
人工景観系	施設景観 生活施設	住宅，倉庫，蔵，花壇，生け垣，庭木，門，塀	集落内水路，集落道路，屋敷林，住宅群，家並み，電柱，ごみ置場	道路，集落，住宅団地，屋敷林
	社会施設	集会所，店，学校，役場，農協センター，その他公共・業務施設，看板，案内板，碑，地蔵	公共・業務施設群，広場，公園，道路，沿道店舗，広告，廃車置場，神社，寺，集落排水処理施設	建物・施設群，通学道，自転車道，公園の樹木，社寺林，農道，道路，幹線道路
	生産施設	果樹園，菜園，畜舎，サイロ，マルチ，ビニルハウス，苗床，堆肥置場，集落内農地	農地，水路，防風林，農道，ライスセンタ，カントリーエレベータ，集落周辺農地，共同生産施設，工場	広がる農地，起伏のある畑地，牧草地，平地林，台地，畑，ビニルハウス群（電照施設），工場団地，ライスセンタ，カントリーエレベータ
	生活景観	冠婚葬祭，盆や正月の年中行事，家の行事，菜園作業	祭り，神輿や神楽のルート，のぼり，神社の旗，農村舞台，神社・寺の行事，集落運動会，子どもの遊び	虫追い，野焼き，田植え，早苗田，秋の田，冬田，刈取り，はざ（おだ）掛け，空中散布，煙り

参考　せせらぎ音と快適性，やすらぎ感の評価

農村景観は，五感によってとらえられることから，聴覚やきゅう覚の観点から評価することも必要となる。

たとえば，水辺景観は，視覚的に水路や川の形状や素材，水深，流速が評価されるだけでなく，せせらぎ音も評価に大きく影響している。せせらぎ音の質は，流量や流速だけでなく，水路の素材によっても異なる。

森の渓流とコンクリート水路のせせらぎ音について，周波数特性と人の評価を比較した実験では，森の渓流の音のほうがやすらぎ感の評価が高かった。

やすらぎ感をもたらす要因の1つに，一般的に自然界の現象に含まれる「1/fゆらぎ」とよばれるものがある。1/fゆらぎは，ゆらぎ（ある量が平均値の上下に不規則に変化する状態）のなかで，不規則的な変化と規則的な変化が調和した特定の周波数特性をもつもので，そよかぜ，小川のせせらぎなどにも認められている。

森の渓流の音には，この1/fゆらぎが発生しやすいのに対して，コンクリート水路では発生しにくいことがわかっている。

農村景観の特徴

農村空間は，生産空間であると同時に生活空間であり，自然と人間の営みが調和・共存する空間である。このような農村空間の特性のもとで，地域のさまざまな自然的・社会的条件の影響を受けつつ，各種の景観構成要素が有機的に結びつくことによって，農村景観は形成されている。

たとえば，山間地集落においては，耕地は等高線に沿って連続し，道路も等高線に沿って曲線的につくられているため，宅地や住宅の配置も道路の曲線に沿って展開することになる。つまり，傾斜地であることが景観要素の配置を決定づけ，集落景観の基本

なだらかな丘陵地に広がる畑地（北海道）

谷間の地形に沿って，集落と棚田が開け，里山と宅地と田が一体になった空間

図3　地形条件のちがいによる景観構成要素の配置の特徴

参考　シーン景観，シークエンス景観と場の景観，変遷景観

　景観の分類の仕方にはいろいろな方法があるが，工学的には，時間・空間，および視点の限定性・固定性の観点から，シーン景観，シークエンス景観，場の景観，変遷景観の4つに分類される。

　比較的短時間の現象で，視点が固定されている透視図的な眺めを「シーン景観」という。視点を移動させながら，次々と移り変わっていくシーンを継起的に体験していく場合を「シークエンス景観」という。シーンやシークエンスの体験が総合されて，ある一定範囲の景観の特徴に注目する場合を「場の景観」という。長い時間の経過にともなって，対象そのものが変化し，景観が変わっていく場合，これを「変遷景観」という（図4）。

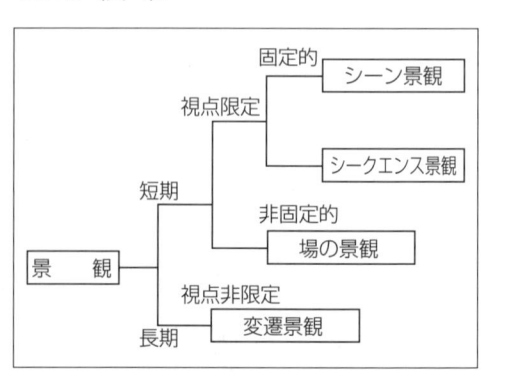

図4　シーン景観，シークエンス景観，場の景観，変遷景観の関係

的な構造を形成している。一方，平地水田地帯の集落においては，道路，水路などの線的景観要素と，農地，宅地などの面的景観要素の広がりそのものが，景観の基本的な構造となる（図3）。

(3) 農村景観の評価とデザイン

これまでみてきた景観という観点から，地域の空間とその活用などについて全体的な設計をおこなうのが景観デザインである。景観デザインの計画づくりのためには，景観の調査，評価と，それにもとづいた予測，総合評価が必要である。

景観の調査と評価 調査には，自然条件，経済・社会条件などの基礎調査と，住民が環境点検などを通じて地域景観の再発見をおこなう点検調査とがある。

評価は，評価主体，評価基準，評価手法の3つの要素からなる。評価主体は，地域住民や都市住民などの景観を享受する人びとと計画者に分かれ，計画者とは一般に専門家である。

評価基準には，たんなる審美性だけではなく，快適性，情緒性，親近性，文化性などの多面的な側面がある（図5）。評価にあたっては，計画目標を具体的にあらわす評価基準を準備し，評価の意味を明確にする必要がある。また，最近では，できるだけ客観性のある評価をおこなうために，計量心理学的手法❶を用いることが多い。

❶景観に対する多数の人のイメージや意識を数量的にとらえ，統計的に処理し平均化するなどして，景観評価の一般則を導き出そうとする手法で，SD法（→p.109「参考」）がよく利用される。

親近性 人びとが集まる場所，遊び場，住民によく利用される空間など，親しみのある景観を高く評価する場合

情緒性 文学や絵画に描かれるような，なつかしい日本の原風景として高く評価する場合

文化性 地域特有の景観構成要素や，伝統的で地域シンボルとなる景観を高く評価する場合

図5　多様な評価側面をもつ農村景観

景観の予測と総合評価

景観の評価がなされたら，それにもとづいて，景観デザインの目標を設定し，対象となる景観に対して目標を達成するための代替案を作成し，景観の予測をおこなう。予測には，最近では，デジタル画像やコンピュータ・グラフィックスなどを用いた画像処理によるシミュレーション（図6）が利用されている。

そして，予測される景観に対して総合評価を加え，最終的な計画を策定する。景観デザインの実例を図7に示す。

農村景観は，農林業を中心とした生産活動にいそしむとともに，地域住民も参加した環境整備などの積み重ねによってデザインされるものであるから，農村景観の保全や整備はアメニティ❶を追

❶一般には，快適さとか心地よさという意味で理解されているが，基本的には利便性，衛生性，安全性，健康性など，生存・生活に不可欠な物的環境の総体としての快適性を示すもので，地域らしさや地域の誇りに通じる自然生態系，歴史・文化，景観美などの総合的価値を表現するものである。

背景画像 老朽化した，ため池の背後に茶園がある。ため池周辺を整備してみる

対象画像 あずまや，植栽などがある，ため池周辺整備の事例写真

合成画像 2枚の写真を合成する。さらに，親水公園として整備して，利用者のアメニティを高める

図6 画像処理によるシミュレーションの事例

地域の伝統的な建築様式を保全しつつ，沿道の水路を石積みで整備し，コイを放し，花を飾ることによって，親しみのある町並みとする

アジュガ，シバザクラなどのグラウンドカバープランツによって，ほ場の法面を保護するとともに，管理労力の軽減を図る

図7 景観デザインの実例

求しているだけではなく，地域づくりそのものであるといえる。

　同時に，地域づくりは，「現在の地域のすがた」をつかみ，「理想なる地域のすがた」を求める活動であることから，地域のすがたを認識できる景観を評価することは，地域づくりのための現状把握の重要な柱と位置づけることができる。

参考　景観評価の例と景観デザインのポイント

　表4は，中学生と45歳以上の人に対して，土水路と石積み水路の写真を同時に提示し，「どちらの景観が農村景観としてふさわしいと思うか」と質問した結果である。全国的にみて，中学生は土水路の景観を選択し，45歳以上の人は石積み水路の景観を選択する傾向があった。これは，評価主体のちがいが景観評価に影響することを示している。

　景観デザインにおいては，住民のなかに評価の差異があることを認識し，その理由を検討して，専門家の意見を参考にしながら，多様な評価傾向の調整をおこない，それにもとづいて整備対象となっている場所の利用形態，管理形態などを考慮して，最終的な景観整備の方針を決定していくことが大切である。

表4　水路景観についての属性別の評価結果事例

	土水路	石積み水路
中学生	64.9%	35.1%
45歳以上	36.7%	63.3%

参考　SD法を用いた景観評価

　SD (Semantic Differential) 法は，意味的差異の検出法，意味微分法ともいわれ，見る・聞くなどさまざまな刺激が喚起する情緒的意味やイメージを調べる方法である。

　たとえば，「明るい―暗い」「暖かい―寒々しい」「騒々しい―静かな」「古い―新しい」「軽い―重い」などのような，形容詞対を両側に配した評定尺度（一群の意味尺度）を用いることで，さまざまな物事や言葉のほか，画像，音，においなどの，文字では表現しにくい刺激についての評価もできる（図8）。尺度は，ふつう5～7段階としている。

図8　SD法での評定尺度の例

6　農業・農村の機能の総合的な活用　**109**

❷ 農業・農村の機能の総合的な活用と地域づくり

　現在，わが国では，人間と自然との共存を図りつつ，ゆたかさとゆとりを実感できる持続的で安定的な発展が可能な経済社会の実現をめざしている。そのためには，多様な地域資源を保全・活用して食料の安定供給と環境の保全を図るとともに，農業・農村の多面的機能を十分に発揮させて新たな産業や文化を創造し，そのことをとおして地域を活性化させることが求められている。グリーン・ツーリズム（→ p.120）や市民農園（→ p.152），観光農園（→ p.174）などの取組みは，それそのものである。

(1) 農業・農村の機能の活用と住民参加

　地域資源や農業・農村の多面的機能を活用して，活力ある地域をつくっていくためには，地域住民の主体的な関わり，すなわち住民参加❶が欠かせない（図9）。

　現在，住民参加は，地域づくり計画などについての合意を形成する手段として，地域計画の作成や推進過程などで広く取り入れられている。地域そのものが交流や活動の舞台となるグリーン・ツーリズムや市民農園などの取組みを進めていくうえでも，住民参加は重要になることが多い。

　住民参加における参加のあり方はじつに多様である。計画・事業の種類についてみると，農村振興計画や集落環境計画の策定，生活環境の改善，都市農村交流施設（→ p.10 表1）の建設計画な

❶一般的には，地域づくりなどの推進過程における地域住民（個人，団体，企業）の行政への参加と位置づけられる。

図9　住民参加による地域づくりの取組みの例（左：景観づくりの取組み説明会，右：環境〈水質〉点検マップづくり）

ど，さまざまな計画・設計の場面で採用される。

　参加のていどについてみると，とくに親水・遊水施設，公園，集会施設などの公共的な施設整備では，整備後の維持管理や運用面で地域住民が大きな役割を担う場合が多いことから，計画段階から，住民参加が実施されていることも少なくない。

　また，住民参加の目的と形態は，課題解決のための住民参加から，目標決定や制度策定のための住民参加，意識啓発から情報交換までさまざまである。また住民参加の新しい形態として，グラウンドワーク❶などもある。

❶ 1980年代にイギリスの農村で始まった活動で，地域の環境整備などにあたり，従来の行政主導の計画策定，事業実施にかわり，住民・行政・企業の3者のパートナーシップにより，生活の場に関する創造活動をおこなうものである。わが国では，（財）日本グラウンドワーク協会が中心となり各地の活動を支援している。

(2) 住民参加の意義と地域づくり

住民参加の成果と課題

　各地で取り組まれてきた住民参加の実践は，多くの成果をもたらしている。住民参加の成果としては，①政治や行政の主人公であるべき住民の主体の確立，②行政の民主化への貢献，③地域づくりに対する住民および行政の意識の高揚，などがあげられる。こうした実践過程は，行政を含めた地域全体の自己学習過程として大きく評価されている。

　しかし，一方では，行政側の形式的な住民への参加要請や，住民側の無責任な名ばかりの参加などの「参加の形骸化」も指摘されている。地域づくりをおこない，それによって創出・保全された資源や環境を利用するのは，基本的には地域住民である。したがって，住民参加は，住民の自発的な活動によって進められることが大切である。

実践例　農村と都市との交流「ワーキングホリデー」による地域資源の保全

　都市住民が，農業の生産活動にボランティアとして参加して，活動をおこないながら休暇を楽しむ「ワーキングホリデー」の取組み（長野県飯田市，宮崎県西米良村など）がある。

　この取組みでは，都市住民にとっては農業者とともに働くことで労働の達成感の獲得に，一方，農村側にとっては農業労働力の補充や地域の活性化につながることが期待される。

　都市住民を棚田のオーナーとしてむかえ入れ，農作業を通じて交流するとともに，農村側では住民の環境保全意識の向上を契機とした地域づくりを推進し（奈良県明日香村など），地域資源の保全を図る取組みもある。

行政や専門家には，地域住民がもっていない地域づくりの技術やノウハウをもとにして，スケジュールの調整，地域特性に応じた住民参加のシステムづくり，地域のいろいろな組織との共通認識づくりなどのマネジメントをおこない，住民の活動を支援していくことが求められる。

農村における住民参加の特徴

農村の地域づくりにおける住民参加が都市と異なるのは，都市では住民の生活に関わる問題処理が中心課題となるのに対して，農村の場合は農業生産を中心とした地域の活性化が中心課題となり，それに住民の生活問題，地域資源管理の問題などが含まれる点にある。また，農村の地域づくり計画の対象領域は広範囲であり，都市問題以上に住民の利害の対立が発生する可能性がある。

そこで，住民参加による地域づくりにおいては，計画の策定・決定段階から住民の積極的な参加をうながし，利害の調整や合意形成を進めることが重要である。

図10　歴史が感じられる宍戸地区

地域づくりにとっての意義

住民参加によって地域づくりをおこなうことは，地域の景観を保全・改善し，美しく快適な環境を創出するだけでなく，地域が

実践例

自分の地域を自ら歩き，調べ，学んで，好きになる

▶▶▶▶▶▶▶▶▶▶▶▶▶▶【まちづくり宍戸塾】

茨城県の友部町は，首都東京から約100km，県庁所在地の水戸市から17kmの距離にあり，面積58.7km2，人口約3万5,800人の町である。その南西部に位置する宍戸地区は，江戸時代に水戸徳川藩の分家である松平藩主の城下町として栄え，いまなお，趣のある街並みに多くの神社や寺院を残しており，自然がゆたかで歴史が感じられる地区である（図10）。

この地域でも，近年，都市化・宅地化が進んで，周辺環境の変化が予想されることから，平成13（2001）年には，地域住民がより暮らしやすく，魅力ある環境のなかで生活が営めるように，宍戸のよさを継承し，後世に残せる地域の創造を目的として，「まちづくり宍戸塾」が設立された。

そこでは現在，歴史・文化，教育，観光・広報，環境保全，交通環境，福祉の6つの専門部会をもち，住民自らが，名所・旧跡の調査，観光地図づくり，社会福祉の勉強会などのさまざまな地域活動をおこないながら，町について学ぶことによって，町を知り，町が好きになっていく活動を展開している。この取組みは，参加者自身が学びながら，地域のアイデンティティを形成している住民参加の一例である。

好きになったり定住意欲が高まったりして，地域のアイデンティティ[1]を形成することにつながっているといえる（→ p.112「実践例」）。

農村における，住民参加による地域づくりの意義を整理すると，①農村住民の多様な考え方を統合することができる，②責任をもって行政に関わることができ，共同責任意識を生み出す，③さまざまな計画の担い手間の相互理解が促進され，合意形成がしやすくなる，などである。

その実現のためには，情報の迅速な公開と提供，計画がもたらす効果についての住民の理解，有能なリーダーの育成，住民組織の形成などが欠かせない。

(3) 地域づくりの基本的なプロセス

住民参加による地域づくりは，地域の実態にあわせたさまざまな方法が考えられるが，その基本的なプロセスは以下のようである（図11）。

[1] 一般的には，自我同一性の意味。ある人の一貫性が成り立ち，それが他者や帰属する社会にも認められていることを意味する。ここでの地域のアイデンティティとは，地域の歴史性，共同性，社会性，文化性が地域の個性となって表出し，実感されることをいう。

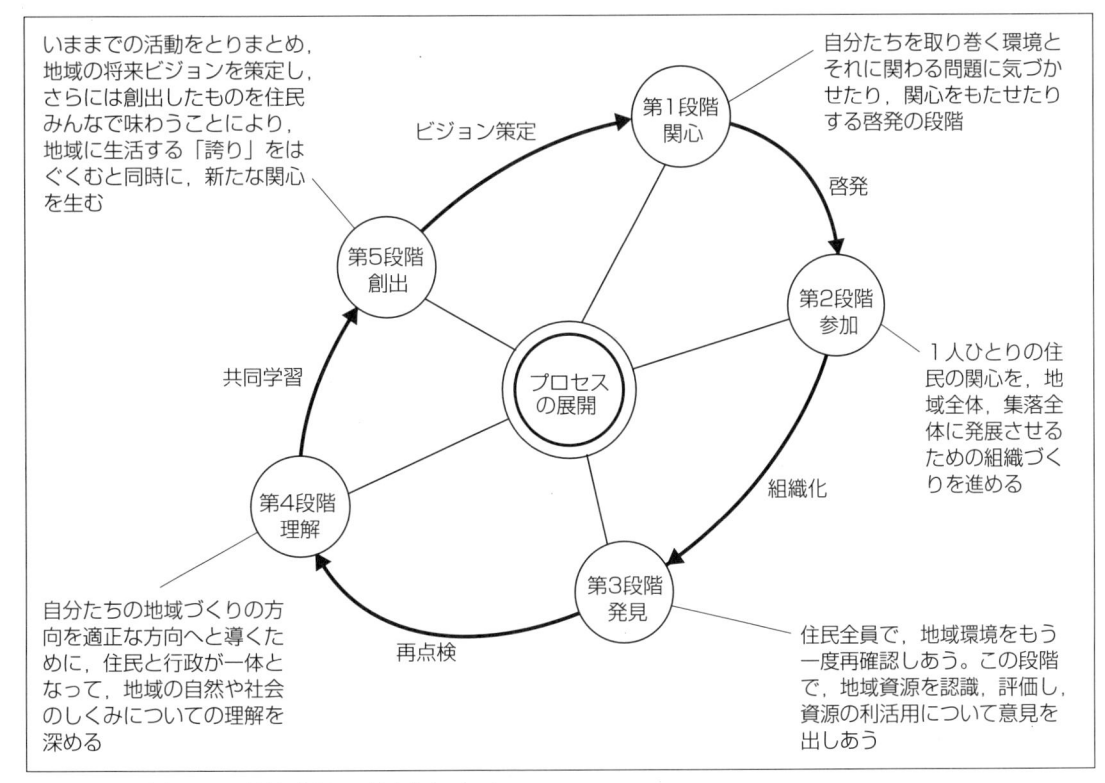

図11　住民参加による地域づくりの基本的なプロセス

関心と啓発　住民の自発的な活動によって地域づくりを進めるためには，まず住民が身近な環境そのものに関心をもち始めることが必要である。日ごろ何気なく接している環境が，じつは自分たちの生産・生活に大きな影響を与えていることに気づき，環境を意識し，そのことで楽しさや喜びが得られるようになると，持続的な活動に発展していく。

参加と組織化　1人ひとりの住民の関心を地域全体に発展させていく。個人的に認識し評価している環境が，地域のなかではどのように評価されているのかをお互いに理解しようとする，組織づくりの活動が展開される。

発見と再点検　参加の段階をへて，地域環境についての新たな認識が生まれることによって，さらに環境に対する興味は増大し，環境を点検し，そこにどのような要素が存在するのかを再発見する。そして，住民全体で資源活用について意見を出しあう。

実践例　全員参加で地域を調べなおしてつくった将来ビジョン
▶▶▶▶▶▶▶▶▶▶▶▶▶▶▶▶【舞鶴市与保呂(よほろ)地区】

　京都府舞鶴市の与保呂地区は，丹波，丹後，若狭の三国の境，三国岳に発する与保呂川の深い谷間の集落である。

　この集落で，平成2 (1990)～7年の5年にわたり，住民全員参加の環境学習型の地域づくりが実践された。この活動が認められ，平成10年には第10回農村アメニティコンクールで優秀賞を受賞している。

　ここでは，地域づくりのプロセス（→p.113 図11）に則して，関心・参加の段階では生活アンケート，自主的な組織づくり，発見・理解の段階では景観学習会，集落環境点検とマップづくり，創出の段階では景観カレンダーづくり（図12），郷土史づくり，集落環境ビジョンづくりなどのワークショップ（→p.116「参考」）をおこなっている。

　これらすべての取組みを，自治体，農業改良普及センター，専門家の支援を受けて，住民自らが企画・構成したため時間はかかったが，無理をせずに活動を進めた。その結果，最終年度には，当時人口約430名のうち，なんらかの取組みに延べ390名もの参加が得られるまでとなり，集落環境の将来ビジョンがまとめられた。

図12　与保呂の四季を表現した景観カレンダー

理解と共同学習

発見の段階にまで到達すると，住民には，さらに新しい目をもつための知識をほかから吸収し，もっとよく知ろうとする動きが生まれる。そして，情報と知識が蓄積されると，やがて，地域としての的確な環境評価がおこなわれ，この地域の将来ビジョンの理念の構築をおこなうことが可能なていどにまで達する。

ビジョンの創出

次に，この理念が「絵に書いたもち」にならないように，混沌としたなかから住民としてのいくつかの合意を形成していく。そして，この段階が過ぎるころに，プロセスの1サイクル目の終わりに，成果として将来ビジョンが作成され，具体的な活動へと展開する（創出）。

しかし，創出されたビジョンや，実践された活動は，必ずしも完全ではないから，再評価すると新たな課題が見いだされ，次のプロセスのサイクルを展開させるための新たな関心が生まれる❶。

❶こうしたプロセスのサイクルは，ローレンス・ハルプリンらがワークショップの方式として開発したRSVP（資源－指針－行動－評価）サイクルとも部分的に対応している。

（4）合意形成の重要性とそれを支援する手法

合意形成の重要性と課題

多様な地域資源をどのように活用するのかなど，本節の主テーマに関わることがらは，個人をこえた関係者（社会的な組織）の合意形成❷をもとに意思決定されることが少なくない。

伝統的な合意形成のプロセスは，「提案→集団での話しあい→個別主体の同意→集団的意思決定→合法性の獲得による拘束力の発生（規範化）」というものであった。これまでの農村集落における地域活動では，おもに上述のような伝統的な合意形成が日常的におこなわれてきた。ところが，混住化や兼業化が進み，住民の価値観が多様化したため，従来のやり方では，合意形成を図るのがむずかしくなり，外部からのなんらかの支援が必要になってきた。

都市を含む合意形成の必要性

さらに，近年では，農業・農村の多面的機能に関心を寄せる都市住民と，地域の活性化と農村社会の維持を図る農村住民とが，互いに協力して地域資源などの保全のための活動をおこなう「協働」の取組みが，各地で多様なかたちで始まっている（→図13，p.111「実践例」）。

❷目的，利害，意見などが異なる個人あるいはグループが，相互に妥協あるいは調整することによって，統一的な問題解決の方策，規範などについて，集団としての意思決定をおこなうこと。組織における合意形成は，組織の特性（共通目標，組織構成員の役割分化，組織の規範，構成員の組織に対する一体化のていどなど）によって影響される。

図13 合意形成の新たな取組み
（ゲームの要素を取り入れお互いの意見を出しあう）

こうした協働の活動は，柔軟性や機動性に富む民間のNPO（非営利組織）やNGO（非政府組織，民間公益団体）などによってコーディネイトされている場合がある。今後は，こうした民間組織が中心となった活動に対して，行政などの公的機関が情報提供や支援態勢の整備などの面で協力していく必要がある。

また，都市住民と協働で地域の環境管理をおこなう場合には，合意形成においても，都市住民などの意向を反映させるなど，より広域的な合意形成を図らなくてはいけないケースも予想される。

新しい合意形成の手法

このような都市住民との連携による地域づくりという，新しい段階での合意形成を支援する手法として，**集落環境点検**❶（図14）やワークショップ（図15）などによる方法が開発されてきた。これらの手法は，共通認識の形成という側面を重視しており，通常

❶地域住民が集落の環境や空間の現況と問題点を集団的に点検し，その点検結果と改善点，将来ビジョンなどを環境点検マップに表現する作業。

集落内を地域住民自らが歩き，生産上，生活上の問題点や地域振興に資する新たな資源の再発見をおこなう集落環境点検

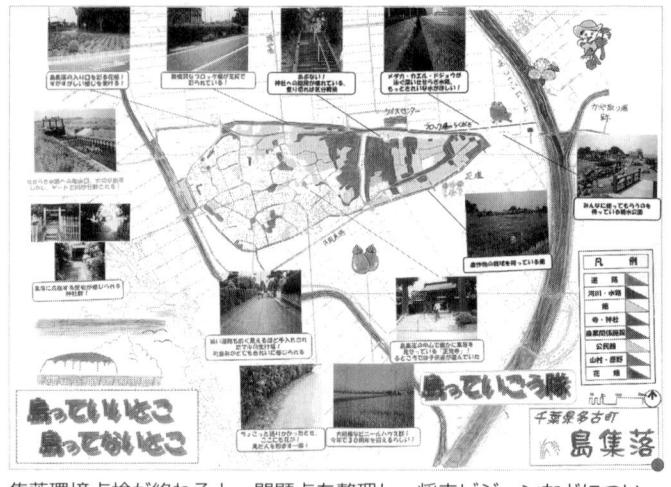

集落環境点検が終わると，問題点を整理し，将来ビジョンなどについて，みんなで話しあいながら，環境点検マップを作成する（→ p.204）

図14 集落環境点検（左）と環境点検マップ（右）

参考　ワークショップとTN法

ワークショップのもともとの意味は「仕事場」や「作業場」であるが，「講義方式によらず，参加者に自主的に活動させる講習会」という意味もある。後者の意味で，20～30人ていどの規模の会議や集会で，問題を深めたり，構想や計画を算定したりする場面でよく使われる。とくに，さまざまな人種，層の人びとによって構成されているアメリカ合衆国において，この方式は発達した。

ワークショップの発展的な形態にTN法がある。これは，限られた時間，労力ならびに予算の範囲内で，できる限り効果的かつ科学的に，望ましい地域活性化策に関する地域住民の意思決定を支援するためのシステムである。

の「話しあい」とは別のかたちで，一緒に作業する過程でコミュニケーションを深めながら，共通認識の形成を図ることをねらいとしている。

しかし，ワークショップにおいては，参加者が専門家に都合よく利用されていると感じる危険性も生じる。そのような事態にならないように，参加者の気持ちに不自然な流れが生じないプログラムを組み，参加者を見守り，支援する役割を受け持っているのがファシリテーターである。

ファシリテーターは，活動がとどこおっている参加者がいたら，活動への参加をうながしたり，全体のプログラム進行と調整を図ったり，情報を提供したりする❶。しかし，ファシリテーターは決してリーダーシップをとるのではなく，参加者の情報をシェアする（分けあう）役割を担うというところに，その専門性があり，この手法の重要なポイントがある。

❶ワークショップは，個人作業から6〜7人の小グループ作業，そして全体作業など，個と全体とを結びつけながら進められるが，各グループに1人はファシリテーターがつくことが望ましい。

(5) 地域づくりの持続・発展に向けた取組み

地域づくりに対する住民の意識を持続させ，活動をより発展させるためには，行政による支援や規制だけでなく，集落のなかのさまざまな組織や地域づくりの推進組織が，積極的に具体的な活動に取り組むことが必要である。

住民が自主的に設定して取り組むルールには，協定やガイドラ

図15 ワークショップの取組みの例（左：環境点検マップの作成，右：グループごとの作業結果の発表）

インなどがある。ここでの協定とは，一般に，市町村よりもせまい集落や地区などの地域において，より高い水準の生活環境の実現などの目的のために，住民自らがきめこまかな基準を掲げてその実現を図ろうとするものである。それは，地域における合意形成の1つのあり方でもある。

また，積極的かつ持続的に，環境を保全していくためには，協定などのルールにたよるだけではなく，日常生活における住民1人ひとりの環境保全への意識を高め，無理のない取組みをしていくことが大切である。そのような持続的な取組みを進めるうえでは，①日常生活の延長線で取り組む，②生活姿勢を見なおしながら取り組む，③地域教育の一環として取り組む，などの視点が必要である（表5）。

表5 生活のなかで持続的に環境保全に取り組む視点

日常生活の延長線で取り組む	地域づくりを特別な活動として取り組むと，一時的な充実感はあるが，持続力は落ちる。したがって，特別な活動としてではなく，家事，仕事，学校，余暇などの日常生活の延長線上で活動を展開する
生活姿勢を見なおしながら取り組む	日ごろから，自分が快適な環境づくりにどれだけ関与しているのか興味をもってみる。仲間や自分の所属するサークルなどで，互いに家庭で実践している環境づくりの情報を流したり，成功談，失敗談を話しあったりする
地域教育の一環として取り組む	ゆたかな人間形成を目標に，家庭教育・学校教育・社会教育の一環として取り組み，各時期，各分野における生活課題について，自ら学び，自ら育てていく姿勢をもつ

実践例 景観協定による環境保全活動の持続・発展例

▶▶▶▶▶▶▶▶▶▶▶▶▶▶▶▶▶ 【ふるさと雨森の風景を守り育てる協定】

滋賀県高月町雨森地区の住民は，江戸時代中期に朝鮮外交で活躍した雨森芳洲にちなんだ「雨森芳洲庵」の建設を契機に，地区内に流れる江戸期につくられた水路を再認識し，水路を花で飾り，水車づくりをし，コイを放流するようになった。

その後も地域の住民は快適な景観づくりに共同で取り組み，「ふるさと雨森の風景を守り育てる協定」（図16）がつくられた。この協定では，共同作業による緑化・美化やタチバナ（地域の特色を醸し出す芳洲ゆかりの花）の植栽に関する事項まできめこまかく設定されており，景観協定の代表例といえる。

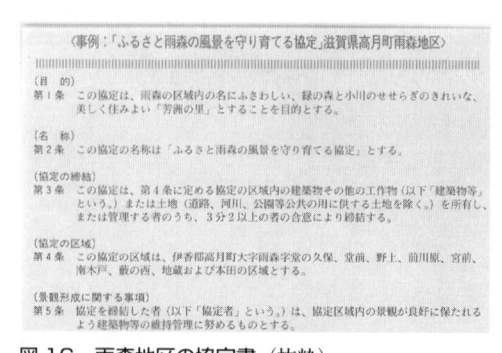

図16 雨森地区の協定書（抜粋）

第3章
グリーン・ツーリズム

第3章

1 グリーン・ツーリズムの特徴とあゆみ

1 グリーン・ツーリズムとは

グリーン・ツーリズムは,「農村地域において自然, 文化, 人びととの交流を楽しむ滞在型の余暇活動」❶とされている。その活動内容は多岐にわたるが, 現在のところ農業体験, 農産物の加工・直売や農家レストラン, 農家民宿などがおもに取り組まれている。そこでは, 農村がもつゆたかな自然や長い歴史によって培われた農村の暮らしを活用した素朴で落ち着いた体験や交流が生まれ,

❶農林水産省による定義で, ヨーロッパ各国では「保養と自由時間の享受」が大前提とされているのに対して, わが国では「交流」の文字がはいっている点が特徴である。

表1 グリーン・ツーリズムと都市・リゾート・ツーリズムのおもなちがい （写真はリゾート施設）

グリーン・ツーリズム	都市・リゾート・ツーリズム
・広いオープンスペース	・せまいオープンスペース
・まばらな人口密度	・高い人口密度
・自然に囲まれた環境	・建造物に囲まれた環境
・自分の意志でおこなう活動が主体	・強い娯楽性の提供
・農家や林家が存在	・農家や林家の不在
・少数の客との個人的な交流	・不特定多数の客との一般的な交流
・素人によるサービスの提供	・プロによるサービスの提供
・原理は保全	・原理は開発
・固有の人たち向けにアピール	・一般向けにアピール
・すき間（ニッチ）向けマーケティング	・広範なマーケティング活動

図1 グリーン・ツーリズムの宿（農家民宿）と農業体験をとおした交流

都市生活からは失われて久しい農のある空間や暮らしなどが高く評価されている（図1）。

つまり，グリーン・ツーリズムは，いわゆる物見遊山的な観光旅行や豪華なリゾート（保養地，行楽地）での滞在ではなく，たとえ短期間ではあっても農村に滞在し，そこに住む人びととのふれあいを大切にする余暇活動ということができる❶（表1）。

グリーン・ツーリズムの先行国であるドイツなどでは，すでにツーリズムそのものが，建物や施設などの整備を優先した**ハード・ツーリズム**ではなく，地域の文化やふれあいを大切にする**ソフト・ツーリズム**へと向かっている❷（図2）。そこでは，グリ

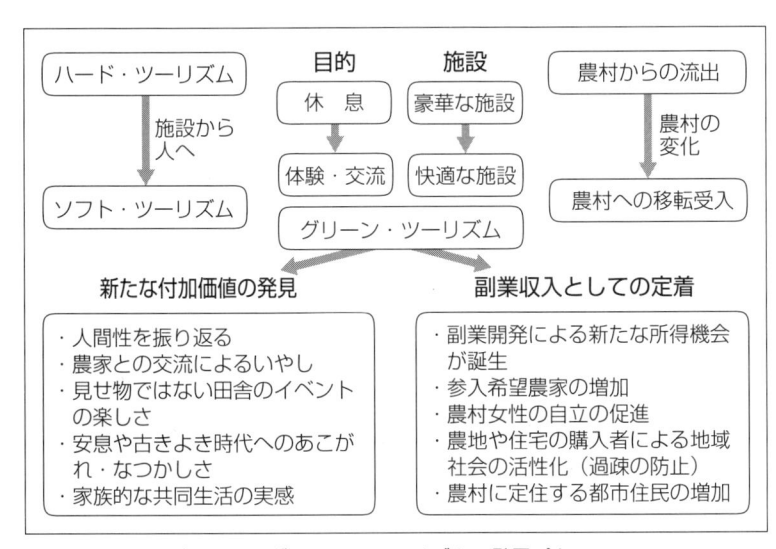

❶グリーン・ツーリズムの内容は，国によって少しずつ異なり，そのよび方もいろいろである。世界的にはルーラル・ツーリズム，アグロ・ツーリズムなどとよばれることも多いが（→p.124「参考」），ここではグリーン・ツーリズムと統一して表現する。

❷ハード・ツーリズムが豪華な建物や施設などを中心として外部からの資本投下によって急激に進められるのに対して，ソフト・ツーリズムは建物や施設などは取り立てて立派ではないが，地域の文化や人びとのもてなしを大切にし，地域の資源を活用してゆるやかなテンポで進められる。

図2　ヨーロッパにおけるグリーン・ツーリズムの発展パターン

グリーン・ツーリズムの「グリーン」に込められた意味

参考

ツーリズムとは一般に「観光」あるいは「旅行」と訳される。その本来の意味について，イギリスにおけるグリーン・ツーリズム研究の第一人者であるバーナード・レーン（ブリストル大学）は，「ツーリズムとは通常の居住地あるいは職場以外の目的地への一時的かつ短期の移動，およびその目的地でのさまざまな活動」と定義しており，いわゆるバカンス（余暇活動）のニュアンスが濃い。

しかし，彼はグリーン・ツーリズムという表現について，次のようにも指摘している。イギリスで「グリーン」といえば，それはたんなる「緑」や「自然」という意味ではなく，地上のすべての生命の尊重，資源の適正利用，多様性の評価，あるいはすべての生物の相互関連の認識といったことが，そのコンセプトの根底にある。

したがって，グリーン・ツーリズムは，人間を取り巻く自然環境や産業，文化などのとらえ方，自己の行動の律し方など，1人ひとりの人生観やライフスタイルなどにも影響を与える活動であるということができる。

❶フランスやイギリスなどの農村では，このような移住者がとくにめずらしい存在ではない。このように都市住民が農村に移り住んで定住し，農村の人びといっしょに住むことは，「ポピュレーション・ミックス」とよばれ，欧米で広くみられる動向である。

ン・ツーリズムをとおして自己を再発見したり心身の健康やリフレッシュがもたらされたりして，都市住民が農村へ移住するケースも少なくない❶。同時に，農家にとってもグリーン・ツーリズムによるビジネスは，新たな所得源として定着している。

2 グリーン・ツーリズムのあゆみ

(1) グリーン・ツーリズムの誕生と広がり

　グリーン・ツーリズムは，もともとはドイツやオーストリア，フランスなどのヨーロッパで始まった。これらの国々では古くから農村地域でのバカンス（余暇活動）がおこなわれていたが，1970年代にヨーロッパアルプスに近い山岳地域での農業生産の維持や農家の存続がむずかしくなったときに，農家の新しい副業として農家民宿などの取組みが本格化した。これが，グリーン・ツーリズムとして発展し，現在では週末におけるバカンスの一形態として日常生活にとけ込んでいる（図3，4）。

　そして，グリーン・ツーリズムは，今日ではスペイン，ポルトガル，ギリシャなどの地中海沿岸諸国❷，さらに日本，韓国などのアジア諸国にも広がっている。なかでも，イタリアでは農家がおこなうツーリズムを，非農家のビジネスとは明確に区分して推進し，農家の存続と農村景観の保護に力を入れている。

❷ギリシャやスペインなどでは，グリーン・ツーリズムの普及目的に，農村女性の自立の促進が掲げられている。たとえば，「女性だと既婚でも公的融資が受けられない」といった農家の女性の不利な立場を改善する手段として位置づけられている。

図3　ドイツの農家民宿

図4　フランスの農家民宿

(2) わが国のグリーン・ツーリズムのあゆみと展開

　わが国でグリーン・ツーリズムが国の事業として推進されるようになったのは，1990年代前半からで，農林水産省によるモデル地区の募集・検討[1]やグリーン・ツーリズムのための基盤整備が積極的に進められてきた。そして，2000年には「食料・農業・農村基本計画」において，グリーン・ツーリズムの推進が明記された（表2）。

　このような行政による推進の一方で，農家のための研修会や組織的かつ継続的な勉強会が全国で始まった（表3）。農家の主婦などを対象として農水省の支援による「グリーン・ツーリズム専門家養成講座」が1995年から東京で開始され，すでに300名近い修

[1] 5か年間にわたる「農山漁村で楽しむゆとりある休暇を」事業では，全国200か所でのグリーン・ツーリズム・モデル地区を募り，それぞれの地域での検討がおこなわれた。

表2　行政によるグリーン・ツーリズム支援事業

年	内容
1992年	農水省からグリーン・ツーリズム中間報告書発表。はじめて「グリーン・ツーリズム」の言葉が使用される
1993年	「農山漁村で楽しむゆとりある休暇を」事業スタート（5年間）
1994年	農山漁村滞在型余暇活動のための基盤整備の促進に関する法律の成立。翌年から農林漁業体験民宿の登録業務開始
1998年	農政改革大綱と農政改革プログラムにおいて，「グリーン・ツーリズムの国民運動としての定着に向けたハード・ソフト両面からの条件整備」を明記
1999年	食料・農業・農村基本法では，「都市と農村との間の交流の促進」（36条）を明記
2000年	食料・農業・農村基本計画で，「農村における滞在型の余暇活動（グリーン・ツーリズム）の推進」をうたう
2001年	全国グリーン・ツーリズム協議会発足。おもに都市生活者向けの情報発信をめざす。農水省で「交流スクール」を開校，実践者と推進指導者の育成をめざす
2002年	大分県安心院町の農泊事業農家について，大分県が独自の条例として旅館業法，食品衛生法などについての規制緩和を実施（→p.206）

表3　全国で開かれている継続的なグリーン・ツーリズム勉強会の動き（写真は勉強会〈上：スクーリング，下：ワークショップ〉のようす）

年	内容
1995年	グリーン・ツーリズム（ファーム・イン）専門家養成講座スタート
1996年	TGFM（東北グリーン・ツーリズム・フィールドスタッフ・ミーティング）スタート
1997年	九州ツーリズム大学（熊本県小国町）開校
1999年	秋田花っまるグリーン・ツーリズム大学（秋田県雄和町）開校
2000年	やんばるツーリズム大学（沖縄県国頭村）開校
2001年	北海道ツーリズム大学（北海道鹿追町）開校　十勝農村ホリデーネットワークが基盤
2002年	福岡県でアジア・ツーリズム大学が発足。中国での共同シンポジウム開催

❶ドイツなどヨーロッパに普及しているB＆B（Bed and Breakfast ―ベッドと朝食が提供される宿泊方式）や室内にミニキッチンのついた個室・自炊方式の農家民宿にならって，北海道で生まれた新しい考え方の農家民宿。

図5　「農家で休暇を」の検証印（ドイツ）

了生を送り出し，その約3割は農家民宿（**ファーム・イン**❶）や農家レストランなどの新たなビジネスを開業している。

「ツーリズム大学」も熊本県や秋田県，北海道，長野県，和歌山県，沖縄県などに誕生し，それぞれの大学では専門家を招き，グリーン・ツーリズムについて本格的に学ぶ体制がととのってきた（表3）。さらに，2002年6月には中国や韓国を視野に入れた「アジア・ツーリズム大学」が福岡県で新たに発足して，グリーン・ツーリズムのネットワークは着実に広がりつつある。

3　グリーン・ツーリズムと新たな農のビジネス

(1) グリーン・ツーリズムの背景と可能性

環境破壊への反省　先行国であれ後発国であれ，農村部にグリーン・ツーリズムが広がっている背景には，まず第1にいきすぎた産業振興や地域開発にともなう環境破

参考　各国のグリーン・ツーリズムのよび方と特徴

　世界各国でのグリーン・ツーリズムのよび方と特徴を整理すると，次のようである。
- **グリーン・ツーリズム**（フランス）　農村部で過ごす休暇を指す。海岸部で過ごす休暇をブルー・ツーリズム，山間部で過ごす休暇をホワイト・ツーリズム，都市部で過ごす休暇をライト・ツーリズムとよんでいる。
- **ルーラル・ツーリズム**（イギリス，アイルランド，アメリカ合衆国）　イギリスではサスティナブル・ツーリズムとのよび方もあるが，このよび方は環境保全を前面に打ち出した表現といえる。アメリカ合衆国では先住民社会へのツアーなどを指すことが多く，エコ・ツーリズムと重なることが多い。
- **アグロ・ツーリズム**（イタリア，スペイン，オーストリア）　イタリアでは，農村で農家が取り組む場合をアグロ・ツーリズム，非農家が取り組む場合をルーラル・ツーリズムとして明確に分けている。
- **「農家で休暇を」**（ドイツ，オーストリア，スイス）　ドイツにはグリーン・ツーリズムなどのよび方はなく，農家民宿などでの滞在を「農家で休暇を」と直接的に表現している（図5）。
- **エコ・ツーリズム**（オーストラリア，ニュージーランド）　動植物の生態を直接接触せずに観察するツーリズム。また，先住民社会における歴史や文化遺産を訪ねることも多い。

　ただし，これらの分類はあくまで農業サイドからの分類に限定したものである。観光学的分類はさらに多様である。
　アメリカ合衆国も含めヨーロッパでは，ルーラル・ツーリズムとよんでいる国が多い。ルーラルとは，農業，林業，漁業など第1次産業を生計の中心としている空間を指し，そこにある宿泊施設の運営主体は農家だけではない。たとえば，フランスは約5万軒の民宿（ジット）が農村部に広がる世界最大の「民宿大国」であるが，その7割は非農家による経営である。

壊への反省がある。森林の保全やゆたかな植生の復活，環境保全に役立つ農業がめざされ，そのために農家と集落の存続を図る動きが高まってきた（➡「参考」）。

余暇活動の変化　第2に，国民の余暇活動も変化してきていることである。大規模なリゾートや観光地での，豪華で高額，かつにぎやかで大量消費型の余暇活動への期待が小さくなり，静けさやおだやかさに満ちている農村部での滞在に対する新たな期待が大きくなっている（図6）。

農村の新しい収入源　そして第3に，農業生産の伸び悩みや，農村社会の活力や機能の低下がある。いわゆる後継者不在の農家も拡大している。地域

図6　大規模なリゾート施設（左）と静けさに満ちた農村での滞在（右）

参考　環境の破壊から修復・保全に向かう各国の動き

　イギリスでは，農業の生産性向上をめざした耕地や牧草地の規模拡大のために，数百年の伝統をもつ生け垣（ヘッジロー）が破壊されたが，近年その反省から再生が進んだ。

　フランスでは，飲料水用の水源確保のために，水源地区にある農地の保全を目的として，農業生産所得にかわって環境保全のはたらきに対して直接支払う山岳農民援助プログラムが稼働し

た。また，水質保全のために，大量に投入された農薬や化学肥料の残留成分の分解をうながすための試みもおこなわれている。

　ドイツでは，コンクリートなどを張った人工物的な河川の護岸工事などを取り除いて自然環境を復活させるビオトープづくりがさかんで，これはわが国にも広がっている。

1　グリーン・ツーリズムの特徴とあゆみ

や作目によっては農業所得の低下も大きく，それをカバーする副業収入への期待が，グリーン・ツーリズムの開発と農家の参入をまねいている。

|新たな農の
ビジネスとして| 農家が安定した所得源を確立しようとしておこなう副業の開発を，ドイツでは「農業における第二の軸足」，イギリスでは「コミュニティ・ビジネス❶」とよぶが，いずれもその主軸にグリーン・ツーリズムが据えられている（図7）。

そして，この新たな動きは，収入源の確立という意味に加えて，長期的視点に立った農村景観の保全や，農村女性の自立の促進，農業・農村のもつ多面的機能の開発などへの期待も大きい。これまでは農業生産そのものに対して，「従」の立場にあったグリーン・ツーリズムが，華々しくはないものの，しだいに「主」の立場に立つ可能性をもっているということもできる。

❶地域住民が地元にあるさまざまな地域資源を活用しておこなう，住民主体の企画と運営による地域事業を指す。日本では地域内発型起業とよぶことも多い。

（2）グリーン・ツーリズムの担い手

|主役としての
農村女性| グリーン・ツーリズムの中心的な担い手は，第1次産業に携わる農村の居住者であるが，最近では都市生活者のなかにも参入者がみられるようになっている。わが国でグリーン・ツーリズムの取組

図7　イギリスの農家民宿とグリーン・ツーリズムの舞台

みが始まった1990年代のはじめには、その担い手として、農林水産省などからの補助金を元手に役場や農協（JA）が設置した第三セクター❶が想定されたこともある。ところが、ほぼ10年の取組みを経験したいまでは、グリーン・ツーリズムの主役は農家であり、とくに農村女性であるとの社会的認識が確立してきた（図8）。

農村女性が主役となったグリーン・ツーリズムの発展こそが、**日本的グリーン・ツーリズム**定着への第一歩であるといえる。じっさい、研修会などでも、長年農業や林業などに従事してきた女性、とりわけ専業農家の主婦などのグリーン・ツーリズムに対する関心と意欲は非常に高い。

彼女たちには、①本業から生まれた余力を生かして、たとえばソフトクリームなどや農産加工品の製造・直売などを始めたいというタイプと、②その反対に経営の負債の解消策としてグリーン・ツーリズムへの参入を志向しているタイプとがみられる。

多彩なアイデアと開業目的 新たに参入する女性たちの多くは、ファーム・インをめざしている。その場合、利用の機会の減った農家の蔵や隠居屋、畑の作業小屋などを改造して再利用するケースが増えつつあり、農家がもっている遊休資産ともいえる資源を活用したさまざまな工夫がこらされている❷。

高齢者の増加を視野に入れた会員制の「老人下宿」（図9）を開業したい、農家のもち味を生かし家族で運営する「グループホー

❶国や地方公共団体と民間企業などとの共同出資で設立される事業体。

❷過大な投資によるハード・ツーリズムではなく、自分のもっている資源をできるだけ生かそうというソフト・ツーリズムの方向である。

図8　グリーン・ツーリズムの主役となる農村女性

図9　ゆたかな生活環境を提供する「老人下宿」

ム」の開設にこぎ着けたい，といった希望をもった人もみられる。農村女性による起業という点では共通しているが，めざす方向はそれぞれの人生を反映してきわめてバラエティに富んでいる。

　また，近年，グリーン・ツーリズムへの参入希望者が，非農家のサラリーマンなどに広がっている（→「実践例」）。グリーン・ツーリズム先進地のフランス農村には，脱都会派の人たちが経営するジット（民宿）が多数あるが，日本でも同じ傾向がみられるといえる。

　こうしたなかで注目すべきことは，1990年代中ごろから，グリーン・ツーリズムの宿である農家民宿やファーム・インが，マスコミに登場し始め，また，その担い手である農家の女性が，各地での講演に招かれ始めたことである。当初はふつうの農家の主婦であった人びとが，グリーン・ツーリズムの専門家として，同じ関心をもつ人びとへのよき指導者となっていることがめずらしくはなくなった。

(3) 社会的・経済的な効果

　グリーン・ツーリズムの社会的・経済的な効果としては，次のような点が指摘されている。都市と農村との交流活動を進めてい

図10　九州ツーリズム大学の受講生の発表

表4　グリーン・ツーリズムの効果についてのアンケート結果（平成12年9〜10月調査，市町村数：689，単位：％）

	期待したていど以上に大きい	期待したより小さい	ほとんどない
観光による波及効果	53.6	29.7	16.7
地域特産物の販路拡大	51.4	30.3	18.3
新たな雇用機会の拡大	42.5	24.5	33.3

((財)都市農山漁村交流活性化機構「日本型グリーン・ツーリズム実態調査報告書」平成13年)

> **実践例**　**受講生の幅が広がるツーリズム大学** ▶▶▶▶▶ 【九州ツーリズム大学】
>
> 　熊本県小国町で開校されている九州ツーリズム大学の受講生（図10）は，看護師，保健師，警官，役場職員，元町長など，きわめて多様である。受講の動機としては，定年後の人生設計にグリーン・ツーリズムを据えているケースや，リストラ対策，さらには自分にとってやりがいのある新たな仕事への出発などがある。たとえば，母親が保健師，娘が看護師の親子は，いまは使わなくなった実家のかやぶき民家を活用して，「健康回復民宿」をつくりたい，との夢をもって受講していた。

る全国の689市町村に対しておこなったアンケート調査結果によると，表4のように，グリーン・ツーリズムは「観光による波及効果」や「地域特産物の販路拡大」があったとする回答が半数をこえている。また，「新たな雇用機会の拡大につながった」との回答も4割をこえている。

一方，上記アンケート調査では，地域経済への効果が「期待したより小さい」と「ほとんどない」と回答した市町村が半数近くあり，表5に示すような理由があげられている。経済効果を引き出せない要因としては，グリーン・ツーリズムをイベント型の一過性的な観光開発と同じ視点でとらえたり，他の市町村でやっているからといって同様の催しをおこなったりするなど，安易な推進指導体制が指摘されている。

表5 グリーン・ツーリズムの効果が少なかった理由（平成12年9～10月調査，市町村数：689，単位：％）

回　答　項　目	構成比(%)
①明確な戦略検討（販売対策など）が不十分だった	18.5
②アイデアがマンネリ化して，魅力が乏しかった	10.1
③都市側などのニーズ情報等の把握が不十分だった	6.2
④推進体制整備が不十分だった	21.1
⑤都市生活者を受け入れるソフト面の整備が不十分だった	13.3
⑥受け入れ施設などハード面の整備が不十分だった	13.4
⑦情報発信を担う人材が育成されなかった	11.1
⑧地域活性化への期待が大きすぎた	6.3
合　計	100.0

（表4と同じ資料による）

参考 地域経済にもたらすグリーン・ツーリズム効果

グリーン・ツーリズムが地域経済にもたらす効果の例として，京都府美山町での調査では，人口約5,600人の町にグリーン・ツーリズム産業は約4.4億円の年間売上げをもたらし，地域への波及効果として町民所得へは3.4億円のプラス効果があると推計されている。美山町はかやぶき民家が残っている地域として有名で，都市農村交流に力を入れている（図11）。主要施設として町立の宿泊施設「河鹿荘」をはじめ，観光リンゴ園，かやぶき民宿，かやぶき保存資料館などを整備した美山町自然文化村や，滞在型市民農園などが整備されている。

こうしたグリーン・ツーリズムによってもたらされる付加価値の誘発額は，農業生産の10倍に達すると計算され，121人の就業機会を創出していると推定されている。

図11　美山町のかやぶき集落

第3章
2 グリーン・ツーリズムのおもな取組み

1 グリーン・ツーリズムと農業・農村

農業のとらえ方の広がり

グリーン・ツーリズムの広がりにともない,「稲作や畜産などの生産農業だけが農業である」という視点では農業をとらえきれなくなっている。そして,農業そのものについての考え方が徐々に変化している。つまり,これからの農業は,図1に示したような「農業＋観光」「農業＋保養」「農業＋医療（治療）」「農業＋教育」「農業＋福祉」などの組合せとして発展していく可能性が高まってきているのである。じつに多様な組合せがあり,すべての組合せの中心に農業がおかれているが,このことは農業にはきわめて多様な機能（多面的機能,→ p.103）があることを如実に示している❶。さらにいえば,これからの農業にとっては,農村や農家そのものがすぐれた資源なのである。

❶一般に金額換算される土木的・物理的側面以外にも,小動物のふれあいから生まれる情操教育効果,動物療法や園芸療法などによる障害克服効果など,金額には換算できない精神面への効果はきわめて大きいものがあると考えられる。

グリーン・ツーリズムの主役は農家

グリーン・ツーリズムおよび農業の発展にとって今後のポイントは,このような広がりをもった展開方向に道筋をつけることにある。その場合,最も大事なことは,「運営主体が農家であるこ

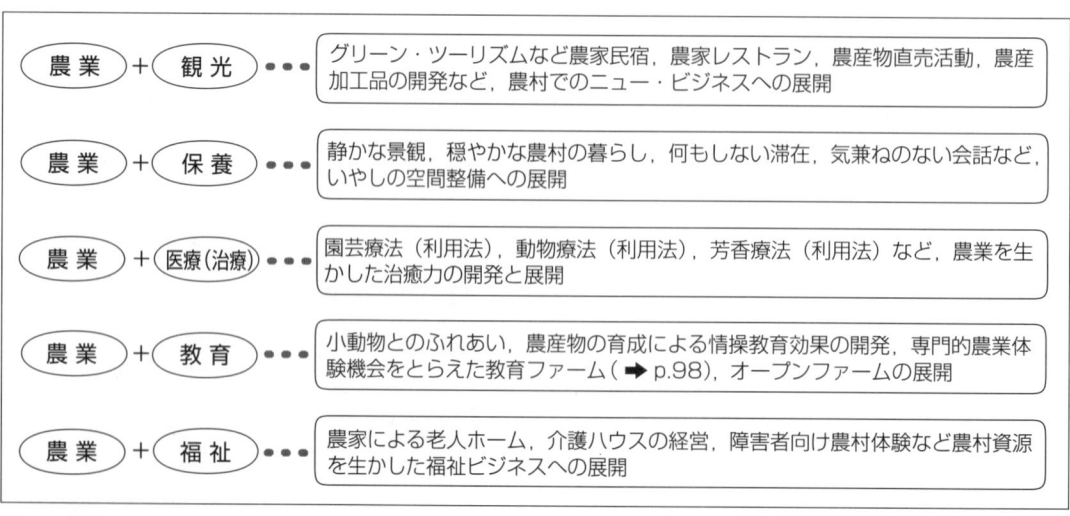

農業 ＋ 観光 ･･･	グリーン・ツーリズムなど農家民宿,農家レストラン,農産物直売活動,農産加工品の開発など,農村でのニュー・ビジネスへの展開
農業 ＋ 保養 ･･･	静かな景観,穏やかな農村の暮らし,何もしない滞在,気兼ねのない会話など,いやしの空間整備への展開
農業 ＋ 医療（治療） ･･･	園芸療法（利用法）,動物療法（利用法）,芳香療法（利用法）など,農業を生かした治癒力の開発と展開
農業 ＋ 教育 ･･･	小動物とのふれあい,農産物の育成による情操教育効果の開発,専門的農業体験機会をとらえた教育ファーム（→ p.98）,オープンファームの展開
農業 ＋ 福祉 ･･･	農家による老人ホーム,介護ハウスの経営,障害者向け農村体験など農村資源を生かした福祉ビジネスへの展開

図1 農業のとらえ方の広がりと今後の展開方向

とを正面から自信をもってアピールすること」である（図2）。

ともすれば，農村に住む人は都会に対するコンプレックスがあり，地元の生活や資源を軽んじる傾向にある。しかし，はじめて訪れた都会の人が，地域の食文化に素朴な驚きをみせたり，はじめてふれた土のにおいや収穫した野菜の新鮮さに感動したりすることが，あらためてそこに住む人びとに，新たな自信や誇りを植えつけるのも事実である。グリーン・ツーリズムの取組みにあたって，なによりも貴重なのは，「主役は農家である」ことへの自信をもって取組みを進めることである。

2 グリーン・ツーリズムの取組みとその特徴

農業体験の新たな展開

農業体験といえばかつては田植え，稲刈りなどが中心で，「田植えははだしではいるのがいい」「つらい農作業でもがまんすることも勉強」といった，勤労体験的な性格が強かった。しかし，最近では，それらとはイメージの異なるハーブ栽培，ハムやチーズづくり，さらにはパンやアイスクリームづくりなど，体験そのものが楽しい農業体験がしだいに多くなりつつある（図3, 4）。

また，修学旅行生の農業・農村体験旅行などで，農作業以上に感動的な体験となっているのは，受入れ先農家との人間的な交流

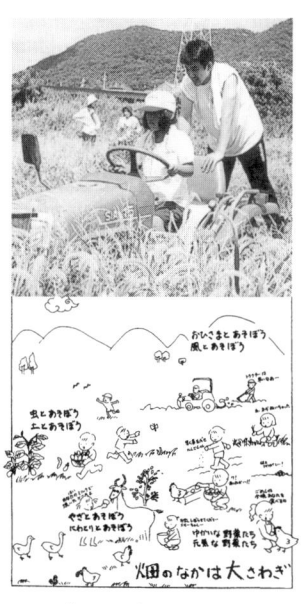

図2　農をアピールする取組み

実践例　地域をあげて取り組む「グリーン・ツーリズムの町」▶▶【大分県安心院町】

グリーン・ツーリズムは，その事業の推進者が農林水産省から国土交通省，経済産業省など，他省庁にまで広がりつつある。一方，地域社会においては地元の行政や農協に加えて地元商工会などの参加やそれらと連携した取組みもみられるようになっている。

わが国ではじめて「グリーン・ツーリズムの町」を宣言した大分県の安心院町（現宇佐市）では，はやくから地域をあげてグリーン・ツーリズムに取り組み，1996年には「安心院町グリーン・ツーリズム研究会」（➡ p.11 図10）がつくられ，2001年には役場のなかに「商工観交課グリーン・ツーリズム推進係」が設置された。

現在では，14軒の農家が古くからの隠居部屋などを活用して通年の農家民宿（農泊）を開業している。旅館組合などとの連携も進んでおり，旅館対農家民宿という対立関係ではなく，利用客の住み分けを想定した協力関係が生まれている。

である。共に農作業をするなかで心がうちとけ，都市と農村それぞれの暮らしについての会話が弾むようになっている。

　フランスには農業体験の受入れを農家がビジネスとしておこなう，オープン・ファームや教育ファームが数多く存在する❶。わが国では農業体験の受入れは，ボランティア的感覚でおこなわれることが少なくないが，今後は経営の一部門として位置づけていくことが期待される。

　そして，農業や農村，そして農家のもつさまざまな機能を活用した体験，たとえば，動物や植物とのふれあいがもたらす動物療法（アニマル・セラピー）や園芸療法（→ p.150 図4），芳香療法（アロマ・セラピー）などへの発展も予想される。

農家民宿（ファーム・イン）

わが国では 1960 年代後期に，スキー場や海水浴場のさかんな開発にともなって農家民宿が数多く誕生した。その後 50 年をへて，ファーム・イン❷に代表されるような新しいスタイルの民宿が開発された（図5，6）。わが国に誕生した民宿の多くは旅館をモデルとして誕生したが，ファーム・インはヨーロッパの農家民宿からの影響が大きい。

　民宿の食事は夕食と朝食の2食付きが多かったが，ファーム・インでは朝食だけのサービスに限定したB＆B（→ p.124）や，客室内に自炊設備を設置した自炊方式が定着しつつある。

　そして，ファーム・インにおいては，豪華な食事にこだわらな

❶フランスの学校教育では，農業さらには自然や環境問題に親しませるために，農場を訪ねて学ぶ授業がおこなわれている。児童を受け入れて授業のできる農場が教育ファーム（ferme pedagogique）である。フランス全土におよそ 1,000 か所以上あり，年間の利用児童数も 600 万人といわれる。

❷北海道の各地にはファーム・インと名付けた宿泊施設があり，ファーム・イン研究会が熱心な活動をしている。また，千葉県三芳町では農業法人経営のファーム・インが開業している。

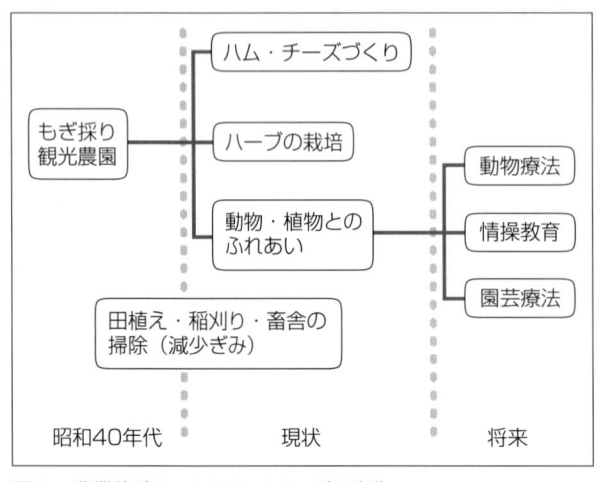

図3　農業体験についてのイメージの変化

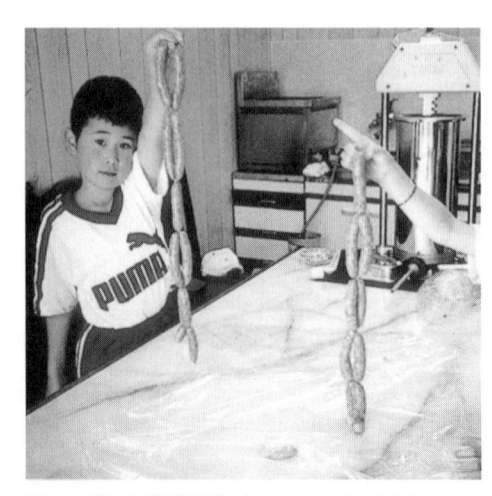

図4　新しい農業体験（ソーセージづくり）

い，宴会客や団体客は対象にしない，一過性の客よりもリピーターの確保を念頭におく，小動物とのふれあいを1つのセールスポイントとする，など従来の民宿にはなかった発想を大切にした経営が進められるようになっている。

5　これからの農村での宿泊施設の経営にとって大切な点は，①過大な投資をしないこと，②過重労働におちいらないこと，である。施設はすでにある建物の部分的な増改築ていどからスタートし，軌道にのったら，改めて規模拡大を検討することが望ましい。また，お客のもてなしで忙しくて，家族の健康が損なわれるといっ
10　た事態も避けなければならない。たとえば，団体客を泊めて夕食を提供し，宴会の終わったあとに，翌日の朝食を準備するとなると，どうしても多大な労力が必要となる。B＆Bや自炊式のファーム・インは，過大投資と過重労働の2点を極力避けるスタイルの

表1　ファーム・インの構成要素と留意点

- 経営主体は新規参入者を含む農林漁家
  （新規参入者とは，都会を離れて農村などに移り住む人びとを指す）

- 基本的には，農家の副業から始める。過度な投資は避ける
  労働力は家族労働力とし，運営の主体は主婦が中心となるが，家族の協力は欠かせない

- 施設規模は，基本的には簡易宿所の規模からスタートする
  客用の居室は個室を原則として室数は4室内外
  食事サービスは朝食のみを基本とする。できれば，室内にミニキッチンを備える。宿泊料金は低料金とする。各々で見合った料金を決める

- 宿泊客と農作業や小動物とのふれあいがあること。いわゆる情操教育のできる民宿を特徴とする
  子ども連れの客が気がねなく泊まれること。つまり，客は家族客を原則とする。団体客は基本的に受け入れない

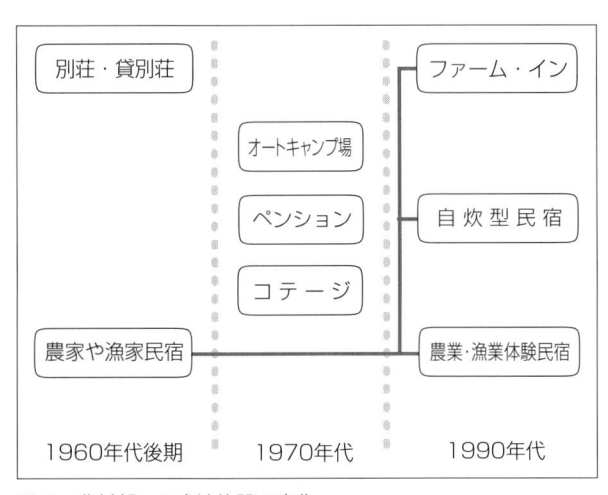

図5　農村部での宿泊施設の変化

図6　ファーム・インとそこでの朝食の例

民宿でもあるといえる（表1）。

農家レストラン

グリーン・ツーリズムのなかで、農家レストランは農家の有望な副業の1つとして位置づけられる。先行国であるフランスには500か所近い農家レストランがあるといわれ、国民生活のなかにも定着している。日本では1990年代の終わりころから、農家レストランの取組みが活発化した（図7）。

農村には、ドライブイン、郷土料理店、「道の駅」（→p.176）など、その土地の料理を提供するさまざまな食堂やレストランがある（図8, 9）。そうしたなかにあって、農家が運営しているレストランであるとアピールできるセールスポイントの例を図8に示す。

近年、都市生活者のあいだで、農村生活への関心や地域の食文化への期待が高くなっている。農家レストランへの関心の高まりは、そうした動きに沿っていることはいうまでもない。したがって、経営者である農家は、新鮮・安全で季節感があることに加えて、地域の食文化のゆたかさが反映され、こまかな心づかいが込められた手づくりの食事やサービスを提供していくことによって、新たなビジネスに結びつけることができる。

そのさいに、注目すべき点は、農村女性がレストラン経営というサービス業の前面に躍り出て主役となっていることである。まさに、農家の運営でないとできないような食事やサービスを提供

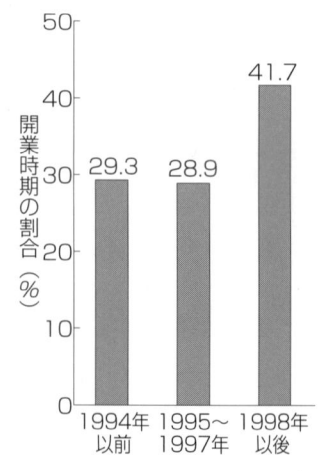

図7 農家レストラン開業時期
（単位：％）
（(財)21世紀村づくり塾「農家レストランに関するアンケート調査報告」2001年）
注 全国の農家レストラン462か所に郵送したもの、回収数は235。

（棒グラフ：1994年以前 29.3、1995～1997年 28.9、1998年以後 41.7）

実践例　農家の主婦が自ら楽しむ民宿を開業 ▶▶▶▶▶【山村体験館たかやす】

南アルプスの赤石岳のふもと、長野県大鹿村に、農家の主婦、伊東和美さんの経営する農家民宿「山村体験館たかやす」がある。納屋を改造した定員10人の宿泊施設に、日帰りを含めて年間1,000人近い来客がある。

来訪者は夏にはすぐ下の川をせき止めて泳ぎ、秋には地元の老人の案内で山でのキノコ採りなどを楽しむ。宿泊代は1泊2食付き5,000円と安く設定しているが、米、野菜など食材のほとんどは家の田畑でとれるものを使うので、経費もそれほどかからない。それに、農作業が忙しいときは自炊してもらうというように、客の協力も得て農業と民宿と生活が無理なく続けられるように工夫している。

伊東さん自身が民宿経営を楽しむことが目的だから、それをはずれるような過大な経費をかけた運営をしない、という自在な発想だ。
（日本経済新聞・平成7年5月1日）

し，地域社会の知名度まであげているケースも少なくない❶。

農産物の加工と販売

グリーン・ツーリズムの一環として，農産物の加工と販売も重要なものである。つけものやみそなどの加工品は，農家にとっては自家農産物を生かす技術とわが家の味覚を伝えていく大切なものである。一方，消費者にとっても，手づくり食品のよさを味わうことができるとともに，生産者への信頼感をもって食品を購入できる安心感がある。

この取組みは，近年増加のいちじるしい農産物直売所（→ p.189）の開設と，地域の特性を生かす活動として活発になってきたが，今後はつけものなどの伝統的な加工品あるいは一次加工品的な段階から，新しい加工品の開発，調理の工夫などへの発展が期待されている（図10，→ p.50）。

景観・環境の整備

農村の景観や環境は，山並みやうっそうとした森林，そこのみずみずしい緑などといった自然景観だけではない。景観は，その地域の人びとがはぐくんできた暮らしの知恵を今日に伝える文化的環境でもある。グリーン・ツーリズムにおいて，自然環境や文化的環境がその土地固有の地域資源としてさまざまなかたちで活用されることが多い。

近年各地で整備が進められている**エコ・ミュージアム**❷もその1つである。エコ・ミュージアムは，地球まるごとを博物館とみなして，一定の地域の多様な自然環境と地域の営みから生まれた生

❶家族内でも地域社会のなかでも裏方的な存在であった農村女性が，農家レストラン経営を契機に自分の生き方に新たな世界を切り開いていることに価値があるといえる。

❷エコロジー（ecology）とミュージアム（museum）を結合させた造語で，「生活環境博物館」「村まるごと生活博物館」「生きた博物館」などともいわれる。ヨーロッパで提唱された新しい博物館の考え方で，現在，スウェーデン，フランス，イギリスなどにおいて普遍的にみることができる。日本では，山形県朝日町，熊本県水俣市（→ p.8）などでの取組みが知られている。

図10 新たな加工・調理に取り組む女性グループ

図8 農家レストランのおもなタイプとそのセールスポイント
- ハーブやブルーベリーなど専門的なセールスポイントをもつ
- 地元の郷土料理などを中心とした小規模食堂的なセールスポイントをもつ
- 道の駅などに組み込まれており，ファミリーレストラン的なセールスポイントをもつ
- 農産物直売所と併設し，素朴な味を売りものとする

図9 農家レストランの例

活・文化・産業などを発掘・再発見し，現地で保存・育成・展示することをとおして，地域の持続的な発展に寄与しようとするものである。つまり，地域固有の魅力を歴史的かつ総合的に掘り起こし，それを地域づくりやグリーン・ツーリズムに生かしていくための装置やしくみということができる。その取組みは，住民と行政が協働して，住民参加（➡ p.110）によって進められることが多い。

展示施設には，地域の中心に地域の伝統技術を形成したさまざまな文物を展示するセンター（コアとよぶ）をおき，その周辺に，伝統技術を用いたものづくりや製品の販売などをおこなう施設（サテライトとよぶ）を配置するものが多い。

地域経営型グリーン・ツーリズム

わが国では，グリーン・ツーリズムといえば農家民宿のことと考えるとらえ方が広まっているが，これでは一面しかみていないことになる。ヨーロッパ諸国では，農家民宿，農家レストラン，農家によるバカンス施設の運営，農産物の加工と販売の4つの要素が，1つの地域で密接な連携をもって展開されていることが少

実践例　歴史的景観であるかやぶき民家集落の復元 ▶▶▶▶▶ 【秋田県峰浜村】

秋田県峰浜村手這坂集落では，無人となった4軒のかやぶき民家の復元がおこなわれている。同県には約500軒のかやぶき民家があるが，年々減少しており，4軒がまとまって集落を形成している例はごく少なくなった。

江戸時代には100本の桃の花が咲く桃源郷とよばれたこの集落でもかやぶき民家は廃墟と化していたが，地元住民や学生などのボランティアによって，かやぶき屋根の修復，庭や周辺の草刈り，桃の植樹，水路の復元などがおこなわれ，今日では，生きた庶民の生活空間を知ることのできる歴史遺産として，貴重な地域資源となっている（図11）。

かやぶき民家集落の保全や維持管理には費用がかかるが，それに参加したボランティアには地域通貨であるエコマネー「桃源」が支給され，これを使って夏の夜などにかやぶき民家に宿泊できる，といったユニークな取組みもおこなわれている。

図11　秋田県峰浜村手這坂・4軒のかやぶき民家が残る

なくない（図12）。

　たとえば，農家民宿に滞在した訪問客に対して，その人が自炊をする場合には地区内にある農産物加工品の直売農家を紹介して，そこで食料品を調達するよう案内し，食事をする場合には民宿の経営者が近所の農家レストランを紹介するなどの連携である。これは，地域全体の経営成果を高めていく「地域経営」が現実化されているということができる❶。

3　わが国のグリーン・ツーリズムの課題

　以上のようなグリーン・ツーリズムの発展にとって，わが国ではまだ表2に示すような多くの課題がある。

　①理解と支援　農村社会では，まだグリーン・ツーリズムの実施に対して社会的な同意を得にくいことである。とくに，農村女性が新たなビジネス（女性起業）に取り組もうとすれば，まず家族内での同意と支援が必要であり，地域社会での理解が欠かせな

❶こうした取組みは，農家相互の関係からみると，自分でできない農産物加工品が必要な農家民宿は，顔なじみの専門的な加工農家から購入でき，農家レストランも同様に食材の調達が可能となる。この点もすぐれた地域経営である。

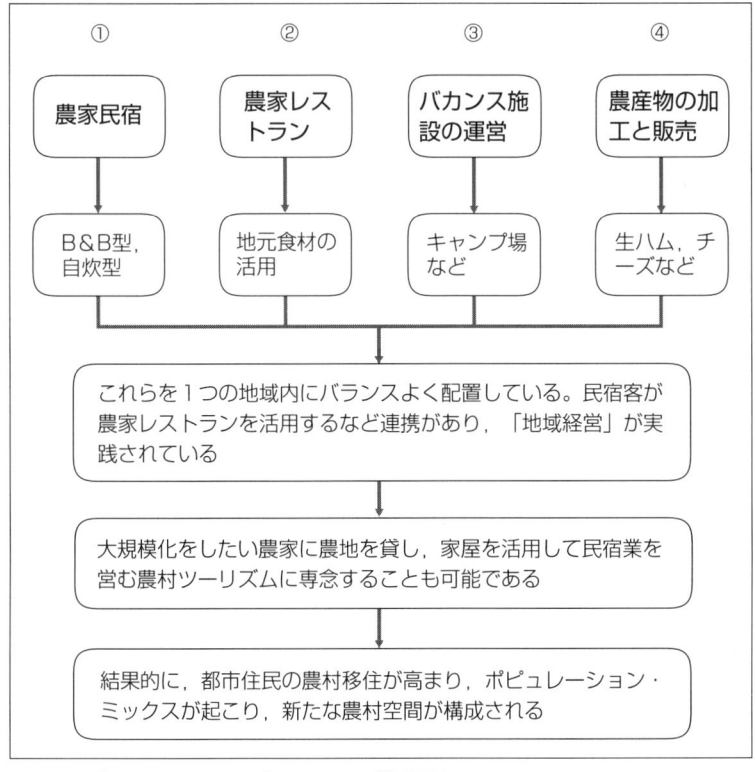

図12　グリーン・ツーリズムの４つの構成要素

表2　わが国でグリーン・ツーリズムを進める場合の障害

1. 女性起業を拒む地域社会における保守性（夫の無理解，舅 姑 の不理解）
2. 地元の事情に熟知したグリーン・ツーリズム推進専門家の不在
3. 団体客依存，観光地依存，豪華料理依存，農業体験依存，地域振興依存の5つの幻想
4. 農家民宿，農家レストランなどグリーン・ツーリズム・ビジネス立ち上げ時の直接補助制度の未整備
5. 開業時における旅館業法，建築基準法，消防法，食品衛生法など関連法制度および許可条件の厳しさ

い。まずは、家族の理解と支援を得ることが大切である。

　②指導の態勢　グリーン・ツーリズム推進についての専門的指導者が育っていない点である❶。国や都道府県の支援によって、グリーン・ツーリズムを含む農村起業家を育てるための専門指導職の育成が望まれる❷。

　③サービスの考え方　新たに参入を希望する農家の側に、「サービス」や「もてなし」についての理解不足があることである。たとえば、「豪華な料理を出さないといけない」「農業体験を実施しなければならない」など、さまざまな幻想がある。

　しかし、自家菜園からとってきた新鮮な食材での料理こそなによりのごちそうだし、多くの訪問客の心に印象強く刻み込まれるのは、その土地で生き続けてきた農家との直接的な交流である。その意味では一過性の農業体験ではなく、農村の暮らしの体験こそが求められている（図13、➡ p.131）。

　④補助制度の充実　農家が農家民宿や農家レストランといった新たなグリーン・ツーリズムビジネスを立ち上げるときに、個別農家へ支給される直接補助制度が、一部の町村を除いて整備されていない点である❸。

　⑤法的規制の緩和　民宿開業時における旅館業法、建築基準法、食品衛生法、消防法などのさまざまな法制度が厳しく、農家などの参入意欲がそがれる場面があることである。このような法制度は徐々にではあるが、グリーン・ツーリズムに取り組みやすい方向に規制が緩和されてきている（➡ p.142）。

❶グリーン・ツーリズムインストラクター（➡ p.15）などが養成されているものの、多くが行政担当者やJA関係者の受講にとどまっており、兼務の域を脱していない。

❷ドイツでは、各地の農業事務所に勤務する改良普及員が、開業時から経営管理にいたるまで具体的な個別事情に応じた相談をおこなっている。普及員の手もとには、地域での民宿建築費用に関する資材の価格表から、もてなしのノウハウまでそろったマニュアルが用意され、適切な指導がおこなわれている。

❸ドイツでは、州政府あるいは連邦政府から民宿改造資金が援助されている。この制度の背景には、農家が新たな起業をすることで厳しい農業環境のなかで農家の存続が可能となり、ひいては農村の存続が可能となるという発想がある。

図13　農村の暮らしの体験（かやぶき屋根のふきかえ）

第3章

3 グリーン・ツーリズムの企画と運営

　ここではファーム・インを含めた農家民宿を例に，グリーン・ツーリズムに取り組むさいに検討すべきポイントをみていこう。

1　計画と開業準備

開業の目的を明確に

　まず考えなければならないことは，なんのために農家民宿の経営に乗り出すのか，という点である。これまでの開業者に多いのは，次のような理由や目的からである（図1）。

　①農家所得の落ち込みを防ぐための副収入源の確保が目的で，ヨーロッパでの取組みにはこの理由が最も多い。外へ働きに出ないで家にいてできるというメリットへの関心も大きい。

　②新たなコミュニケーションを求めたいという場合で，農業収入の向上よりも，友人・知人の輪が広がることが楽しみとなる（図2）。

　③農家の女性が食べものの生産者であるという条件を生かして，サービス業という新たな舞台を自分自身で用意したいという場合で，自分が主役であるとの考えをもって積極的な取組みを始める

図1　農家民宿などに取り組むおもな理由

一般的な取組み理由:
- 農業や林業，漁業での収入が頭打ちになっているので，補完的な収入のチャンスを広げたい
- 地域の人びとだけではなく，都会や遠方に住む未知の人びとと交流し，新しい人間的なつきあいの輪を広げ，自分の視野を広げたい
- 自家生産の新鮮で安全な野菜や果物を素材とした手づくり料理などを提供してみたい
- 自分の家の農業や漁業などを継承してくれる後継者のために，新しいビジネスの舞台をつくっておきたい

図2　農家民宿とそこでの多様な取組みと交流

ことになる。

④中高年世代では，次世代のためのビジネスづくりを目的とすることもある。

まず検討すべきこと

農家民宿の開業の理由や目的が明確になったら，次にそれにかなった経営形態や施設を検討していく。その流れは図3のとおりである。これら①〜⑪を検討するさいに考慮しておきたいことは，1つは民宿経営の主体は主婦が中心となるが，家族の協力が不可

〈手順〉	〈おもな検討事項〉	
①民宿のタイプの検討	・1泊2食つきの従来型 ・B&B（ベッドと朝食）のヨーロッパ型 ・ロッジ形式やコテージ型	・レストランの併設型 ・その他
②営業期間の検討	・通年営業型	・季節営業型
③資金面・採算面の検討	・手持ち資金 ・借入資金	・補助金など
④労働力の検討	・家族労働力	・雇用労働力（通年雇用，季節雇用）
⑤施設建設内容の検討	・新築 ・増築（離れや空き室などを活用する）	・改築（納屋や作業所など活用する）
⑥室内様式の検討	・和風型（畳，布団使用）	・洋風型（ベッド使用）
⑦部屋数の検討	・4室までの簡易宿所型 　（旅館業法による区分）	・5室以上の旅館型
⑧建物様式の検討	・母屋と離れた完全独立型	・家人と客室が同じ建物の同一家屋内型
⑨サニタリー施設の検討	・トイレ，風呂など共同使用型	・トイレ，風呂など個室内設置型
⑩対象客層の検討	・個人・家族中心型	・団体客中心型
⑪活用できる地域資源の検討	・子どもが遊べる空間 ・農業体験ができる空間の整備	・ふれあいができる小動物の飼育

図3　農家民宿の開業にあたっての検討事項

欠だということである。男性が茶わん洗いや部屋掃除などを分担することが必要になることもある。また，経営全体の収支計画のなかで民宿収入のめやすを立てることが大事であるが，その場合，収入を最初から過大に見込まない慎重さも必要である❶。

　次に，民宿のタイプや営業期間の決定にあたっては，毎日の労働時間の配分がどうなるか，雇用が必要かなど，労働力の問題とあわせて検討することが大切である。

　資金計画にあたっては，はじめから多額の借入をしないですむ方法を採用することが重要である。

　宿泊施設は，家族の住まいとは別棟の隠居部屋や納屋などを改築するなどして活用することが望ましい（図4）。同じ棟での営業の場合には，少数の家族客の受入れが適している。

　地元にあるさまざまな地域資源を見なおし，とくに子ども連れの客に対して，自然のなかで安全に遊べる場所や，農家が飼っている小動物とのふれあいの場を用意したい。

❶宿泊料金は，素泊り 2,000〜4,000 円，1 泊 2 食付 5,000〜8,000 円ていどのものが多い。ほかに農業体験などは，別料金としているところもある。

農家民宿開業の法的手続き

農家などが民宿を開業する場合には，次のような法的手続きが必要である。

①どのような場所に民宿を開設するか—用地の取得・確保に関する法令

②どのような宿泊施設とするか—建築確認申請などに関する法令

③どのようなサービスを提供するか—宿泊と飲食に関する法令

④アイスクリームなど手づくり食品を提供するか—食品衛生や製

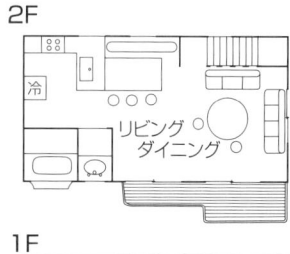

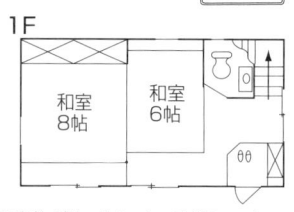

２家族がゆったり，くつろぎのスペース

図4　農家民宿の宿泊施設の例（上は別棟に改築した施設の間取りの例）

3　グリーン・ツーリズムの企画と運営

造に関する法令
⑤盗難やけがなどにどう対処するか—損害保険などに関する法令
⑥その他の関連法令としては，税法などがある。

農家民宿の建設規模が床面積が 100m² をこえる場合には，工事着工前に，確認申請書を提出し，建築主事の確認を受ける必要がある❶。

床面積が 100m² をこえない場合には建築確認は不要となるが，その場合でも，都道府県によっては「建築基準法例（ホテル・旅館チェックリスト）」に適合していることが求められる。

料金を取って宿泊・食事の提供をおこなう場合には旅館業法が，加工食品の販売，乳製品，食肉製品などの製造については食品衛生法による製造業許可，酪農および肉用牛生産振興に関する法律による協議，承認が必要となる❷。

❶住宅の一部を民宿に改造したり，敷地内に別棟の民宿を建築する場合も同様である。旅館業法では宿泊部屋数により旅館と簡易宿所の区分があるが，建築基準法では簡易宿所は旅館とみなされる。

❷ドイツやフランスでは，農家が民宿経営などに参入する場合，客用部屋数・ベッド数が一定数（5部屋とか6部屋）未満であれば，農業の延長上にある農家の副業として認められ，宿泊施設としての規制を受けないために，だれでも民宿を始められる。また，増改築などの場合に補助金が受けられる。職業税支払いにおける免税などもおこなわれている。

２ 利用客の受入れともてなし

農家ならではのサービス

農家民宿でのもてなしには，客室の快適性を確保するなど設備面での工夫と，滞在客の接客にともなう応対面でのサービスがある。とくに，後者は，滞在客が期待し，その宿の評価が決まるところでもある。

農家が民宿を開業するときに，不安を感じることの1つがもてなしの方法である。どのような態度でお客と接したらいいのか，あいさつはどうしたらいいのかなど，戸惑いながらのスタートと

参考　農家民宿に関する法制度の規制緩和の動き

農家民宿の開業にかかわる法制度は徐々にではあるが規制緩和に向かって動き出している。

2002年3月末に，大分県は安心院町での取組み（→ p.131）を参考にして旅館業法に定める簡易宿所の概念を見なおし，隠居部屋などを使った農家民宿の場合には，消防器具の設置や水質検査を受けることを義務づけるのみで，トイレや風呂，台所などの改善を不要とする規制緩和をおこなった。食事についても従来は客用台所が別途必要であったが，家人と一緒に食事をつくる場合には滞在客専用の台所はいらないとの判断も示している（→ p.206 付録2）。

この規制緩和については，全国のグリーン・ツーリズム関係者から歓迎されている。

なることが多い。

　しかし，グリーン・ツーリズムの宿であれば，一般的にサービス業で使われるあいさつは不要であるといってもいい。むしろ，近所の人を迎える気持ちでのあいさつこそ，農家のもち味となる。あえて標準語でなく，その土地の言葉こそ，農村滞在をより実感させる貴重な資源なのである。

　さらに，農村こそじつに多様なもてなしができる空間である，との自覚をもつこともきわめて重要な点である。

快適な設備　快適な滞在をしてもらうための設備面での基本は3つある。第1に客室，トイレ，洗面所などの清潔さが欠かせない。布団やシーツ，タオルセットなどの清潔さも当然である（図5）。

　第2には，滞在客に「歓迎されている」との実感をもってもらうことである。それにはことさら気をつかったサービスではなく，室内にいきいきとした一輪ざしを飾っておくというように，歓迎の気持ちをわが家にあるもので具体的なかたちで示すことである。

　第3は，滞在客が安心感をもって過ごせるための，客室の個室化や頑丈なかぎの設置などである❶。

接客の仕方　接客や応接面で第1に心がけておくべき点は，「ふだん着でのもてなし」をすること

❶日本家屋はこの面ではホテルなどに比べると不十分であるが，プライバシーが確保できない滞在は最も嫌われる。

図5　農家民宿における設備の例（左：清潔なリビングと寝室，右：いろりのある部屋，上：まきストーブと一輪ざし）

である。経営主と滞在客というちがいが強調されると，双方とも疲労する。それを避けるためには，農家民宿を経営する側が，ふだんどおりの生活を維持し続けることが大切である❶。

第2には，滞在客の人となりを知ることである。食事の前などに，食事の希望や滞在目的，滞在中に取り組んでみたい活動などをざっくばらんに聞いて把握しておく。滞在目的がわかることで，その人にあわせた応対は格段に容易になり，かつ喜ばれる。

第3には，滞在客に農村の暮らし（「田舎暮らし」）を体験してもらうことである。たとえば，夕食の材料のナメコを一緒に採りに行ったり，お客に好きな野菜を選んでもらったり，一緒に農産加工に取り組んだりするのは，「グリーン・ツーリズムの宿」ならではのもてなしとなる（図6）。地元ならではの料理や加工品づくりに参加し，これを楽しめる喜びは大きいものがある。

一方，もてなしで避けなければならないこともある。最も注意すべき点は，経営者が連日滞在客と一緒に宴会を楽しんではならない。また，あまりに丁重にお客様扱いすることも避けたい。「遠い親戚を迎える気分での応対」こそ，グリーン・ツーリズムにふさわしい（図7）。

❶この原則を変えると，専門的な宿泊業と同じになり，時間に追われるサービスとなりがちで，お客に大きな不満が残ってしまう。

図6 「田舎暮らし」の体験の例

図7 農家ならではのもてなしの例

3　社会的条件の整備

求められる経営環境づくり

　1990年代に始まったわが国のグリーン・ツーリズムは、やっと各地で取組みが本格化している段階であり、まだ訪問客を受け入れる農村の側においても、利用者である都市の側においても、グリーン・ツーリズムの存在や意義について十分に認知されているとはいえない。このような段階では、図8にあげたようなさまざまな支援策が求められる。

　第1には農家・農村のグリーン・ツーリズムへの取組みに対する支援哲学の構築である。グリーン・ツーリズムの先行国であるドイツ（図9）やフランスでは、「農家の副業であるかぎり」という基本的前提のもとに、さまざまな支援制度がある❶（→ p.138）。これは、グリーン・ツーリズムが農家の所得確保という意味にとどまらず、「農業・農村は万民のために」という理念のもとに、過疎化や高齢化対策の役割へ高い評価がされているからである。

　わが国でも、そのような社会的意義について評価し、グリーン・ツーリズムに一般農家がより参入しやすい体制をつくる必要がある。

　第2は、補助制度・融資制度の充実である❷。とくに、農家が個人でおこなう民宿向けの住宅改善費用などの一部を公的制度資金が補助する、といった直接的な支援策が望まれる。

❶山岳地域などの条件不利地域の農家や林家に対しては、支援のいっそうの上乗せがなされている。

❷農水省関係の制度融資面においては、農業近代化資金、中山間地域活性化資金、振興山村・過疎地域経営改善資金、農業基盤整備資金や、農業改良資金のうち農家生活改善資金などがある。農水省以外では中小企業振興資金、環境衛生金融公庫資金などがある。

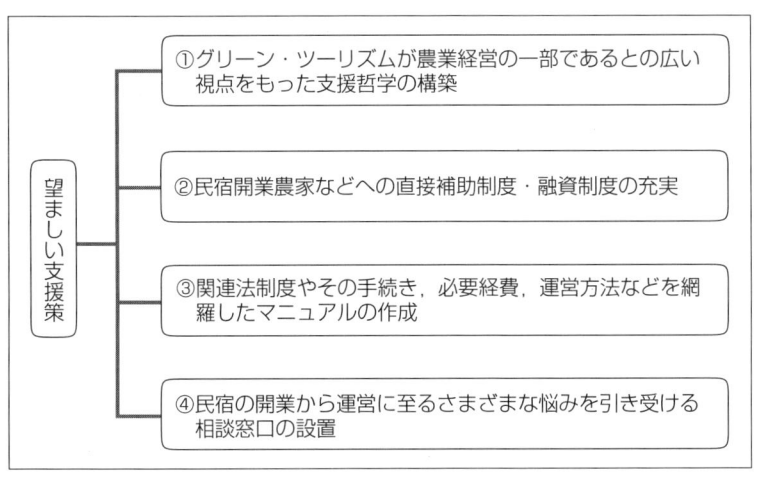

望ましい支援策
- ①グリーン・ツーリズムが農業経営の一部であるとの広い視点をもった支援哲学の構築
- ②民宿開業農家などへの直接補助制度・融資制度の充実
- ③関連法制度やその手続き、必要経費、運営方法などを網羅したマニュアルの作成
- ④民宿の開業から運営に至るさまざまな悩みを引き受ける相談窓口の設置

図8　グリーン・ツーリズムの望ましい支援策

図9　窓辺を花で飾ったドイツの農家民宿

3　グリーン・ツーリズムの企画と運営　**145**

第3はグリーン・ツーリズムに取り組むにあたって必要な法的手続きや経営，運営の方法などの実践的なマニュアルの開発である。さらにサービス業の経営者となるための知識・技術の訓練システムの開発も必要となる。

第4には，宿泊施設などの経営にあたっての長期的な見通しや経営分析などについて相談を受け，専門的なアドバイスができる機関の育成があげられる❶。

情報交流のネットワーク

わが国でのグリーン・ツーリズムを着実に進めるためには，グリーン・ツーリズムに関心をもつ人びとが情報や研究・実践の成果を受信・発信し交流するネットワーク❷をつくっていくことが望まれる。とくに，全国各地で農家などの草の根的な活動としてグリーン・ツーリズムへの取組みが始まり，発展を遂げようとしている状況では，その必要性が非常に高いといえる。

とくに，農家民宿や農家レストランなどを経営する実務家のあいだでは，効率的な施設づくりなどについての情報や消費者ニーズについての意見の交換がなされる場として，インターネットを活用したネットワークが大きな役割を果たす（図10）。

一方，行政においては，グリーン・ツーリズム推進の主導的位置にある農水省をはじめとして，余暇時間の拡大にともない厚生労働省の関わりも大きくなり，農家民宿などの規制問題については厚生労働省や国土交通省などとの総合的な検討も必要となる。グリーン・ツーリズムの条件整備は，国土保全や景観づくりに関わるため国土交通省との検討も重要である。このため，関係省庁が連携を密にするためのネットワークも必要になる。

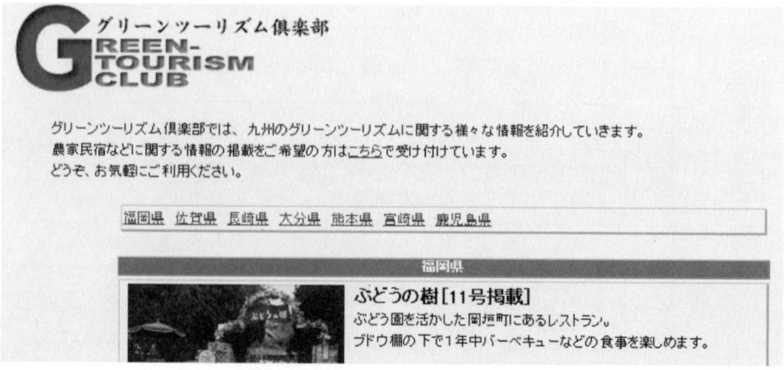

❶たとえば，農家民宿が3,000軒をこえているドイツのバーデン・ビュルテンベルグ州では，わが国の農業改良普及センターにあたる農業事務所の50の地方事務所がその相談窓口となり，職員が投資段階から相談・指導をおこなっている。

❷グリーン・ツーリズムネットワークは，研究者などの専門家集団，自治体や農協，地域づくりに取り組む経済団体，そして農家などが幅広く参加するものとなろう。

図10 インターネットによるグリーン・ツーリズムのネットワークの例

第3章

4 グリーン・ツーリズムと農業・農村生活の向上

1 農村起業・女性起業による農村生活の振興

カントリー・ビジネスの起業

現代では，都市を離れて農村部へ移住する人びとや，いずれは出身地に戻りたいとの希望をもつ都市住民が少なくはない。そのような人びとと従来の地域住民が混住し共生する社会が，今後の農村社会のあり方の1つであろう。

そこで必要となるのが，人びとの農業・農村志向に応える新しいカントリー・ビジネスの開発である。近年では，「農村起業」「女性起業」への気運が高まっており，今後の農村社会では最も期待がもてる分野である（図1）。表1に，グリーン・ツーリズムによって農家が自立していくための基本的な視点を整理した。

表1　グリーン・ツーリズムによる農家自立のための基本的視点

①農村住民の定住への一助としての位置づけを明らかにすること
②在来の住民のみならず，新規参入者にも門戸を開いておくこと
③農家の副業収入となり，いずれは農業・農村から生ずる資源を活用した多角的経営への足がかりとなること
④農家の人びとが外部からの刺激を得て，明るい農村が生まれること
⑤（滞在施設などの）経営から得た収入は，できるだけ農村女性の所得とし，世帯主収入以外の財布をつくること
⑥農業とツーリズムの接点を育成するために，農産加工品などの副産物を生み出すこと

（(社)農村生活総合研究センター「日本型ファーム・インの展開に向けて」1993年より）

図1　女性起業による「農家のレストラン」と農家民宿

多彩な資源活用による経営の多角化

グリーン・ツーリズムを取り入れた経営の組合せについては，すでに2節図1（→p.130）でそのおもな分野を示した。ここでは，表2のドイツの例から副業開発を中心とした農家の経営の多角化について考えてみよう。いずれも農家による起業の事例であ

表2　ドイツにおける農家による経営多角化の事例

多角化の分野	事業内容
1．ポップコーンの加工生産と販売（バイエルン州）	トウモロコシから天然の調味料などを用いてポップコーンを生産。「田舎屋敷」をスローガンに農産物直売を展開
2．農業における介護ハウスと短期介護（ノルトライン・ヴェストファーレン州）	1988年から高齢者を受け入れ。1993年に高齢者用施設認定を申請（継続中）。客室は10室
3．農場店による直販，休暇用住宅の提供と農場喫茶店（ノルトライン・ヴェストファーレン州）	自家製パン，卵，はちみつ，くん製ソーセージ，薬草入りリキュールを製造。自転車ハイキング道路沿いに伝統的農家住宅を改造した農場喫茶店を開店し，ここで販売
4．農産物の直売と観光農場店の経営―芸術とワイン販売のための「文化納屋」（バイエルン州）	畜産経営を縮小し，空き家をワイン醸造所に改築し，ワインを販売。納屋は「文化納屋」としてコンサートを開く
5．ブドウ樹の貸出しとレストランの経営（バイエルン州）	ワイン愛好家の要望で，ブドウ樹の貸出しを実施。年間600名が滞在。地元農家もワイン試飲や休暇用住宅を開業
6．生態系を配慮した農業の生産物の直売と風力発電，風力施設に関する助言サービス（シュレスビッヒ・ホルシュタイン州）	生態系基準にもとづく農業を導入（250頭のヒツジを活用）。子羊肉，子羊料理，毛皮などを直売。風力発電をおこない，その経験を地元にアドバイス
7．乗馬場の経営と乗馬療法サービス（シュレスビッヒ・ホルシュタイン州）	子どもと障害者のための福祉施設勤務経験を生かし，地元の女性物理療法士との連携で，乗馬療法を導入（図2）
8．休暇の家と農民喫茶店（ニーダーザクセン州）	養豚場の移設にともない，農民喫茶店を開業。従業員3人を雇用
9．シロップ，酢，リキュール，ジュースの生産（ヘッセン州）	木の実などからシロップ，酢，リキュール，ジュースなどを生産。地域の飲食店などに販売
10．農村ホテルとレストラン経営（ラインアントプファルツ州）	放棄されていた近所の修道院の水車小屋を修復し，農村ホテル，レストランを開設
11．畜産物加工，パンの製造，バイオマスエネルギーの生産（ヘッセン州）	自家生産物から伝統的な製造法によるソーセージ，パン類を商品化。牧草や家畜廃棄物などからエネルギーも生産

（ドイツ連邦共和国食料・農林省発行「Neue Märkte für Landwirtscaftliche Unter nehmer」1997年1月による）

図2　乗馬療法の取組み

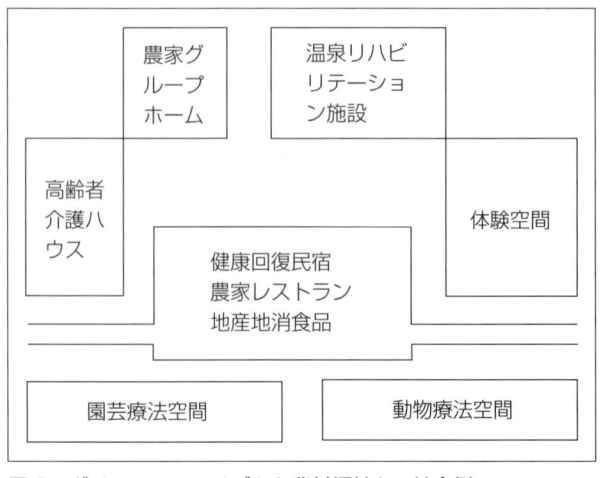

図3　グリーン・ツーリズムと農村福祉との結合例

るが，多くが農業生産そのものから一歩進んだ分野であること，そして多種多彩な地域資源を活用していることに気づく。これは農村振興＝農業生産の振興という発想ではなく，農村振興＝農村生活の振興に焦点がおかれていることのあらわれであるといえる。

ドイツにおける農村地域政策は「農村地域を農業生産の場というよりも，むしろ生活の場として，余暇や休養のための場として，行政側，農村住民双方がとらえている」といわれているが，今後のわが国での展開にも大きな示唆を与えている。

2 「福祉」を加えた取組みによる持続的な発展

農業＋観光＋福祉へ

長期的視点から農家民宿などのグリーン・ツーリズムの，顧客確保を考えると，「農業＋観光」の接点を生かした分野に，今後はさらに福祉分野を加えた発展が期待される。

高齢化社会の進行により，要介護の人びとの増加が予想される。一方で，退院後の治療や温泉での療養などを希望する人びとも増える。そこで，たとえば，わが国の農村に多数ある温泉を活用したリハビリテーション施設を中核組織とし，周辺に長期滞在客向けの農家民宿を配置するといった発想も必要である（図3）。このような構想をもてば，そこには農家によるグループホームや介護ハウスといった仕事が生まれる可能性があるし，農家民宿もまた，農家に滞在しながら心身の疲れをいやす「健康回復民宿」に生ま

実践例　温泉リハビリテーション施設を中心とした町づくり ▶▶【ドイツ・バーデンヴァイラー】

温泉リハビリテーション施設を中心に，宿泊施設，レクリエーション施設などを整備した村づくりの先行例としては，ドイツにおけるバーデンバーデンやバーデンヴァイラーなどをあげることができる。前者はいわゆる劇場やカジノ，豪華ホテルが立ち並ぶリゾートとして世界的に有名であるが，後者もまたわずか4,000人弱の村が，入浴による保養と湯治を基本方針とし，人口の減少した農村が活性化した例としてよく知られている。

温泉保養地は長期滞在が基本で，利用者は60歳前後の高齢者が多い。自然の緑に配慮した町並みと，保養地として整備されているクアハウスなどの保養施設，温泉療養施設，そして治療施設などが整備され，長く滞在できる町づくりがおこなわれている。

❶農家民宿や農家レストランなどのグリーン・ツーリズムは，結果的にはサービスの需要者は都市生活者であり，農村生活者はサービスの供給者となるという性質をもつことが多い。

れ変わる可能性も出てくるであろう。

地元住民と都市住民のニーズの結合

農村にある温泉リハビリテーション施設などは，都市生活者にサービスを提供する場❶となるだけでなく，農村の住民にとっては，老後の生活に大きな安心感が得られるものである。地元社会にも喜ばれる施設の整備と，都市住民のニーズを結びつけることも，持続性・発展性のあるツーリズムの育成につながる。

3　感性と心をはぐくみ，人をつくる場として

　これらに加えて，心身の健康の回復に農業をもっと積極的に役立てようという取組みに，農業の新しい分野の１つである園芸療法や動物療法がある（図4）。花や野菜づくりなどの農作業や動物とのふれあいなどには，障害のある人や高齢者などの身体的機能や感性，精神活動の回復・健全化などの効果が認められている（図4）。

　北海道のある酪農家では都会の自閉症の子どもを毎年数人預かり，昼間は子どもたちにウシの世話や畑仕事を手伝わせ，夜は農家の家族が添い寝をする。そうすると，子どもたちは，半年を過ぎたあたりからしだいに心を開いていくという。これからのグリーン・ツーリズムには，人間の感性と心をはぐくみ人をつくる，すべての国民に開かれた場として発展していくことが期待される。

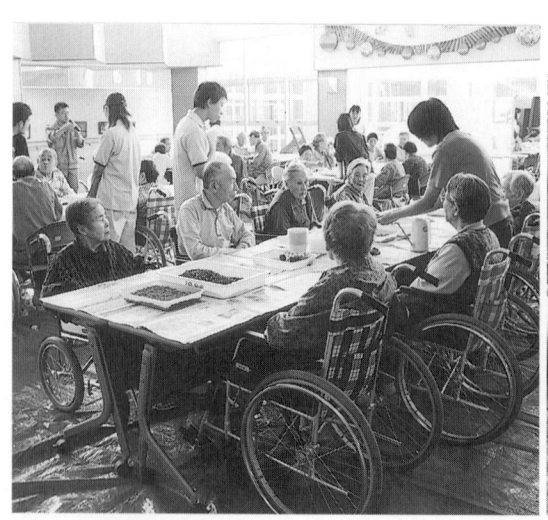

図4　農業の新しい分野とグリーン・ツーリズム（左：園芸療法，右：動物療法）

第4章
市民農園

第4章

1 市民農園の特徴とあゆみ

1 市民農園とそのあゆみ

(1) 市民農園とは

市民農園は，おもに都市住民❶が小さな面積に区画割りされた農地を借りて，野菜や花などの栽培を楽しむ農園である（図1）。市民農園の条件としては，①複数の利用者を対象とし，定型的な形で運営される❷，②レクリエーションなど非営利的な栽培を目的とする❸，③農作業が継続（年に複数回）しておこなわれる，④主として都市住民に利用される，ことがあげられる。これらは，法律（市民農園整備促進法）にも明確に掲げられている。

わが国では，各地で多種多様な市民農園の名称がみられる。たとえば，ファミリー農園，レジャー農園，ふれあい農園，生きがい農園，シルバー農園などの名称でよばれているものは，すべて市民農園である。同じように都市住民を対象とする農園として，観光農園やもぎとり園などとよばれる農園がある。これらは，おもに収穫だけを体験するもので，定型的かつ継続しておこなわれるものではないので，厳密には市民農園に含まれない。

❶日常的に農地との関わりをもたず，サラリーマンなど都市的な生活を送っている人びとのこと。最近では，都市地域だけでなく，農村地域でも都市住民が多くみられる。

❷利用期間，利用料金などが定められて，計画的に運営されること。

❸レクリエーション，学童の教育，高齢者の福祉，自家消費用の野菜・草花の栽培などを目的とするもの。

図1 市民農園と市民農園での活動例（左：都市のなかの市民農園，右：市民農園でのイベント〈品評会〉）

(2) 市民農園のあゆみ

わが国で市民農園がはじめてできたのは、1920年代のことであった。それは自然発生的に起こったのではなく、ヨーロッパの市民農園を手本として試行的につくられた。手本となったドイツやイギリスでは、当時、都市環境の劣悪化❶がいちじるしく、緑地として市民農園を形成することで環境を改善する役割が託された。とくに、ドイツの**クラインガルテン**❷の発展は、日本の市民農園の成立をうながしたといえる。

1960年代後半の高度経済成長以後、急激な都市化のなかで、市民農園が急速に広がりをみせた。その理由としては、農園を供給する農家側と、それを利用する都市住民側の両方の条件とがうまく合致したことがある（→表2）。

農家側からみれば、米の生産過剰を防止するために水田の減反政策が推進され、余剰の農地が数多く発生した。農家の就業構造の変化❸によって、農業労働力が不足し、農地の荒廃化・遊休化が進んだ。

都市住民側においては、①都市化にともなって、コンクリート

❶ 19世紀末には、都市に人口が集中し、緑の空間が失われスラム化した。

❷「小さな庭」を意味する。公共のスペースを広くとり、芝生、植栽などで景観的にも美しい農園が整備され、クラブハウスなどの休憩施設が充実している農園が多い。利用者をはじめとして都市住民の憩いの場となっている（→p.158「参考」）。

❸ 農業以外の産業に従事する割合が増加し、農家の兼業化が進行した。

参考 農業体験のための各種農園とその特徴

農業体験を中心とした農園には、市民農園、オーナー農園、観光農園がある。それぞれの特徴は、表1のようにまとめられる。

市民農園は、一般的には、利用者が主体となって作物の栽培をおこなうものであり、農家にかかる栽培管理の負担は最も少ない。利用者にとっては、栽培作物の種類にも自由度が高く、自分のペースで利用できるという利点がある反面、日々の栽培管理が必要である。

観光農園は、イチゴやブドウ、ナシ、ミカンなどに代表されるような農作物の収穫作業のみをおこなうものである。観光気分で気軽に収穫作業が体験できる。ふつう、不特定多数を対象とした一過性の交流形態である。

これらの中間的な性格をもつものにオーナー農園がある。オーナー農園は、決められた面積や株数分の農作物のオーナーとなり、植付けや収穫の体験をへて、収穫物を得ることができる。利用者が限定される点では市民農園的な性格をもつが、農作業のていどからみると観光農園のような手軽さをもっている。

表1 各種農園の特徴

		市民農園	オーナー農園	観光農園
農作業体験	区画の指定	○	△	×
	播種	○	△	×
	栽培管理	○	△	×
	収穫	○	○	○
おもな栽培作物		野菜、花き	野菜、果樹、水稲	果樹、花き
利用対象者		固定	固定	不特定多数
農家の負担		小さい	大きい	大きい

注 ○：あり、×：なし、△：どちらの場合もありうる

建築などの人工的な空間が増加し，緑の空間が減少したことで，自然に対する欲求が高まった，②余暇時間が増加したことで，レクリエーションに関わる時間的余裕ができた，③食品の安全性に対する意識の高まりのなかで，少しでも自分で生産しようとする人びとがあらわれている，ことなどがあげられる。

(3) 市民農園に関わる法制度

農地法による制約 わが国の現在の農地法[1]では，都市住民が小規模の農地を利用して作物を栽培し収穫することは，実質上認められていない。古くから存在していた市民農園は，あくまで農家が主体的に農業をおこなうものであり，都市住民は農家がおこなう農作業の補助をしているとみなして，存続が認められてきた[2]。これを「入園契約方式」とよんでいる。

市民農園整備促進法の制定 市民農園は，1975年以来，入園契約方式のみで認められていたが，農家の補助としてではなく，利用者が主体的に農作業をおこなえるように改善を希望する声が，しだいに大きくなってきた。そこで，1989年に「特定農地貸付けに関する農地法等の特例に関する法律（特定農地貸付法）」が，1992年には「市民農園整備促進法」があいついで制定され，ようやく市民農園の位置づけが法的に明確にされ，安定的に開設できるようになった。

[1] 耕作者の地位の安定と農業生産力の増進を目的として，1952年につくられた法律。所有権や使用収益権など，農地に関わる権利の移転などを厳しく制限している。

[2] 1975年に，農林水産省が通達（「いわゆるレクリエーション農園の取り扱いについて」）を出して，農地法では認められていない市民農園を開設できるような措置をとっている。

(4) 市民農園の機能

市民農園には，表2に示すような，さまざまな機能があげられる。利用者が作物の栽培に関わるだけでも，保健休養，生産，教

表2 市民農園がもつ多面的な機能

開設者側	土地保全機能	遊休農地の活用による適切な農地の維持・管理
	雇用機能	農園の管理者，栽培指導者の雇用
	交流機能	利用者との交流
利用者側	保健休養機能	心身のリフレッシュ，健康増進
	生産機能	新鮮で安全な作物の収穫
	教育機能	農業に対する理解，子どもの情操教育
	交流機能	利用者どうし，開設者・地域住民との交流
地域	空地機能	日照，通風確保，延焼防止，災害時の避難場所
	風致機能	広がりのある緑地の形成

育などの機能が発揮される。さらに，土地を保全したり，雇用を生み出したり，交流の拠点となったりするなど，作物を栽培すること以外にも多面的な機能が発揮されている。

2 市民農園のタイプと特徴

(1) 市民農園のタイプ

市民農園は，次に述べるようないくつかの視点から分類することができる。

契約条件 契約条件に，栽培作物を限定しない一般的な市民農園と，花きなど栽培作物を限定した市民農園とがある。また，利用者を限定しない一般的な市民農園と，高齢者，学童，身障者など利用者を限定した市民農園とがある。1つの市民農園のなかに，栽培作物や利用者を限定しない区画と限定した区画の両方を有する農園もある。

利用形態 市民農園の利用形態❶による分類は最も重要である。なぜなら，利用者が農園の近くに居住し毎日でも利用できる場合と，遠くからたまに通ってきて利用する場合とでは，管理・運営の仕方が大きく異なってくるからである。都市型，都市近郊型，農村型（日帰り型，宿泊型）の3種類に分けることができる❷（図2）。

❶どこに居住する利用者が，どのように農園を利用するのか，ということ。

❷この分類は，市民農園の立地場所（都市であるか，農村であるか）と必ずしも一致しているとは限らない。図2に示すように，農村であっても，利用者が農園の近隣に居住し，毎日でも利用している場合は都市型になる。

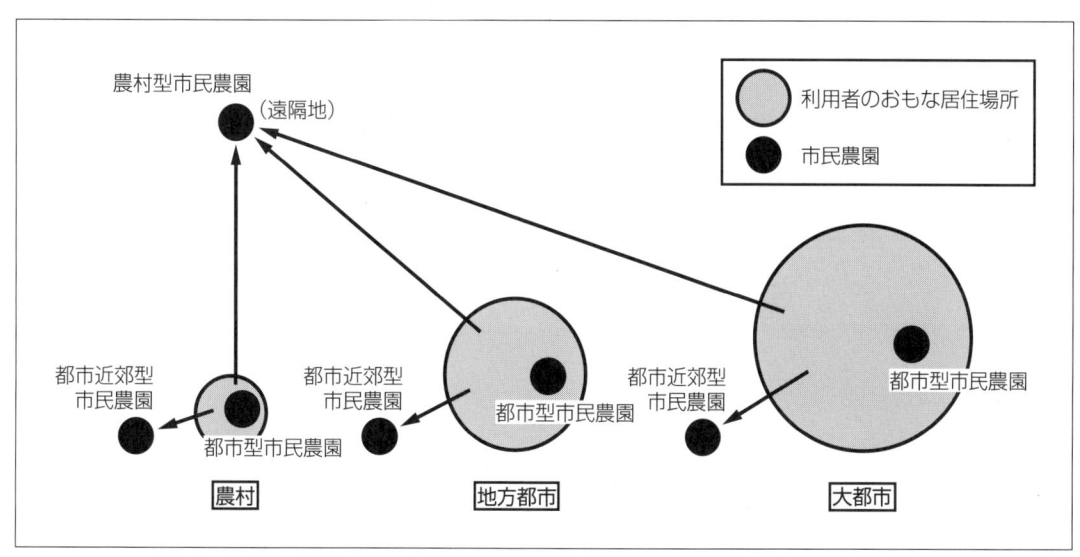

図2 利用形態による市民農園の3つの型

①**都市型** 利用者の居住地が市民農園の近隣にある。通園時間が10〜20分ぐらいをめやすとして，週に2〜3回以上通うことのできるような農園で，徒歩，自転車などで通園することが多い。市街地に立地する場合が多い（図3）。

②**都市近郊型** 利用者の居住地が通園時間30分〜1時間ぐらいまでの距離にあり，週に1回ていどの利用が見込まれる農園である。おもに自動車で通園する（図4）。

③**農村型（日帰り型，宿泊型）** 利用者の居住地が遠隔地にあり，通園時間が1〜3時間ていど必要な農園である。週1回から月1回ていどと利用頻度が少ない。農園に宿泊施設をもつ場合ともたない場合がある。中山間農業地域[1]に立地する場合が多い（図5）。

❶農業地域類型で分類される4つの地域のうち，中間農業地域と山間農業地域をあわせた地域を指す。山がちな地形をなす地域であり，林野率が高く，耕地率が低い特徴がある。

なお，農業地域類型とは，地域農業構造を規定する基盤的条件（可住地にしめるDID〈人口集中地区〉の面積，宅地率，耕地率，林野率，傾斜など）をもとに市町村を区分したもので，都市的地域，平地農業地域，中間農業地域，山間農業地域の4つに分類される。

図3　都市型の市民農園

図4　都市近郊型の市民農園

図5　農村型の市民農園

存在形態 一般的に，市民農園は単独でつくられることが多いが，最近では，他の施設と一体的に整備する事例が多くみられるようになってきた。市民農園としての機能だけでなく，他の機能を複合的にもたせ，市民農園の魅力をより高めようとする試みである。おおまかに，①単独で立地するタイプ，②他の施設に市民農園が隣接するタイプ，③市民農園の中に他の施設が立地するタイプ，④他の施設の中に市民農園が立地するタイプ，に分けられる。

(2) 日本の市民農園の特徴

開設数と開設者 市民農園の開設数は増加傾向にあり，とくに近年の増加はいちじるしい❶（図6）。そのうち，法律にもとづいて開設❷されている農園が約4割である（図7）。8割近くが都市的地域にあり，地方でみると関東・東山と東海，近畿に集中し，開設者は市区町村が最も多い（図8）。

❶ 1999年現在，全国で6,138の農園がある。開設数については，全国すべての市民農園数が把握されているわけではない。このほかにも，統計には集計されていない入園契約方式（→p.154）による市民農園が多く存在すると考えられる。

❷市民農園の開設の方法は，市民農園に関する法律にもとづくもの（特定農地貸付法，市民農園整備促進法）と，農家（農地所有者）と利用者（都市住民）の個人的な契約によるもの（入園契約方式）とがある。

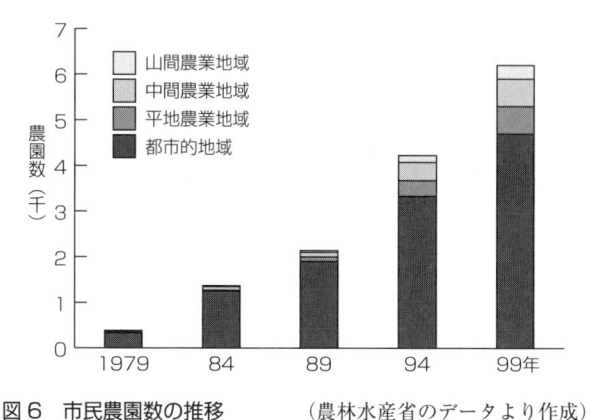

図6 市民農園数の推移 （農林水産省のデータより作成）

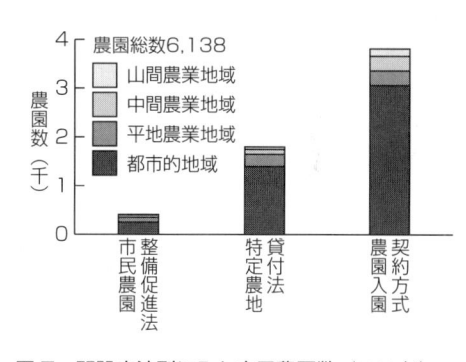

図7 開設方法別にみた市民農園数（1999年） （図6と同じ資料）

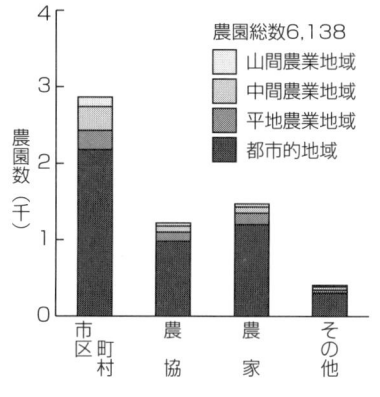

図8 開設者別にみた市民農園数（1999年） （図6と同じ資料）

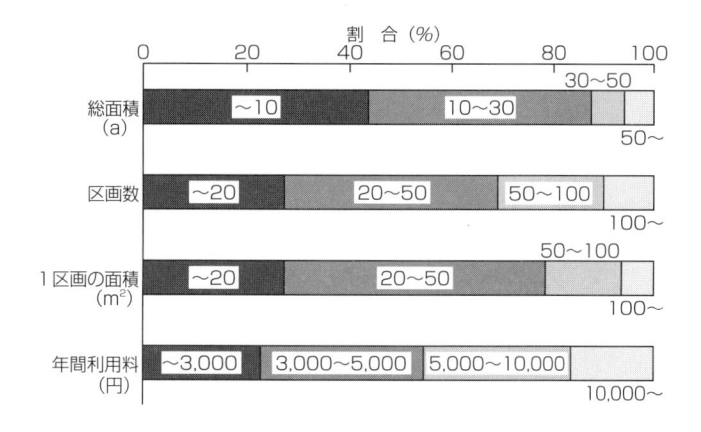

図9 市民農園の諸条件（1999年） （図6と同じ資料）

| 規模・区画・利用料 | 1つの市民農園の総面積は，大部分が30aまでで，10a未満の小規模の農園が約半数をしめている。区画数は50区画までが約7割で，1区画の面積は20〜50m^{2}が約5割をしめている。年間利用料は，ほとんどが1万円未満である（図9）。

| 用地の確保 | これまでの市民農園は，大部分が農家の私有地を借り受けるかたちをとってきた。市民農園を開設し，継続していくためには，農家の協力がなくては困難である。

とくに，都市型の市民農園は用地の確保が困難である。市街化が進んだ地域では，宅地化されるまでの一時的な利用手段として，市民農園が開設されるケースも少なくない。こうした場合，農園として継続しないことが問題となっている。

参考　海外の市民農園（クラインガルテン）

ドイツでは，19世紀から食料の供給源，子どもたちの遊び場，緑の空間の確保などの目的でクラインガルテンが整備された。1919年には，はじめてクラインガルテン法が制定され，その後，1983年には新しい連邦クラインガルテン法が施行されている。

現在では，利用者が自然に親しむ場であるとともに，都市における貴重な緑地空間としての重要な役割をもっている。クラインガルテンは，1区画が400m^{2}以下で，区画内に小屋の建設も可能である。公共部分を広くとり，芝生や生け垣の植栽によって，公園のように美しい景観をつくりあげている。

クラインガルテンは，利用者だけでなく，一般市民にも開放され，貴重な憩いの場となっている。用地は公有地が大部分をしめ，都市に必要な施設として，土地利用計画のなかで明確な位置づけが与えられている（図10）。

図10　ドイツのクラインガルテン（左：よく手入れされた菜園，右：ラウベン〈ラウベ〉とよばれる作業小屋）

第4章

2 市民農園の開設と運営

1 計画の作成と利用者の募集

(1) 全体計画

　市民農園の開設にあたっては，農園の場所，規模，想定される利用者の利用圏域，契約条件（1区画の面積，利用料金，契約期間，利用規約❶など），運営方法，施設整備内容などを決定しなければならない。これらを整備運営計画書❷として文書（図表を含む）でまとめておく必要がある（図1，➡p.208付録4）。農園の平面図（図2）や区画割り図❸も作成しておくとよい。

　ちなみに，国から一定額❹の補助が得られる事業制度が用意されているが，事業主体が市町村，農協，団体に限られるものが多いため，個人の農家では利用できない。たとえば，農林水産省では，都市農村ふれあい農園整備事業（2002年新規），やすらぎの

❶市民農園を利用するときに，利用者が守るべき事項をまとめたもので，開設者とのあいだで契約をとり交わすもの。

❷市民農園整備促進法にもとづいて開設する場合は，計画の提出が義務づけられている。

❸300分の1から500分の1ていどに縮尺したものが適当である。

❹事業にかかる経費の33～60％の範囲の額であるが，50％補助となる制度が多くをしめる。

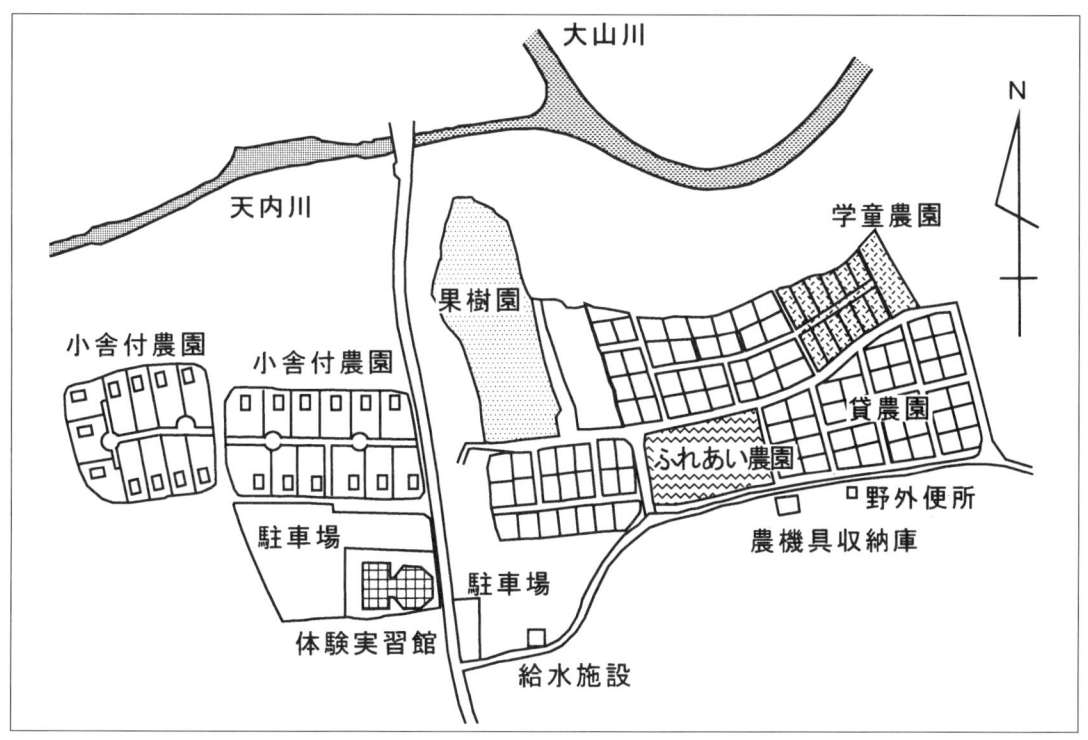

図2　市民農園の平面図例（兵庫県篠山市）

整 備 運 営 計 画 書

	項　　目	内　　容
整備計画	開 園 用 地	○○○○（所在地） ・17　306m² ・20　497m² ・76　460m² ＊80　485m² ・18　292m² ・71　854m² ・77　613m² （所有者地区外） ・19　473m² ・73　219m² ・78　299m² 　　計　4,498m²（1,363坪） ＊印は、市民農園整備促進法にもとづく区域指定対象用地。
	ネーミング	○○○○○○○
	菜 園 設 計 （平面図／別紙）	【菜園区画】　　　　　　　　　　　　　　　【菜園施設】 ・総区画数　131区画　　　　　　　　　　・駐車場　32台分 　（Aブロック12、Cブロック47、）　　　・給水施設　2か所 　　Bブロック47、Dブロック25　　　　　・農器具庫　2間×3間（プレハブ） ・区画総面積　3,241.8m²（総面積の72％）　・休憩所　ベンチ6脚 ・1区画の面積　平均24.7m²　　　　　　　・トイレ　1か所 ・園路幅　1m～1.4m　　　　　　　　　　・擬木ロープ柵　59m 　　　　　　　　　　　　　　　　　　　　・立看板　2.00×5.85m²
	開園事業費	別記1のとおり
運営計画	貸 借 条 件	・貸借期間　3年（H　年4月1日からH　年3月31日）　貸借料総額　107,952円 ・貸借料基準　10a当たり年24,000円
	賃 貸 条 件	・賃貸期間　1年（H　年4月1日からH　年3月31日）　賃貸料総額　1,310,000円 ・1区画賃貸料　年10,000円（注）契約書は、印紙税課税対象外。 ・賃貸口数　1人1口を原則。最高2区画まで。（注）補充賃貸条件 　　　　　　　　　　　　　　　　　　　　・賃貸期間　前契約者の残り実質期間。 　　　　　　　　　　　　　　　　　　　　・1区画賃貸料　月＠1,000の割 　　　　　　　　　　　　　　　　　　　　　　　　　　　　　（上限10,000円）
	募 集 方 法	・募集広告　現地に「入園者募集中」の看板を立てる外、募集チラシを作成し、○○、○ 　　　　　　○、○○、○○地区に新聞折込（2月下旬）する。 ・受付窓口　○○○○ 　　　（注）1．入園者の選考は、申込み順とし、受付と同時に賃貸料を収納すると 　　　　　　　ともに、貸付契約書を受理する。 　　　（注）2．入園者の名簿、賃貸料の収納管理および空き区画の検索は、宅建情 　　　　　　　報システムで対応する。
	そ の 他	・交流対策　担当部署は、作付栽培講習会等を適時に開催する。 　　　　　　入園者相互の親睦と交流を深めるため、入園者等で組織する友の会を別途結 　　　　　　成する。 ・菜園管理　菜園の環境整備など適切な管理については、入園者相互の協力を受け行なう。
	運 営 収 支	別記2のとおり

別記1　開園事業費　　　（単位：千円）

項　目	金額	内　容
駐車場造成	409	ローラー転圧
給水施設	402	ポンプ、電気外
農器具庫	760	棚つき
休憩所	151	ベンチ
トイレ	435	
区画割	158	区画標131外
擬木ロープ柵	141	
立看板	686	
諸経費	698	含．設計管理
計	3,840	

別記2　通年収支計画　　　（単位：千円）

	項　目	金額	内　容
収入	賃貸料	1,200	総額×92％
	計	1,200	
支出	貸借料	108	
	募集広告費	150	チラシ外
	運営管理費 （講習会等）	120	収入×10％
	施設修繕費	80	
	施設償却費	432	定額法　平均8年
	共通管理費	310	
	計	1,200	

図1　市民農園整備運営計画書（例）

交流空間整備事業❶，中山間地域等総合整備事業などがあり，国土交通省では市民農園整備事業がある。

❶都市住民が週末などに来園し，農作業をおこなうためのログハウスつき農園を整備する事業。

(2) 計画立案のための検討事項

農園の種類　利用者を限定しない一般的な農園にするのか，高齢者や学童などに限定した農園にするのかを決める。利用者が区画の管理をおこなう市民農園のほかに，開設者側に農園管理のための労働力に余裕がある場合は，オーナー農園を選択することも可能である（図3）。

開設の方法　開設にあたって，市民農園の関連法を利用するのか，入園契約方式でおこなうのかを決める（➡ p.154）。

　ただし，特定農地貸付法にもとづく場合は，開設できるのは地方公共団体か農業協同組合に限られている。

　また，どのていどの範囲から利用者を募るのかを決める。それによって農園のタイプが決まり，それにともなって区画の管理の仕方や必要となる農園の施設が異なってくる。

運営・管理　市民農園の運営に関わる作業の分担を決める。具体的には，利用者の募集と契約後の通信業務，園内の維持管理❷，区画の管理❸，栽培指導，イベント

❷区画以外の公共的な部分の管理で，施設があればその清掃やメンテナンスも含む。

❸利用者が長期間不在にする場合の水やり，施肥，雑草の除去などの管理業務。

図3　オーナー農園の例（左：サツマイモ畑，右：棚田〈水田〉）

の企画・開催などがあげられる。

開設密度　市街地などで市民農園の需要が多いところでは，都市型の市民農園の開設数を増やす努力が必要である。農村地域では，住宅開発がされたところでは都市型や都市近郊型の整備が必要であり（図4），都市住民が近くにいない場合は農村型の市民農園が主流となる。

都市近郊型や農村型の市民農園は，都市型のように高い密度で

図4　都市近郊に整備された市民農園

図5　市民農園利用者の募集パンフレットの例

設けることはできない。そのため，市民農園に対する需要供給のバランスを考えながら，適切な数の市民農園を整備していかなければならない。

利用者の募集方法　市町村の広報，新聞・テレビなどのマスメディア，インターネット，パンフレット（図5）の方法をいくつか組み合わせてアピールする。また，人から人へと伝わる口コミの効果は大きい。募集の要領として，募集の概要❶，現地までの交通，問合せ先を明記した紙面と応募用紙を1セットにする。紙面には農園の外観写真や区画割り図がはいっていればなおよい。

インターネットでは，コンピュータ上でかんたんに情報の提示と募集案内ができるので，利用者の募集に積極的に活用したい手段の1つである（図6）。

広報エリア　新聞を利用する場合は，想定される利用者の居住地に配布されている地方版の欄で広報する。パンフレットの場合は役場，図書館，公民館をはじめと

❶農園の場所，規模，応募資格，区画数，1区画の面積，利用料金，利用期間，利用規約，募集期限，選考方法などを簡潔にまとめる。

図6　ホームページでの市民農園利用者募集の例（http://www.town.yachiyo.hyogo.jp/freuden/freuden.htm〈兵庫県多可郡八千代町「フロイデン八千代」〉）

する公共施設やスーパーマーケット，生協など，多くの利用者が集まる場所に配置してもらうと効果的である。

募集と契約書　利用者の応募にあたっては，住所，氏名，年齢，職業，電話番号などの連絡先の記入と，規約への同意を含んだ契約書（→ p.208 付録4）とを提出してもらい，必要があれば抽選などの選考❶ののち，利用者へ契約決定通知を送付する。

契約条件　農園の1区画の面積や利用料は，利用者の関心が強い項目である。利用者が初心者の場合は，30m²の広さの区画でも管理がむずかしいことがあるが，農作業に慣れた利用者の場合は，50m²以上の面積を希望することもある。面積は，想定される利用者の属性やニーズを予測しながら，適当な大きさに決定する。場合によっては，異なる面積をいくつか提供することも検討したい❷。

利用料は，市民農園がレクリエーションなどの非営利な目的で利用されるものであるので，だれでも気軽に契約できるていどの金額❸とするのがよい。

栽培計画　オーナー制度をとる場合は，利用者が農園に訪れる機会が，おもに作付け時，収穫時に限られるので，栽培作物を決め，開設者側の管理を前提とした栽培計画の作成が必要となる。栽培作物の植付け時期，収穫時期を考え，いくつかの種類の作物を計画的に栽培することが望ましい（図7）。

❶市区町村が開設する市民農園では，応募者が多数の場合は抽選によって利用者を決定することが多い。

❷岐阜市の市民農園では，30m²，40m²，50m²の3種類の面積の異なる区画を用意している。利用の希望は，30m²が最も多いようである。

❸一般的な市民農園では，利用料金のめやすとしては，年間1m²当たり200〜500円ていどが適当であろう。

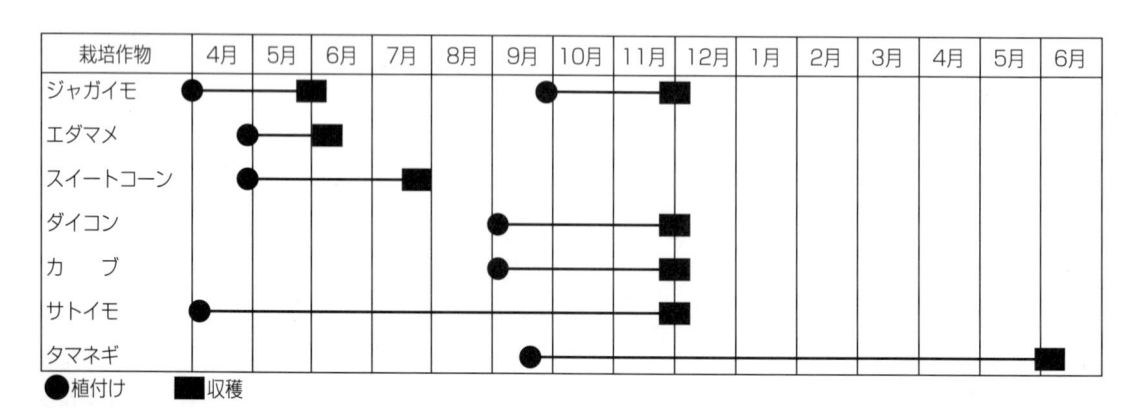

栽培作物	4月	5月	6月	7月	8月	9月	10月	11月	12月	1月	2月	3月	4月	5月	6月
ジャガイモ	●		■			●		■							
エダマメ		●	■												
スイートコーン		●		■											
ダイコン						●		■							
カブ						●		■							
サトイモ	●							■							
タマネギ							●							■	

●植付け　■収穫

図7　栽培計画の例（岐阜市の市民農園）

2　用地の準備と施設の整備

(1) 用地の調達

用地の選定　市街地など都市化が進んだ地域では，利用希望に対して農園が不足している地域も少なくない。空いている農地があれば積極的に市民農園として活用したい。利用者がどのていど見込まれるか，どのような施設を整備するのかを考慮し，必要な規模の農地を確保する。遠隔地の利用者のための農園であれば，農園に訪れるための道路（高速道路を含む）や鉄道など交通条件を考慮し，利用しやすい条件の場所を選定することが望ましい（図8）。

用地の確保　農地を借りる場合は，賃借か無料貸借のいずれかになる。賃借の場合は，土地の所有者に地代を支払う。地代は，相互の話合いで決定されるものであるが，地域ごとに決められている標準小作料[1]を参考にするとよい。

用地の種類　農地は水田（転作畑を含む），畑のいずれでもよい。都市の残存農地，遊休農地[2]，耕作放棄地[3]を市民農園として活用することは，農地の保全にも役立つ。水田を市民農園とする場合は，畑に適した土壌となるのに時間を要する場合がある。土地の形状は平たん地でも傾斜地でもかまわない。傾斜地では，見晴らしのよさを理由として，上面

[1] 農地の貸し借りの契約をする場合に，適正な水準の小作料が契約されるようにめやすとして設けられる基準で，各市町村ごとに定められている。

[2] 過去1年間に作付けをしていないが，今後ふたたび耕作する意思のある農地。

[3] 調査日以前1年以上作付けをせず，将来も耕作する意思のない農地。

図8　農村部の水田を利用し鉄道の近くに設置された市民農園（JRの駅から300mのところに位置する）

から契約が進んでいくという報告もある。日あたりは，当然，よいほうが好ましい。

(2) 区画の整理

形状と面積　区画の形状に決められたルールはないが，長方形の整形区画に整備すると利用しやすい。現実には扇状や円状の曲線を生かした区画も存在するが，区画割りの段階で技術を要する。

　利用者が希望する1区画の面積は，30〜50m^2が最も多く，続いて50〜100m^2で，比較的大きな面積を望む傾向にある。

境界線と通路　区画のあいだには，杭を打ったり，ブロックをおいたりして境界を明示するとよい。また，利用者の氏名や区画の番号を示したプレートを，各区画のふちに立てるとわかりやすい。

　区画割りのさいには，すべての農地を区画に割りあてるのではなく，通路を十分に確保することが望ましい。通路の幅は，全体の農地の面積にもよるが，人の往来や栽培作物の繁茂を考慮すれば，50cm以上は必要であろう。

(3) 施設の整備

施設整備の状況　現状では，市民農園の施設の整備はあまり進んでいない。給水施設の整備率が最も高いが，それでも50％に満たない（図9）。農機具収納庫は25％，

参考　市民農園の施設整備と関連法

　市民農園の快適な利用のためには，施設の整備が必要である。しかし，農地の上に施設をつくるときには，たとえば，農業振興地域の整備に関する法律（農振法），農地法，都市計画法などに沿って，しかるべき事務手続きが必要となり，かんたんには認められないことが多い。

　そこで，1992年にできた市民農園整備促進法では，比較的かんたんに施設がつくれるように，法律の特例が設けられた。すなわち，この法律にもとづいた市民農園であれば，農機具収納施設，温室，休憩施設，トイレ，駐車場，管理事務所など農園に必要な施設は市民農園の一部として認められたり，本来必要な手続きが免除されたりして，認められなかった施設の整備が可能となった。

　しかし，従来の市民農園や特定農地貸付法による市民農園は，この特例の対象外である。

トイレ17%などいずれも低い。クラブハウス❶や宿泊施設はわずかであるが、すべての農園で必要な施設というわけではない。

　利用者が充実を望む施設として、給水施設など作物の栽培に必要となる施設を希望する割合は60%をこえており、同様に農機具や資材の保管庫も50%をこえて高い割合を示している（図10）。

整備の進め方　給水施設、農機具庫（図11）などの農作業をおこなうために必要な施設は、どのような農園でも重要であり、ぜひとも整備したい。また、利用者の交通手段に応じて、駐車場、駐輪場が必要となる。

　休憩施設❷、更衣室、トイレなどは、整備段階と運用段階の両方において、かなりの費用が必要となるので、市民農園のタイプに応じて検討しなければならない。遠隔地からの利用者が多い場合は、とくに質の高い休憩施設を整備し、長時間滞在することが可能となるように配慮したい。

　そのほか必要に応じて、ごみ置き場や堆肥製造施設、市民農園の景観を向上させる生け垣の植栽などを整備するとよい。

その他の施設　**宿泊施設**　通園距離が1〜2時間以上の利用者がいる場合に必要となり、中山間地域

❶休憩室、調理室、トイレ、更衣室、事務所など、利用者が共通で利用できる設備をそなえた総合施設。

❷ベンチ、パーゴラ（休憩用の日陰をつくるために、天井にフジなどの植物を配した棚）、あずまや（四方の柱に屋根のついた休憩小屋）など。

図11　農機具庫の例

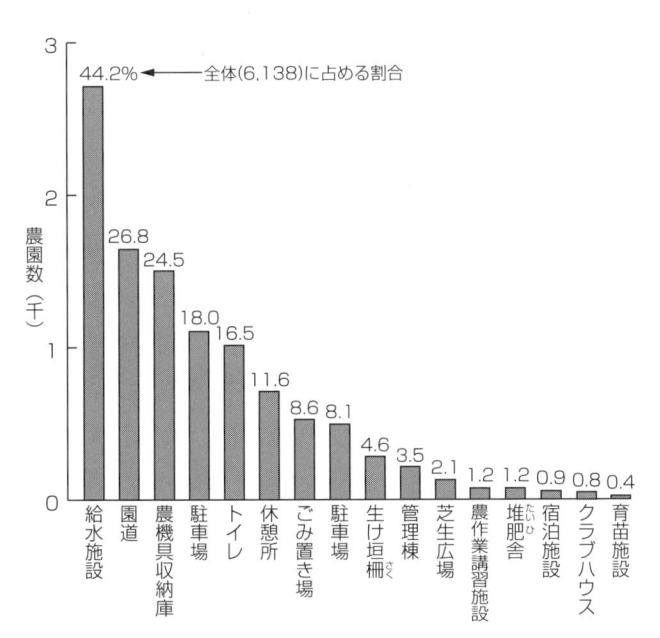

図9　市民農園の施設の整備状況（1999年）
（農林水産省のデータより作成）

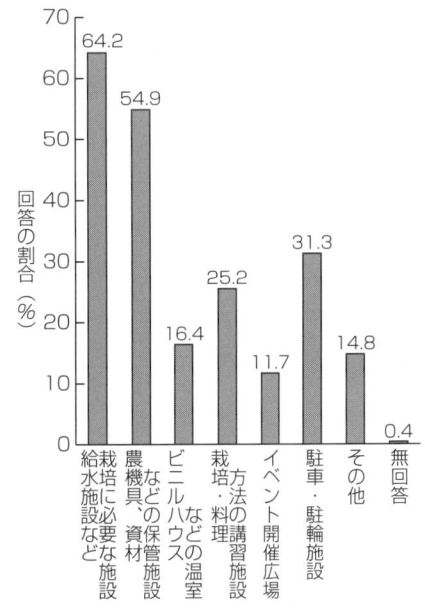

図10　市民農園の利用者が希望する施設
（2002年）（農林水産省「平成14年度市民農園に関する意向調査」より作成）

2　市民農園の開設と運営

の市民農園で設けることが多い。共通の施設の場合と、それぞれの区画に個別の宿泊小屋を設置する場合とがある。後者は別荘のように、それぞれの小屋に電気、ガス、水道、シャワー、台所などが完備されている場合が多い（図12）。

身障者用 車いすで利用できるように、地面から60〜70cmていど盛り上げた、かさ上げ式の区画をつくるとよい。通路も広くとり、トイレや休憩施設なども車いすでの利用を前提とした設計をしなければならない（図13）。

3 運営と利用者の支援

（1）情報の管理と受発信

利用者の情報は、名簿をコンピュータでデータベース化して管理するとよい。

開設者と利用者の情報交換は、これまで、はがきや電話でおこなわれる場合が多かったが、最近では、情報化の進展にともない、インターネットによるホームページやメールによって迅速におこなわれるようになった。通信費の削減にもつながるため、積極的なインターネットの活用が期待される❶。

また、栽培に関するアドバイスや行事予定のお知らせなど、農園内での情報交換には、掲示板を用いるとよい。

❶開設者が定期的に各区画のようすをデジタルカメラで撮影し、ホームページ上でその写真を掲載して、利用者が来園することができなくても作物の成長のようすがわかるように情報発信している市民農園もある。

図12　宿泊施設のある市民農園

図13　市民農園の中の身障者用区画

(2) 利用者の支援

不在時の管理　都市型市民農園は利用者が日常的に栽培管理をおこなうため，原則として区画の管理は利用者に任せてよい。ただし，農園の公共部分の管理❶は開設者がおこなう。都市近郊型や農村型では週末の利用が主体となるので，利用者が長期間農園に訪れない場合は，開設者が区画の管理を手伝うことも必要となる。

栽培・利用の指導　利用者のレベルに応じて，必要があれば栽培指導をする。日常的な指導に加え，定期的に栽培講習会を開催することも効果がある❷。専門的な講義には外部から講師をまねくこともある（図15）。農家やJAが種苗や肥料などのあっせんをしている場合もあり，利用者に好評を得ている。

また，利用者の多くは安全な野菜を求めていることから，無農薬・減農薬栽培や，堆肥や有機質肥料を用いた栽培の指導が強く望まれる。さらに，収穫物の調理・加工法の指導や講習会も利用者から求められている。

資源の循環　栽培後に出る作物の残さなどを堆肥化して再利用すると，環境に対する負荷の軽減に役立つ❸。堆肥の適切な施用は，作物の生育を健全にして病害虫の発生を抑え，安全で安心な作物の安定生産を可能にする。

❶あぜや通路の清掃，雑草の除去，施設の清掃・メンテナンスなど，区画以外の場所の管理。

❷利用者は，栽培に関する支援を強く希望している。とくに，「栽培講習会の開催」や「栽培マニュアル」に対して55％以上の回答がみられる。また，「栽培指導員の配置」や「肥料，苗などの販売」についても高い回答率となっている（図14）。

❸都市住民の家庭から出る生ごみを堆肥化して利用するなどの取組みも大切にしたい。

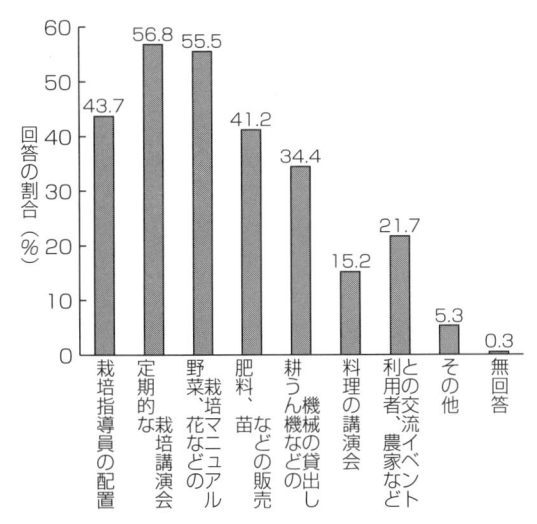

図14　市民農園の利用者が希望する支援内容（2002年）
（図10と同じ資料による）

図15　市民農園での栽培指導

3 市民農園と農業・農村生活の向上

1 新たな活動への発展

利用者にとって 市民農園の利用者は，収穫祭，品評会，いも煮会など各種イベントを企画，開催することで，利用者どうしのコミュニケーションを深めることができる（図1）。地域の祭りやイベントに参加することは，市民農園以外の農村の魅力にふれることにつながる。じっさいに利用者が独自で組織❶をつくり，観光旅行，他施設の視察などの交流を図っている事例もある。

開設者にとって 市民農園の経営によって，利用者との交流が深まり，開設者の意欲が高まることが期待される。意識の高まりは，市民農園だけでなく，営農の改善，新しい農業への挑戦，高齢者や女性などの余剰労働力の活用，地域資源の発掘と活用，などの動きへとつながり，地域の活性化へと発展させる可能性を秘めている。

❶ドイツのクラインガルテンでは，しっかりとした利用者組織がつくられ，農園の管理・運営において重要な役割を担っている。わが国では開設者にゆだねられる部分が大きいので，今後は利用者側の新しい動きが望まれる。

2 地域活性化と新たな資源活用

以上みてきたように，市民農園は，都市住民が楽しむだけでなく，市民農園をきっかけとして，地域住民に新しい意識や新たな

図1　コミュニケーションを深める市民農園でのイベント（左：しめ縄づくり，右：焼きいもづくり）

取組みが芽生えるなどの波及効果がある。とくに，高齢者や女性が市民農園の運営や都市住民との交流に積極的に関わることで，新たな生きがいが生まれ，健康づくりの効果もある。

また，地域住民が協力して市民農園に取り組むことで，失われつつある地域のコミュニティを見直す絶好の機会ともなりうる。

さらに，農村地域には豊富な資源❶が存在している。市民農園の利用者とこれらの資源をじょうずにつなげば，貴重な観光資源となり，地域全体のアピールも可能である。

❶自然資源，伝統・文化資源，農林業資源など（→p.102）。

3 交流による生活文化の向上

市民農園の開設・運営と利用をきっかけにして，以上のような新たな活動が生まれ，都市と農村の人びとの交流がさかんになっていく。それを通じて，農業・農村空間のもつ次のようなはたらきが互いに理解され共有されて，双方に活気に満ちて潤いのある生活文化が発展していくことが期待される。

いやしの空間　ゆたかな自然や美しい景観によって心がいやされ，土や作物とのふれあいをとおして体を動かし，心をリフレッシュする貴重な空間となっていく。

実践例　市民農園の開設から活気ある地域づくりへ ▶【神戸市西区松本集落】

神戸市西区の松本集落は，市民農園の開設をきっかけに，さまざまな活動を実践している。たとえば，新しい特産物の開発や農産物の直売所（ファーマーズマーケットともよばれる）の開設，河川堤防沿いの花壇整備などがある。とくに，直売所は，都市住民から好評を得ていることに加えて，女性が生きがいとして楽しみながら参加していることが特徴である（図2）。

また，集落の自慢できる場所などを25選としてイラストつきの地図を作成し，地元の自然，伝統・文化資源に対する認識を深めている。

集落内に立地する企業との交流も大切にし，さらなる地域づくりに向けて意欲的に取り組んでいる。

図2　都市住民から好評を得ている農産物の直売所

学びの空間

子どもたちは，農村体験によって，太陽の恵み，作物の成長のしくみにふれ，自然物に対する愛情，育てる喜びなどゆたかな感情を育むことができる。また，農作業の労働をとおして，食料を得るしくみを体験することで，物の大切さを実感できる。このように，農村空間は，さまざまな体験をとおして，健全な成長を支援する学びの場として重要な役割を果たすことができる。

新たな住まいの空間

最初は市民農園などの利用であっても，しだいに農村に対する愛着が生まれ，都市から農村に移り住んだり，本格的な農業を始めたりする人が出てくる可能性も少なくない。また，利用者どうしあるいは利用者と地域住民との交流によって，いままでにない新たなコミュニティを形づくるきっかけともなる。

農業・農村は，国土を保全し，水資源を供給する重要な機能を有している（➡ p.11, 103）。農村環境の保全なくして，都市の発展はありえない。さまざまな交流をとおして共通理解を深め，農村と都市がともに発展するように，協力していくことが求められる。

実践例　棚田（水田）を利用したオーナー農園
【長野県千曲市，三重県紀和町，奈良県明日香村，高知県檮原町（ゆすはら）】

先人の努力によって維持されてきた棚田の荒廃が進みつつあるが，最近では棚田とその果たしている機能を守るために，オーナー制度をおこなう市町村が増えてきた。長野県千曲市，三重県紀和町，奈良県明日香村，高知県檮原町などで実施されている（図3）。

三重県紀和町では，耕作放棄地となっていた棚田を元の状態に戻し，その一部でオーナー農園を開設している。1区画約 100m^2 を年間3万円で貸し出している。オーナーは県外者が多く，中部のみならず近畿，遠くは関東圏からも利用がある。

図3　棚田を利用したオーナー農園での植付け作業

第5章
観光農園, 直売所

第 5 章

1 観光農園，直売所の特徴とあゆみ

1 観光農園，直売所とその特徴

(1) 観光と観光農園，直売所

　農業と観光が結びついた農業経営には，さまざまなものがあり，すでにみた農家レストラン，農家民宿などに加え，観光農園や農産物直売所（以下直売所という）も代表的なものである。

　観光農園とは，観光客やオーナー制度の会員などを対象に，農作物の収穫体験や観賞，栽培・加工体験，農産物の直接販売（直売）[1]などをおこなうために整備された農園である（図1）。観光農園には，果樹のもぎ採り園のように収穫時期だけ開園されるものと，さまざまな栽培植物や各種の栽培・加工体験などを組み合わせて周年にわたって開園されるものとがある。

　一方，直売所は，生産者が自家農産物を消費者に直接販売するための施設で，朝市，夕市，青空市，ふるさと市，ファーマーズマーケットなど，さまざまな名称でよばれている（図2）。直売所は，ふつう，定期的あるいはほぼ毎日，固定した場所で開設されるものである。直売所はそれ単独で開設されるだけでなく，観光農園の一部として開設されることも多く，農業と観光が結びついた農業経営の展開にとって非常に大きな役割を果たしている。

[1] 農産物流通における市場外流通の一形態で，その形態には，①庭先販売，②振り売り，③直売所による販売，④宅配・宅送による販売，などがある。
　振り売りとは，農産物を人がかついだり，リヤカーの荷台に乗せたりして運搬しながら，市中で消費者に販売する方法。

図1　代表的な観光農園（ブドウのもぎ採り園）

図2　「ふるさと市」とよばれている直売所

(2) 観光農園，直売所の経営的特徴

　観光農園や直売所は，いずれも消費者とじかに接してサービスを提供したり農産物を販売したりして，収益をあげようとするものである（図3）。それだけに，通常の農業とは異なる接客業務や施設・設備も必要となり，経営的なリスクもともなうが，国民の余暇・交流活動の拡大や安全・安心な地元農産物を求める消費者の増加にともない，その導入による農業経営の改善・発展の可能性は大きくなっている。

2　観光農園，直売所のあゆみ

(1) 多様化する観光農園

　農業と観光の結びつきは古く，観光が一般大衆にまで広がった江戸時代には，すでに宿泊施設への地元食材の供給，農産物の土産品としての提供などが各地でおこなわれ，一部には花を観賞して楽しむ名所もできていた。しかし，農業そのものを観光の対象とする，もぎ採り園などの観光農園が広く取り組まれるようになったのは，1960年代後半以降である。

　1970年代にはいると，都市住民の潤いのある生活や自然・農業体験などに対する関心の高まりを背景に，利用客が土にふれ農産物の収穫を体験することができる，いも掘りやイチゴ狩りなどの観光農園が増加し，オーナー制度を取り入れた観光農園も登場した❶（図4，5）。また，高速道路網や道路交通条件の整備を背景に，

❶ 1975年には，観光農業を営む経営者の全国的な組織として「全国観光農業経営者会議」が結成され，現在も活動を続けている。

図5　オーナー制度の観光農園（モモ）

図3　消費者とじかに接した直売と交流

図4　イチゴ狩り園

旅行会社とタイアップした大規模な観光農園も各地に誕生した。
　こうした観光農園では，直売施設や体験・レクリエーション施設などの付帯施設や宅配便サービスの整備も進められ，業務内容が多様化している。さらに最近では，農産物の収穫体験や観賞などに加えて，農産加工体験などの多様な農業・農村体験のできる**複合型観光農園**が増加している。

(2) 増加を続ける直売所

　農産物の消費者への直売は，都市部やその周辺での朝市や振り売り，農家の庭先販売，観光地での青空市などとして，古くからおこなわれてきた。これら伝統的な直売は，形態を少しずつ変えながらも永々と続けられており，重要な観光・文化資源となっているものもある❶。

　一方，現在のような形態の直売所が増え始めたのは1970年代以降といわれる（図6）。80年代にはいると，農村集落組織，生活改善グループ，農業協同組合（農協）女性部会，高齢者グループなどが母体となって設置する，新たな直売所が全国各地でみられるようになった。その設立当初は，農家が小規模栽培の野菜や市場出荷した残りの規格外品を出荷し，無人，または参加農家による当番制で販売・運営していることが多かった。

　90年代になると，売場面積の拡大や駐車場の整備などが進み，参加農家数，販売品目，売上高とも増加している。また，女性起業❷による直売所，農協直営の直売所❸，国の事業で整備された「道の駅」❹のような直売所も各地に誕生した（図7，8）。

❶こうした伝統的な直売としては，石川県輪島市の朝市，岐阜県高山市の朝市，高知市の日曜市などが有名である。

❷農村の女性が主体的に取り組む経済活動で，増加傾向にある。農産物加工品の製造・販売や農産物の直売，農家レストラン，農家民宿のほかに，農作業受託や高齢者世帯への給食サービスなど，多様な事例があげられる。

❸農協が直売部会などの生産者組織をつくり，建物・施設の整備や販売店員の雇用，代金精算などの運営面で支援しているもので，大規模な直売所が多い。

❹国土交通省の主管事業で，全国の主要道路に「駅」の役割をする施設として整備されている。2004年8月現在で全国に785駅が登録。駐車場，トイレ，休憩所のほかに，交流を図るための物産販売施設が設置されていることが多い。

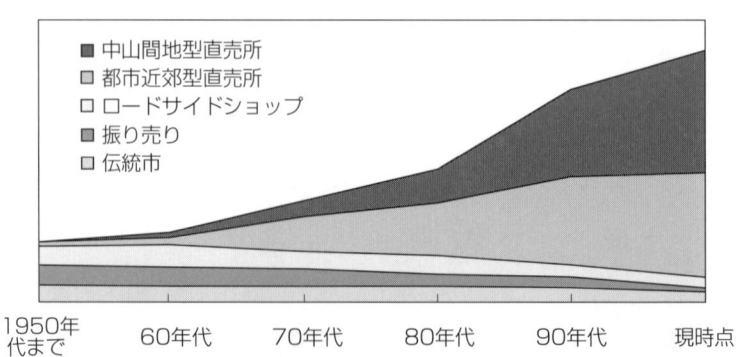

図6　**直売活動の推移**（飯坂正弘「農産物直売所の現状と課題」『農業及び園芸』第76巻第6号，2001年による）
注　ロードサイドショップとは，道路沿いの直販店。

そして現在では，施設の改善や運営方法の工夫によって，年間販売高が数億円に達する大型の直売所もあらわれている。

図7　農協直営の大規模な直売所

図8　「道の駅」の直売所

参考　直売所の増加の要因

　全国の直売所の実態を正確に把握することはむずかしいが，その数は1万か所以上に及び（表1），その総販売額は500億円を上回るといわれている。このように直売所が増加したおもな要因としては，以下の点があげられる。

　①道路交通網の整備，休暇の増加　消費者が休日などを利用して車で農村部をおとずれ，直売所に立ち寄る機会が増えた。

　②消費者の安全・健康志向の高まり　新鮮で安全な農産物を求める消費者は，生産者の顔がみえる流通形態を求めるようになった。

　③農村部での農産物消費の増大　農家の自給が減少したことや農村の混住化が進んだことなどによって，農村部においても青果物などの買い手が増加した。

　④生産者の高齢化・兼業化　市場出荷による生産・販売活動が困難となった農家にとって，直売は多額ではないにせよ，収入を得て生きがいをもてる場になっている。

　⑤地方自治体などの支援　全国的に，行政による生産者の直売活動に対する支援が実施された。

表1　農産物産地直売の実態（全国，1997年度）　　　　　　　　　　　　　　　　　（単位：件数，%）

形態	実施件数	取扱い品目別実施件数								
		野菜	果樹	花植木	畜産物	特産物	加工品	林産物	米	その他
有人直売所	3,761	2,382	1,407	1,000	219	583	1,329	623	188	360
無人直売所	1,968	1,593	383	401	73	47	213	208	6	150
朝市・夕市	1,826	1,230	497	608	64	107	534	161	37	164
庭先販売	2,281	1,396	788	208	82	92	30	44	5	42
うね売り	189	154	30	1	—	5	—	—	—	—
出張販売	145	97	32	45	13	13	57	18	7	11
契約販売	537	321	74	25	19	31	80	37	29	31
宅配・宅送販売	739	224	272	27	70	109	275	79	54	78
合計	11,356	7,397	3,483	2,315	540	987	2,518	1,170	326	836
構成比	100.0	65.1	30.7	20.4	4.8	8.7	22.2	10.3	2.9	7.4

（埼玉県農林部食品流通課の資料より作成）

注　3道県のデータが欠落している。

第5章

2 観光農園の企画・開園と運営

1 観光農園のタイプとその特徴

　観光農園は，農産物の生産・販売に加えて，農産物を収穫する楽しみや観賞，休息の場を消費者に提供するサービスをおこなう性格をもっている。このサービスの内容によって，現在みられる観光農園は，おもに次の4つのタイプに分けることができる。

収穫体験型　農産物の収穫を体験することを目的として開設された観光農園で，代表的なものとして果樹のもぎ採り園があげられる。これらのほかに，イチゴ狩りやいも掘りなどの野菜収穫や花摘み（図1）などもみられ，その種類は増えている。

場の提供型　観光梅園や観光花き園で，消費者に植物などの観賞，休息，見学の場を提供することを目的に開設されている（図2）。これと同時に直売所を設置し収益をあげる例が多い。

複合型　最近増加しているのは，農産物の収穫体験や観賞などの場の提供に加えて，消費者にそば打ちやソーセージづくり，フラワーデザインなどの農産加工を同時に体験させるタイプの観光農園である（図3）。こうした取

図1　収穫体験型観光農園（ポピーの花摘み園）

図2　場の提供型観光農園（チューリップ園）

図3　複合型観光農園（押し花づくり）

組みの内容は近年多様化してきている。

オーナー制度　果樹や野菜などでオーナーを募集し、収穫時に一定の生産物を提供するしくみである。一般には、農業者が自園の果樹などを消費者に貸し付け、利用者は収穫物を自由に手に入れることができる。契約対象となる果樹やメロン、チャなどには、1本あるいは1区画ごとにオーナーの名前が表示される（図4）。

一般的な管理は生産者がおこなうが、開花時には花粉の交配など一部の作業を生産者と利用者が一緒におこなう事例もみられる。契約は、1年単位の場合が多い。

また、観光農園は、その経営形態によって、次のように分けることができる。

　①個別農家が複合経営の1部門としておこなう個別型
　②共同で農園の宣伝や観光客の受け入れなどをおこなう集団型
　③観光客の受け入れを、おもに新たな販路開拓と位置づけている企業的経営

図4　名札をつけたオーナー制のリンゴ園

参考　消費者の利用した観光農園の実態

関西地方で観光農園の利用状況を消費者にたずねてみると、回答者の約9割が、観光農園の利用経験をもち、今後も利用回数を増やしたいと考えていた。

利用の多い観光農園は、ブドウ狩り、ミカン狩り、イチゴ狩りなどであった（図5）。これらが多い理由としては、設置数が多いこと、知名度が高いこと、小学校の遠足などで行く機会が多いこと、などが考えられる。

オーナー制度については、まだ利用が少なかったが、ミカンやリンゴでのオーナー制度の利用がみられる。

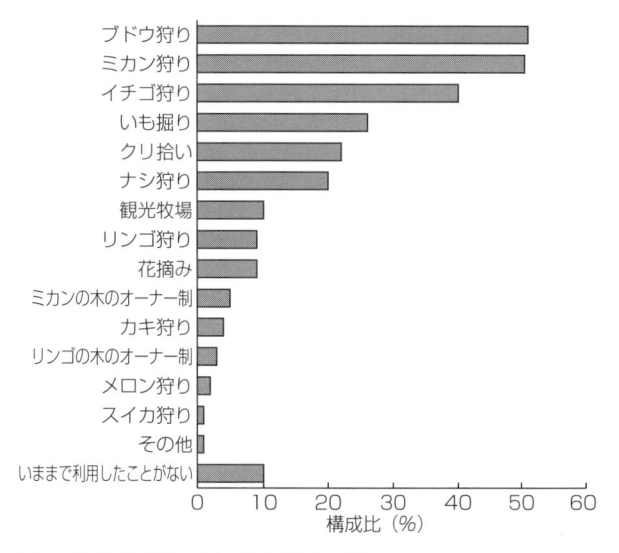

図5　消費者が利用した観光農園の種類
（光定伸晃「消費者の観光農園利用実態と観光農園経営の展開方向」『中国農試農業経営研究』第127号、1999年による）
注　「和歌山県農林水産業まつり」入場者に対するアンケート（1997年9月実施）による。回答数は146。

2 観光農園の企画と開園

　観光農園の経営には，第3次産業であるサービス業としての要素が加わるため，一般の農業経営とは異なる多くの特徴をもつ。それらを考慮しながら，観光農園の導入の手順と留意すべき点について，図6の流れに沿って考えてみよう。

事前準備　**全体構想を描く**　観光農園を導入する目的をはっきりさせ，それにあわせて導入作目，運営方法や施設，規模，資金などの全体構想を検討する。

　経営的にみて，導入品目は1品目か複数品目か❶，営業期間は周年か収穫期の一時期かについて，導入目的や立地条件（自然条件，周辺環境など）とあわせて検討する。とくに，果樹を栽培する場合は，その土地の自然条件（気象，土壌，地形など）に適した品目・品種を選定することが大切である。また，利用客は自動車で来園することが多いため，道路が園地の近くまで敷設されていることが第1条件である（図7）。

❶最初は1品目から始め，既存部門との競合関係が生じないように工夫しながら，徐々に増やしていくのが堅実な道である。

図7　道路が通り，駐車場が確保された観光農園

〈手順〉	〈おもな検討・準備事項〉	
事前準備（調査・検討）	・事前学習，先進事例などの調査 ・運営方法や施設，規模の検討 ・建物，付帯施設の検討	・導入する作目の検討 ・立地条件の検討 ・関連機関との連携，協力関係の構築
基本計画の策定	・経営収支計画の策定 ・建物,施設,栽培ほ場の整備計画策定	・栽培計画の策定 ・雇用計画，資金計画の検討
ほ場・建物・施設の整備	・ほ場の整備（植栽,園内道,地形改造など） ・必要な届出・許可の取得	・建物，付帯施設の建設
開園準備	・運営組織，担当者の決定 ・開園準備 ・接客，販売の練習	・直売などの販売方法の検討 ・開園時に必要な備品，資材の準備 ・イベントの企画，PR方法の検討
営業開始	・マスコミなどへのPR	・オープニングイベントの開催

図6　観光農園導入の企画・計画（もぎ採り園）

経営形態の検討　観光農園を営む事業体として，個別型か集団型かを決める。観光農園は地域振興政策や事業と絡めて取り組むことが成功するポイントとなるから，市町村や農協などと連携をとりながら一体となって進めることが重要である。

サービス業に対応できる経営者能力の養成　観光農園を営む経営者には，作物を栽培し家畜を飼うという技術者的能力に加えて，消費者を集めてサービスを提供するという商業的適性能力が要求される。観光農園の先進事例や一般の観光施設を事前に調査し，これらを学ぶとともに構想をチェックする。

関係機関との連絡・交渉　レストランや加工食品の製造，宿泊施設の設置などに取り組む場合は，それぞれ飲食店営業，食品製造業，旅館業などの届出や許可が必要である。これらは，保健所❶に相談して事前に準備することが義務づけられている。また，運営や製造・販売などについて関連機関からの指導や支援を求めることが多い。これらの関連機関と連絡をとりながら，必要な届出をおこなうとともに有用な情報を得る（表1）。

基本計画の策定

総合的な基本計画　たんなる栽培計画だけではなく，経営計画を立てて取り組むことが必要である。経営収支計画，建物・付帯施設・栽培ほ場の整備計画，初期投資（資金）計画などをしっかりと立てておく。

雇用計画の検討，資金の調達　観光客を受け入れると，雇用労働を活用することが多くなるので雇用計画を検討する。また，資金の借入には制度資金❷が活用できるので研究する。

施設などの整備から開園まで

ほ場，建物，付帯施設の整備　導入する観光農園の目的やサービスの内容，規模などにあわせて，ほ場，建物，付帯施設を整備

❶農産物の加工・販売や飲食店の営業にあたっては，最寄りの保健所で営業許可の手続きが必要である。食品の製造，調理をおこなう場合は，必ず事前に保健所に相談し，指導を受ける。

❷農林漁業金融公庫資金や農業近代化資金に，観光農園や直売施設を整備するための資金が設けられている。農業改良普及センターや農協に相談し，指導を受けるとよい。

表1　観光農園・直売所のおもな関係機関と支援・指導内容

機関	運営などの支援，指導の内容
農業改良普及センター	産品づくり指導，運営指導，制度資金の活用　その他情報提供
市町村役場	各種事業（補助金）の活用，建設・転用許可　その他支援
農業協同組合	指導全般
保健所	加工品の製造販売許可，衛生指導
商工会・観光協会	宣伝，イベントの企画，運営指導

する（表2）。生産に直接関係しない付帯施設として，駐車場とトイレの設置は最低限必要である。

接客対応，販売方法の検討　開園までに必要な備品や資材の準備をする。また，接客・販売の練習をおこない，接客対応や販売方法をチェックする。接客対応では，苦情処理なども含め，想定されることがらについて事前に検討しておくことが重要になる。

広告・宣伝，集客方法の検討　パンフレット（図8）やポスターなどの作成・配布，新聞や雑誌への広告掲載などを検討する。ま

表2　観光農園のおもな付帯施設の整備

観光農園のタイプ	施設・設備（◎印は必ず整備したい施設）
いも掘り，イチゴ狩り	◎駐車場，◎トイレ，◎受付・案内所，◎かんたんな休憩所（テントを張ってもよい），◎水洗い場，直売所
ミカン狩り，ブドウ狩り，リンゴ狩りなどのもぎ採り園	◎駐車場，◎トイレ，◎受付・案内所，◎かんたんな休憩所，◎水洗い場，◎直売所，放送施設，教育用品種展示，野外調理場（バーベキュー施設），散策路
観賞用植物園など，場の提供型農園	◎駐車場，◎トイレ，◎入場券売場・案内所，◎休憩所，◎食堂，◎水洗い場，◎直売所・売店，放送施設，教育用展示，◎事務所，温室，散策路，◎園内案内図，立札，道路の指示標，花壇，芝生広場
農産加工体験ができる複合型観光農園	◎駐車場，◎トイレ，◎入場券売場・案内所，◎休憩所，◎食堂，◎水洗い場，◎直売所・売店，展望台，◎放送施設，教育用展示，◎事務所，加工施設，◎加工体験施設，◎園内案内図，道路の指示標，花壇，芝生広場，散策路

（藤井信夫編『観光農業への招待』1972年を参考に一部を追加，修正）

実践例　**集団型観光農園の取組み**　▶▶▶▶▶▶▶▶▶▶▶▶▶▶▶▶▶▶▶▶▶▶▶▶▶【有田巨峰村】

　和歌山県の北部，有田川沿いに開けた金屋町では，個別に観光ブドウ園を経営する28戸の農家が，「有田巨峰村」という共通の名称をつけて，消費者への宣伝や園内の案内などを共同でおこなっている（図9）。

　この観光農園は，和歌山市や大阪府泉南地域から自動車で約1時間で到着可能な位置にあり，ブドウ狩り開園期間の8月20日〜9月中旬の約1か月間に，2万人あまりの消費者が毎年おとずれている。

　有田巨峰村は金屋町観光協会に加盟しており，ブドウ狩りの広告・宣伝などを協会に委託している。観光協会では，有田巨峰村からの依頼を受けて，テレビ，ラジオなどによる宣伝，コミュニティ紙や雑誌への広告掲載，開園時のイベントの企画などをおこなっている。また，有田巨峰村では，アルバイト職員を共同で雇用し，開園期間中の来園客の受付・案内をおこなっている。

図9　ブドウ園での直売

た，開園時にイベントを企画したり，マスコミに農園の報道をはたらきかけたりすることも，利用客を増やす有効な方法である。

3 観光農園のほ場と施設の整備

ほ場と栽培計画　観光農園のほ場管理は，ただたんに生産量を多くするためだけの管理ではなく，次のような点にも注意することが必要である。

農産物が収穫しやすい　もぎ採り果樹園では，収穫する果実の着果位置が高すぎるようでは利用客が困る。整枝・せん定や間伐によって樹高や樹形を調整するとともに，園内を利用客が歩きやすくすることが大切である。

同様に，イチゴ狩り園やいも掘り園，花摘み園などでも，利用客の収穫しやすいうねの大きさや歩きやすいうね間の広さにすることが必要である。イチゴ狩り園では，高設栽培の装置を導入して，立ったままの姿勢で収穫できるように工夫している農園もある（図10）。

農産物の味がよい　利用客の観光農園をおとずれる目的の1つは，もぎたての，あるいは掘りたての新鮮でおいしい農産物を味わうことである（図11）。スーパーや果物店で買ったものでは，味わうことのできないものを求めている。それだけに味のよい農

図8　パンフレットの例

図10　収穫作業がらくなイチゴの高設栽培

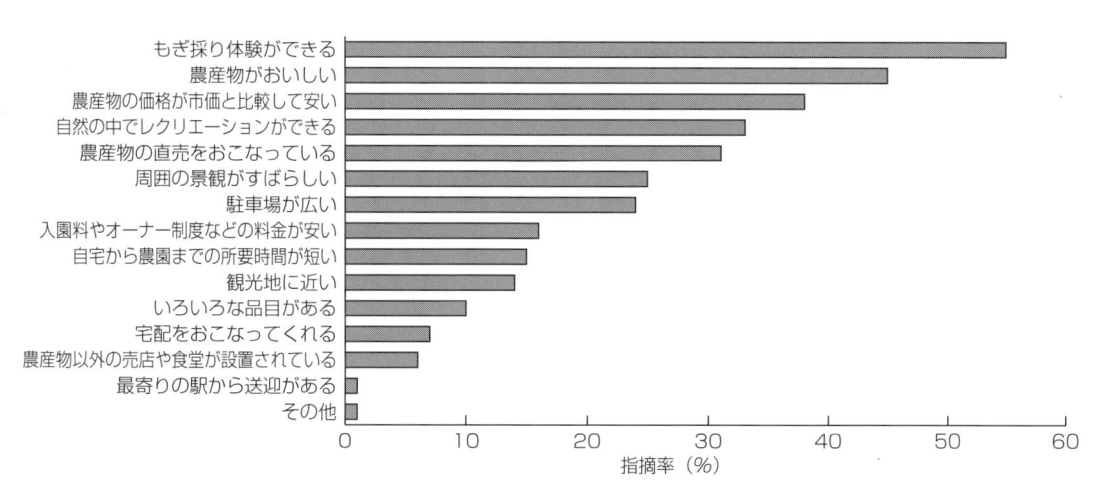

図11　消費者が観光農園を選定するさいの基準　　　　　　　　　　（図5と同じ資料による）
注　「和歌山県農林水産業まつり」(1997年9月)と「和歌山県花と緑のフェスティバル」(1998年2月実施)の入場者
　　に対するアンケートをもとに作成。上位5つ以内で回答を求めている。回答数は409。

産物(品種独自の味)をつくるための努力と工夫が大切である❶。さらには,案内板などで品種や栽培方法の特徴,おいしい食べ方を利用客に教えるのも工夫の1つである(図12)。

収穫期間が長い 収穫が短期間で終わるものでは,来園客数に限度がある。果樹や花の種類や品種の組合せ,施設などによる作型の組合せ❷などによって,長期化を図ることが必要となる。観光植物園のように周年開園しているところでは,四季をとおして利用客の目を楽しませる植物を栽培しておく必要がある(図13)。

利用客が活動(作業)しやすい 収穫やその他の作業をするさいに,作業がしやすいように管理されていなければならない。高齢者や子ども,体の不自由な人にも利用しやすい条件が求められる(図14)。ほ場を移動しやすくするために,きれいに除草して,うね間を広くとっておくこと,園内道を整備しておくことが大切である。また,園内で利用客にけがなどの事故の発生がないように,安全面にも十分配慮する必要がある。

| 付帯施設の整備 | 観光農園に必要な付帯施設は,農園のタイプや規模によって異なるが,駐車場とトイレ,休憩所などは,すべての観光農園に必要である(➡ p.182 表2)。一般的には,以下のような施設・設備が考えられるが,すべての施設が必要というわけではない。利用客が使いやすく安全性の高い施設・設備を,過剰投資にならないように注意しながら整備することが大切である(図15, 16)。

利用者サービス関係 駐車場,トイレ,休憩所,受付・案内所,

❶集団型の観光農園では,メンバー全員の生産物の味や品質をそろえるために,栽培技術の統一をはかることも必要である。

❷たとえば,ブドウ栽培では,加温栽培,無加温栽培,雨よけ栽培を組み合わせることで収穫期間を長期化でき,同じ雨よけ栽培でも複数の品種を栽培することで長期化できる。

図13 利用客の目を楽しませる植物の例(ストレリチア〈極楽鳥花〉)

図14 管理が行き届いた農園(子どもも参加できるモモ園)

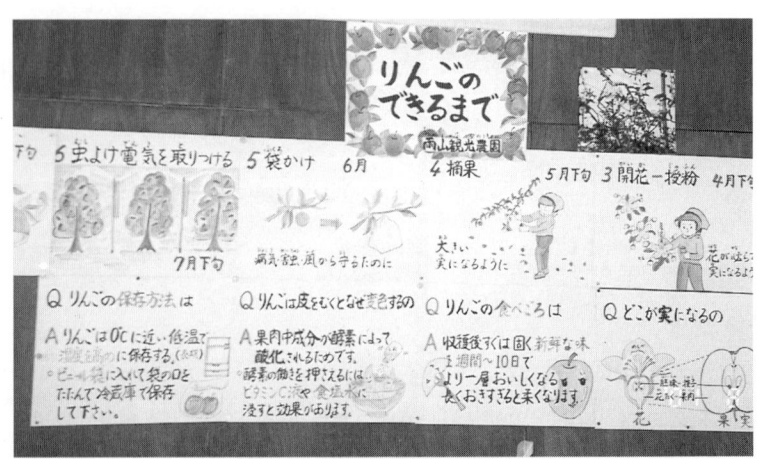

図12 栽培方法を伝える手づくりの案内板の例

手や足の洗い場，水飲み施設など
　　販売施設　直売施設（直売所），飲みものなどの売店，食堂など
　　体験・レクリエーション施設　加工体験施設，野外調理場など
　　生産・展示施設　温室，ハウス，農産物加工施設，見本園など
5　**農場運営関係**　事務所，農具・資材用倉庫，かん水施設など
　　その他　園内案内図，案内用看板，立て札，放送施設など

4　観光農園の運営と接客

　観光農園の運営方法について，ここでは，現在の観光農園のなかで最も多い収穫体験型のもぎ採り園を中心にして考えてみよう。

| 宣伝とサービスの充実 | **利用客への宣伝**　観光農園の利用者は家族単位の場合が多い。利用者の拡大を図るには，これらの利用者の満足度を高めて，口コミ❶で評判が伝わっていくことが大切である。また，新聞・雑誌やテレビ・ラジオなどのマスコミで取り上げられると，宣伝効果 |

❶マスコミにたよらないで，人の口から口へと伝わる評判のこと。

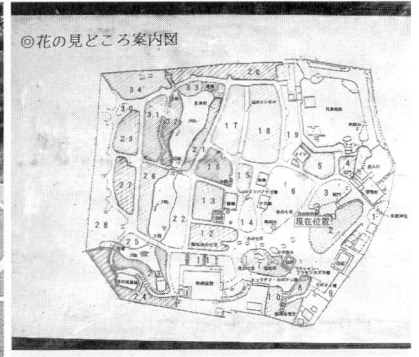

図15　観光農園の受付（左：ブドウのもぎ採り園）と案内板（右：花の観賞園）の例

図16　休憩所（左：イチゴ狩り園）と直売施設（右）の例

は大きい（図17, 18）。

多くの人数に対応できる条件がととのえば，町内会や学校・幼稚園などの団体利用，観光旅行社のバスツアーなどの受け入れ（図19）をおこなうことも，利用客を増やすうえで有効である。

生産物の品質向上　消費者の求める，安全で味がよく新鮮な農産物を提供するためには，栽培技術の向上が欠かせない。定期的に試験研究機関や農業改良普及センターなどの協力を得て，技術研修をおこなうことが望ましい。

入場料・販売価格の設定　入場料の設定方法は，導入品目や運営の方針によって異なっている❶。先進事例に学び，また事業内容に応じて，消費者の値ごろ感にあった入場料の設定を検討する。農園内での生産物の販売価格についても同様である。

直売・宅配サービスの充実　食の安全性志向が高まるなかで，生産者の顔がみえる観光農園の直売農産物は，消費者に安心感を

❶「有料で食べ放題」「入場料は無料で，収穫物を全量買い上げ」「入場料にいくつかの農産物がついている」など，さまざまな形態がある。

図17　イベント（左）とマスコミ取材（右）の例

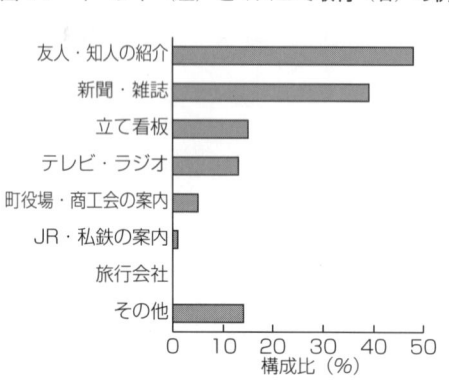

図18　観光農園を知ったきっかけ
注　観光ブドウ園（有田巨峰村）来園者に対するアンケート（1999年8月実施）より作成。回答数は137。

図19　団体客の受け入れの例（花摘み園）

与えるものとして喜ばれる。観光農園の売上をみても，園内での直売や宅配便販売による売上が大きな比率をしめている（→表3）。したがって，直売施設は必ず設けるようにするとともに，宅配便サービスや贈答用ケースの準備も欠かせない。

労力・資金などの管理

労力の確保と雇用　観光農園の特徴として，休日や収穫期が繁忙期となり作業が集中する。このため，日ごろから農作業と接客業務をおこなう人員を確保するとともに，繁忙期には臨時雇用をおこなうことも必要である。人件費の節減のためには，仕事量の推移を把握し，計画的な雇用をおこなうことが必要である。

収支計画の策定と支出の管理　観光農園を大規模に周年営業する経営では，人件費，広告宣伝費，建物・施設の減価償却費など

参考　観光農園来園者の消費行動と経済効果の高め方

観光農園をおとずれた消費者は，観光農園の周辺地域で，旅行目的である観光農園以外のさまざまな施設，直売所，小売店，レストランなどに立ち寄り支出をおこなう。

表3は，和歌山県美里町「みさとチューリップ園」の来園者の支出内容の調査結果である。これをみると，来園者の82％が園内でなんらかの飲食をし，60％が土産品を購入しており，園内での飲食費と土産品購入額が総支出金額の43％をしめている。

このように，観光農園内での飲食のサービスや土産品販売は，観光農園の収益を向上させる有効な手段である。

また，来園者の40％は，チューリップ園以外に，温泉宿泊施設や飲食店，直売所などに立ち寄っており，そちらでの支出金額は，総支出金額の27％をしめている。

このような地域内の施設・業者と連携しながら観光農園を運営することは，地域全体としての経済効果を高める有効な方策であり，地域の活性化にもつながる。

表3　観光農園来園者の1人当たり支出金額

支出先	支出金額(円)	構成比(％)	支払グループ比率(％)
チューリップ園内	1,335	73	100
入園料	472	26	100
飲食費	436	24	82
土産品購入額	341	19	60
駐車場料金	86	5	89
チューリップ園外	494	27	40
K荘（温泉宿泊施設）	262	14	21
食堂，喫茶店	29	2	2
商店	25	1	4
D温泉（温泉宿泊施設）	25	1	3
農産物直売所	4	0	2
天文台	4	0	1
ガソリンスタンド	2	0	1
その他（鶏卵の購入）	143	8	15
合　計	1,829	100	

注　みさとチューリップ園来園者に対するアンケート調査（2000年4月実施）により作成。回答数は126グループ。支払グループ比率は，支出のみられたグループの比率を示している。

が多額になり，資金運用面で経営を圧迫しかねない。そのため，経営収支の計画を立て，これに沿って計画的に支出の管理をおこなうことが基本である。そして，経営上の問題点をチェックし，改善を図る。

接客と顧客管理

接客業務の習得・マニュアル化 利用客への対応は，従来の農業経営では必要のなかった分野である。そのため，接客マナーや利用客への接し方の研修を，市町村の観光協会などと相談しながら実施して，接客業務の習得に努める。とくに，従業員を雇用している場合は，接客業務のマニュアル化を進め，その向上に努める必要がある。

生産者自らが運営する観光農園では，丹精込めた農産物に自信をもち，生産者ならではの接客に心がけることも大切である。たとえば，自家農産物の特徴（品種，栽培・加工法の工夫など）や地域の自然や農業，文化などについて，都会の人にもわかりやすく説明できるようにしておくことが望ましい。

顧客管理とニーズの把握 観光農園を一度おとずれた利用客がリピーターとして再度おとずれるようにするためには，利用客名簿を作成しておき，農園の四季折々の情報を提供するなどの顧客管理やアフターケアが必要である。また，利用客へのアンケート調査を定期的におこなうなどして，利用者のニーズを把握して運営の改善に努める。最近では，インターネットのホームページを開設し，情報の提供と収集をおこなっている農園も多い（図20）。

図20 ホームページでの情報提供の例

第5章
3 直売所の企画・開設と運営

1 直売所のタイプとその特徴

直売所のタイプ

　直売所の形態は，かつては，1週間あるいは1か月に1回というように定期的に日時を決めて露天で開設される朝市や夕市，沿道での無人直売所などが多かった（図1）。最近では，店舗を構えてほぼ毎日開店し，販売員をおく有人直売所が増えている（図2）。

　直売所のタイプには，生産者が個人で設置したものと，集団で設置したものとがあるが，地域の活性化を図ることを目的に，生産者が集団でおこなっている直売活動を，自治体，市町村農業公社，農協などが支援しているケースも多い。

　直売所を売上高によって区分すると，表1のように，①小規模直売所（売上額1千万円未満），②中規模直売所（売上額1千万円以上），③大規模直売所（売上額1億円以上）の3つに分けられる。

　また，立地条件から「都市近郊立地型」「中山間地域立地型」と分ける方法，「商業地域」「住宅地域」「郊外地域」「観光地域」などの地域区分を用いる方法もある。

図1　無人直売所の例

表1　農産物直売所の売上高による区分

項目	小規模	中規模	大規模
年間売上金額	1千万円未満	1千万円以上	1億円以上
運営組織	任意組織（生活改善グループ，集落組織など）	任意組織，農協	農協，法人組織
参加農家戸数	10戸前後	100戸前後	100戸以上
営業日数	季節営業あるいは週に1～3日	週に4～6日	ほぼ毎日
販売員	農家の当番制	農家の当番制 臨時職員	専業従業員 臨時職員
販売施設	テント，簡易施設	簡易施設	鉄筋施設
会計	手計算	レジ利用	レジ利用 バーコード導入

（中国四国農政局計画部・中国農業試験場『ひろがる農産物直売所』1998年により作成）
注　集団で設置・運営される直売所について示している。

図2　有人直売所の例

規模別の直売所の特徴

小規模直売所は，せまい範囲の地域の農家が生産物を持ち寄り販売している，農家グループによる運営の直売所が多い。その設置・運営は集落組織や生活改善グループ，高齢者グループなどの農家グループが担当している。中規模直売所は，運営組織や方法がさまざまである。

大規模直売所は次のような特徴をもっている（→ p.189 表1）。

①大規模な組織に向いた運営組織や規約がつくられ，専従の販売担当職員が配置されている。また，大規模な駐車場が確保され，トイレ，休憩所などの付帯施設も充実していて集客力が高い。

実践例　売上高20億円をこえる大規模直売所　▶▶▶▶▶▶【めっけもん広場】

「JA紀の里 めっけもん広場」は，典型的な農協直営の直売所である（図3）。2000（平成12）年11月に開店して以来，売上高を伸ばし，2003年度には22億8,000万円を販売している。2004年3月末現在の出荷者登録数は1,503名である。

この直売所は，紀ノ川沿いの打田町にあり，大阪府に近いことから，地元の消費者に加えて大阪府南部地域からの来客が多く，2003年度の年間延べ来客数は83万人に達している。

この施設の敷地面積は8,369m^2で，鉄骨平屋建ての直売所建物（延べ床面積1,350m^2）と駐車場（6,072m^2）が設けられている。直売所の売場面積は967m^2で，ほかに施設として研修室，事務室，バックヤード，トイレなどが設けられている。

この直売所では，POSシステムによって販売管理，代金精算がおこなわれ，また，このシステムを活用した生産者へのサービスとして，電話によるリアルタイムの販売状況通知サービス（音声応答システム）がおこなわれている。出荷農家は，電話をかければ出荷物の販売数量を把握することができる。

また，品ぞろえを豊富にするため，農協管内の特産品製造業者や加工業者などを出荷者として登録しているほか，全国の7農協と提携し，管内では生産量の少ない品目を直接仕入れている。

図3　大規模直売所の例（左：駐車場と建物，右：内部の商品配置の状態）

②多数の会員や外部からの仕入によって，安定的な品ぞろえがされている。農協直売所では，農協間の連携により外部からの仕入をおこなっているところもみられる。

③POS（バーコード）システム❶の導入により，精算事務の効率化が図られている。また，このシステムを拡張して，電話などで会員がリアルタイムに売上数量の確認ができる直売所❷もあらわれている。

❶ POSとは，Point of Salesの略称。商品のバーコードを読み取って，商品名や価格などの情報をコンピュータで管理するシステム。

❷ 愛媛県内子町「フレッシュパークからり」，和歌山県打田町「JA紀の里 めっけもん広場」などがある。

2 直売所の企画と開設

ここでは，生産者（農家）が集団で直売所を開設しようとするさいの手順と留意すべき点について，図4の流れに沿って考えてみよう。

構想と推進組織づくり

全体のおおまかな構想を描く 直売を始めようというメンバーが集まったら，販売方法や規模などのおおまかな構想を話しあう。討議する内容は，開設日時，施設の概要，販売品目，店舗の運営方法，出荷者の組織形態，開設資金などである。

規約・規則の検討と役員の選定 直売所の全体概要が決まった

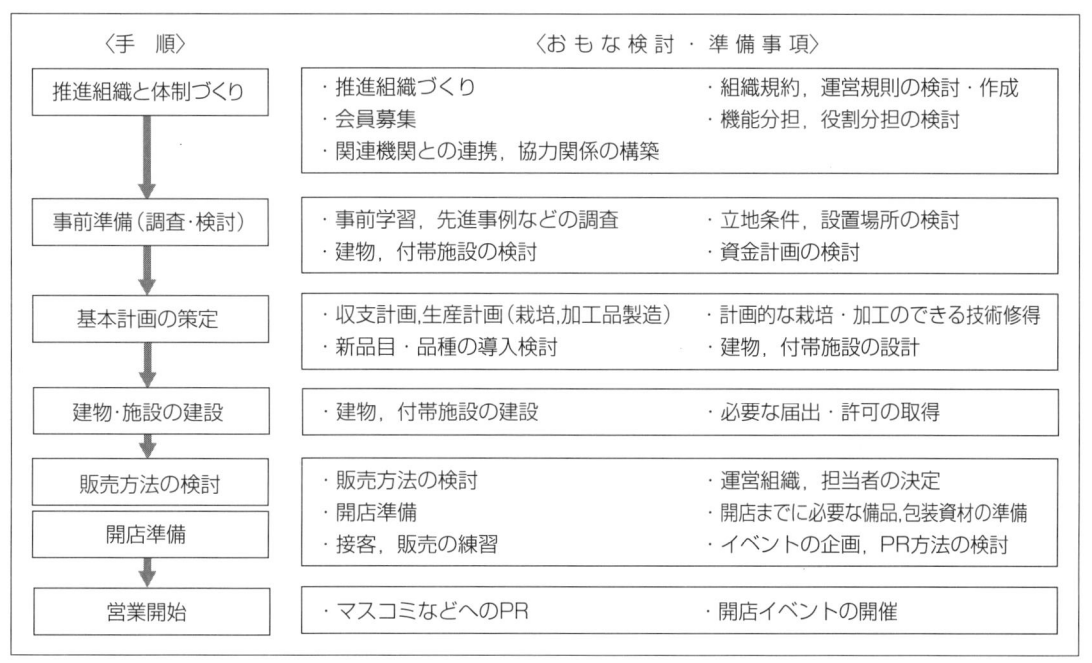

〈手順〉	〈おもな検討・準備事項〉	
推進組織と体制づくり	・推進組織づくり ・会員募集 ・関連機関との連携，協力関係の構築	・組織規約，運営規則の検討・作成 ・機能分担，役割分担の検討
事前準備（調査・検討）	・事前学習，先進事例などの調査 ・建物，付帯施設の検討	・立地条件，設置場所の検討 ・資金計画の検討
基本計画の策定	・収支計画，生産計画（栽培，加工品製造） ・新品目・品種の導入検討	・計画的な栽培・加工のできる技術修得 ・建物，付帯施設の設計
建物・施設の建設	・建物，付帯施設の建設	・必要な届出・許可の取得
販売方法の検討 開店準備	・販売方法の検討 ・開店準備 ・接客，販売の練習	・運営組織，担当者の決定 ・開店までに必要な備品，包装資材の準備 ・イベントの企画，PR方法の検討
営業開始	・マスコミなどへのPR	・開店イベントの開催

図4 直売所開設の企画・計画（集団対応）

ら，組織規約，運営規則を検討し作成する。そして，一緒に直売所に出荷する会員を募集する。

出荷者を増やすとともに，組織のなかの機能分担，役割分担をおこなう（図5）。当面必要なことは，代表者および役員の選定，定期的な会合の設定，連絡網の決定などである。

関係機関との連絡・交渉 関係機関に，店舗の運営や，栽培・加工技術，資金の調達などについて，指導や支援を求める場合が多い。観光農園と同様に，これらの関係機関と連絡を取りあい，必要な届出や許可申請をおこなうとともに有用な情報を得る（→p.181 表1）。

事前準備

事前学習 全体構想をつくってみたうえで，不明な点や検討を要する点については，先進事例を視察したり，事前に学習したりするとともに，構想を再検討して必要な修正をおこなう。

立地条件，設置場所の検討 直売所の顧客は口コミで増えることが多いが，設置場所は道路からみえるわかりやすい場所が有利である。幹線道路から少し離れていても，わかりやすい案内看板（図6）と駐車場があれば，顧客を確保することは可能である。

また，直射日光がはいると商品が傷むので，地形と店の向きをよく検討する。

建物，付帯施設の検討 直売所の建物や施設は，出荷者数や集荷品目の種類と量をもとに検討する。また，駐車場やトイレなどの付帯施設や電話，レジスタ（レジ）などの備品についても検討する（図7）。同時に，これらの施設の建設や備品整備のための資金計画を立て，制度資金の活用について研究する。

基本計画の策定

品ぞろえを安定かつ豊富にして直売所を周年営業するには，計画的な，直売する作物の栽培や生産物の加工が求められる。出荷者から生産・出荷計画を出してもらい，生産を調整することで販売品の時期的なかたよりを解消するように努める。また，新しい品目や品種の導入，加工品の開発も計画する。

開店まで

販売方法，運営組織，販売担当者を決定する。開店時までに，必要な備品や包装資材

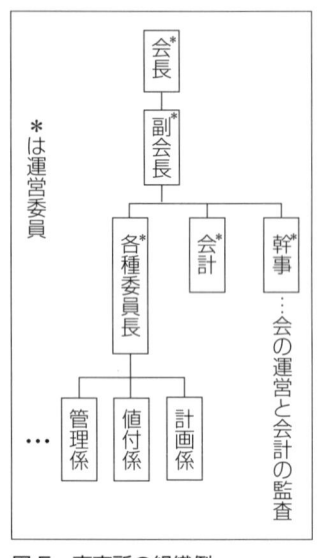

図5　直売所の組織例
（青果物地域流通研究会編『都市近郊の青果物産地における地域流通の販売管理マニュアル』2000年による）

図6　案内板の例

の準備をする。また，接客・販売の練習をおこない，販売方法をチェックする。

　開店時にはイベントを企画し，消費者を集める工夫をする。また，イベントの開催をマスコミをとおして宣伝することも，利用客を増やす有効な手段となる。

3　施設の整備と商品の充実

施設の整備

建物・駐車場　農家がおこなっている直売所というイメージを大切にし，建物などは素朴で清潔な施設がよい（図8）。直売所店内の照明は明るくし，商品がみやすくなるように工夫する。また，消費者の動きを想定し，陳列棚の配置などを検討する。

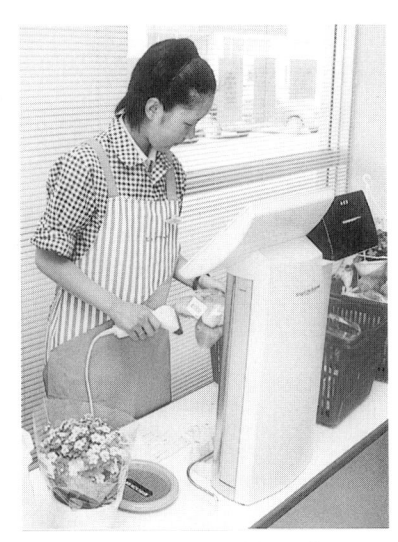

図7　POSシステムによるレジ　　図8　素朴で清潔な直売所の建物

参考　アメリカの直売所─ファーマーズマーケット

　アメリカでも日本と同じように，町の中心部の通りや公園で，週に1～2回登録農家による直売所が開設される。このファーマーズマーケットは，もともと地域の小規模農家を支援するためにNGO（環境保護や農業・人権擁護などの市民団体）を中心に普及を始めたが，現在では行政なども加わり急速に拡大している。

　活動主体は，農家に加えて市民団体，環境グループ，自治体，コミュニティ開発業者などである。

　このファーマーズマーケットは，農家による野外販売の枠をこえて，有機農業運動や貧困層の救済，文化・教育運動など幅広い活動として展開されている。

直売所を利用している消費者の多くは自動車で来店するため，駐車場を十分に確保することで，消費者はゆっくりと買いものをして生産者との交流するゆとりができる。

その他の施設・備品 トイレ，電話❶，案内看板などは設置が必要である。ファクシミリ❷，保冷庫，冷蔵施設❸，レジスタ❹，事務所・会議室❺などの施設・備品は，設置するのが望ましい。

商品戦略と栽培・加工

直売所への出荷者は高齢者や女性が多くをしめており，直売所で販売される生産物の多くは小さなほ場で栽培される。そのため，市場出荷を目的とした大量生産とは異なる，多品目少量生産の魅力を高める工夫が必要である。また，直売所では品そろえが重要であるため，会員で相談して計画的に品目数を増やす必要がある。

多品目栽培技術の習得 農業改良普及センターや農協に相談したり，地域の精農家を講師に招いたりして，多品目少量生産に必要な技術の習得を図る（図9）。ただし，多品目少量生産は，ともすると過重労働となりやすいため，作業の時間や方法を工夫する。

簡易な施設栽培の導入 トンネルや無加温ハウスを利用すると，あまり経費をかけずに，出荷時期を露地ものの最盛期から移動でき，品薄になりがちな時期を少しでも解消することが可能となる。

栽培計画を作成 会員各自のほ場での栽培計画を作成し，栽培

❶トイレは，利用客と販売員のために，電話は，生産者や利用客との連絡用に必要である。

❷利用客から注文を受けるとき，文書で確実に連絡ができるため便利である。

❸加工食品や鮮度低下の激しい農産物の保管に必要である。

❹迅速な精算と記録保持に便利である。

❺販売担当者の休憩，かんたんな打ちあわせ，会議に利用する。

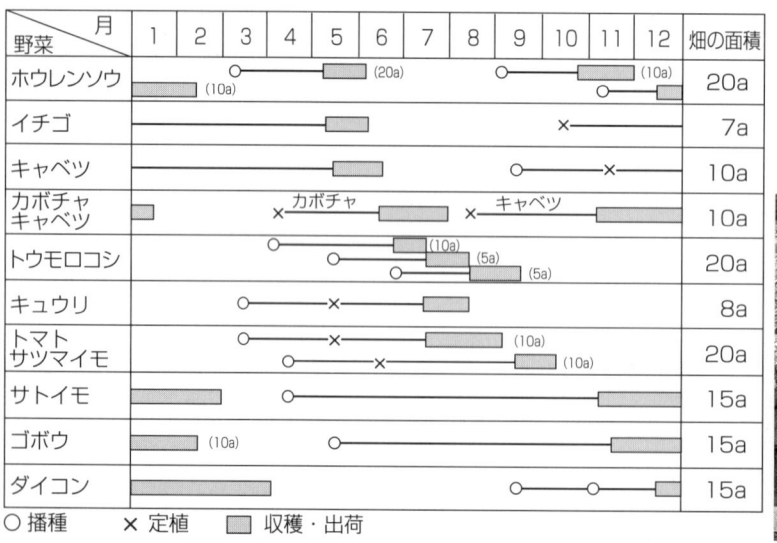

図9 直売をおこなっている農家の多品目少量生産の作付け例（左）と多品目少量生産のほ場例（右）（作付け例は，村上昌弘「野菜作経営の流通の現状と今後の方向」東京都農試「農業経営研究調査成績書」1994年より）

注 ほかに，ブロッコリー，エダマメ，インゲンマメ，ニンジン，コマツナ，レタスなどを栽培。

品目数，ほ場のあいている期間などを確認するとともに，新しい品目・品種の導入を検討する。また，会員の栽培計画を集計し，直売所全体の販売品目，販売可能時期などを検討する。

農産加工品の製造と販売　直売所の品ぞろえを充実させ特色ある直売所にするために，農産加工品の製造・販売を検討する。これには，各種の法律や条例で規制があるため，施設設計の段階から保健所などに相談する必要がある（➡ p.181）。

4　直売所の運営と接客

産品の販売管理

販売価格の設定　生産者が販売価格を自由に設定できることが，直売所の魅力の1つである。しかし，値ごろ感のある価格設定が大切であることから，組織の代表者や役員で基準となる価格を設定している例が多い。基準価格を公示している直売所も多くみられる（図10）。同時に，売上から徴収する手数料も設定しておく必要がある。

量目・規格・荷姿の検討　量目や規格についても，価格と同様に，生産者が自由に設定できるのが魅力の1つである。消費者の家族構成や利用法などを考慮して，めやすとなる量目を設定している例が多い。

品質管理　直売所で消費者から求められるのは，「安全・新鮮・安価な農産物」である。安全性はもちろん，「朝どり」の鮮度のよいものを販売することが大切である❶。生産者名のはいったラベルを貼ると消費者の信頼が高まる（図11）。とくに，加工品には，必ず生産者名，賞味期限などを明記したラベルを貼る。

残品処理　直売所での販売は，どうしても売れ残りが出る。しかし，根菜類など常温で保存のできるもの以外は，翌日の販売に回すことはしない。鮮度に対する消費者の期待を裏切らないためにも，残品は出荷者が持ち帰るか❷，閉店前に安値販売をして売り切るようにする。

大口需要への対応　直売所があるていど大きくなると，料理店や小売商などの業者が来店して，特定の品目を大量に購入していくこともある。そうなると，あとからおとずれた一般の利用客か

❶品質の鮮度を維持するため，店内では売場の風通しや日あたりには常に注意し，劣化を防止する。加工品や軟弱野菜は保冷庫を利用する。

❷残品をチェックすることは，価格設定や商品の品質，荷姿などの問題点を見つけ，出荷者に改善をうながす学習効果もある。

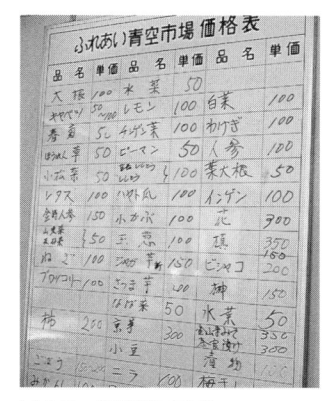

図10　価格公示の例

図11　生産者名のはいったラベル（バーコード）

ら不満が出る。したがって，大口需要については，事前に注文を受けて，その数量を別途に確保するなどの工夫が必要である。

消費者との交流とサービス

販売担当者の役割 販売担当者には消費者とじかに接することができるメリットがあるので，できるだけ生産者が店頭に立ち，消費者の要望を聞いたり情報を得たりするように努める。

利用客が増えて売上が増加すると，生産者の当番制にかわって販売担当者を雇用することが必要になる。その場合，販売担当者は，生産者と利用客のあいだに立ち，双方の意見を聞き伝える重要な役割を果たす。業務に適する人材を選定するとともに，接客マナーの勉強や実習を十分におこなう。

利用客への対応 消費者との対話を大切にし，消費者の質問や産品の評価については真剣に受けとめる（図12）。

消費者は口コミで増えることが多いため，接客サービスや産品の品ぞろえ・品質などで消費者の満足度を高めるための工夫が重要である。産品のつくり方や食べ方，保存法などについて，みやすいチラシやパンフレットを作成し利用客に配布したり，パネルをつくって展示したりする（図13）。また，地域の農業や農産物の旬などを紹介するパンフレットやパネルなども準備する。

消費者へのアンケートを定期的に実施して，利用客の購買状況や要望を把握し，関係者で運営の改善を検討するさいに利用する。

図13 加工方法や食べ方をアピールするパネル

図12 消費者との対話が大切な販売担当者

会計，収支管理

会計・精算 直売所における一般的な会計・精算の流れは，図14のとおりである。手計算では正確さと迅速さに限界があることから，できればレジスタを導入する。また，大規模な直売所では，バーコード（POSシステム，➡ p.191）を利用して精算しているところもみられる。

直売組織の運営 運営経費の記帳は確実におこない，収支計画に照らしあわせて運営経費の定期的なチェックをおこなう。

定期的に出荷者の会合をもって，直売所の成果や問題点を日ごろから話しあうことが大切である。また，売上の動向，経費の増減，利用客からの要望などは，出荷者全員で情報を共有して検討することが重要である。

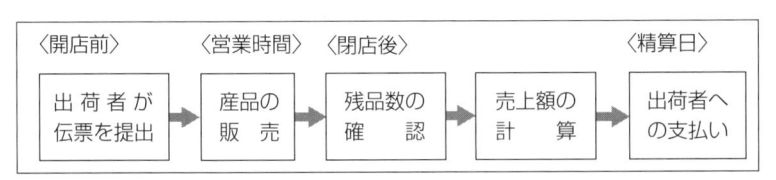

〈開店前〉出荷者が伝票を提出 → 〈営業時間〉産品の販売 → 〈閉店後〉残品数の確認 → 売上額の計算 → 〈精算日〉出荷者への支払い

図14　直売所の会計・精算の流れ
（中国四国農政局計画部・中国農業試験場『ひろがる農産物直売所』1998年による）

参考　生産者にとっての直売活動の魅力

直売活動の魅力について，農家が共同で運営している直売所の生産者にたずねたアンケートの結果によると，「自給農産物の余剰が販売できる」「規格や数量に拘束されずに出荷できる」「自分で価格を決定できる」などの経済的な魅力にとどまらず，「農家どうしの交流が深まる」「消費者の生の声が聞ける」「高齢者や女性が参加しやすい」などの非経済的な面も大きな魅力となっていることがわかる（図15）。

直売所の運営にあたっては，こうした魅力が十分に発揮できるように心がけることが大切になる。

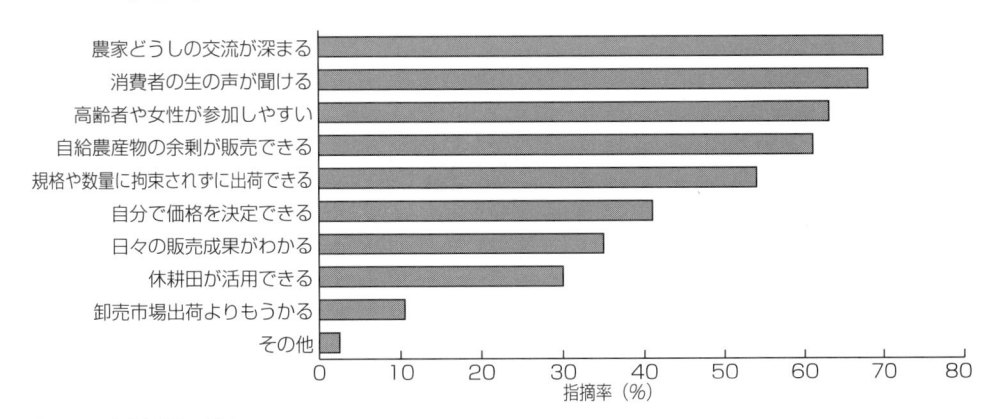

図15　直売活動の魅力
注　和歌山県内の農家グループが運営する直売所9店の生産者へのアンケート調査（1995年10月実施）。回答数は122。

第5章

4 観光農園，直売所と農業・農村生活の向上

1 経営の改善と地域の活性化

(1) 経営改善の方向と課題

積極的な情報発信

観光農園や直売所の経営の発展は，消費者が足を止めて利用し，さらには繰り返し来訪して利用するリピーターが増え，その人から新規の利用者が広がることで可能になる。そのためには，すでにみたように，消費者への情報発信がきわめて重要である。魅力ある内容と表現を工夫して，積極的にアピールする❶。

また，一度来訪した利用者にはダイレクトメール（DM）を発送し，農園の四季折々のようすやイベント，今年の栽培作物の生育状況や収穫時期，宅配便の商品リスト，などの情報を発信することで，再度の来園をすすめる。

イベントやフェアの取組み

特色あるイベントを開催し観光農園や直売所の宣伝をすることは，リピーターを確保し新規利用客を増やす1つのポイントである❷。ときには，都市部で開催される物産フェアなどのイベントに参加して，消費者ニーズの把握もかねた出張販売をおこない，同時に新規利用客への宣伝をおこなう（図1）。

❶開園・開店時の広告，イベントの開催，マスコミへの報道のはたらきかけ，案内看板の設置，インターネット上のホームページなどによる。

❷利用客のニーズを調査し，とくに新しい農産物や加工品，サービスを用意して来訪者にアピールし，反応をつかんで観光農園や直売所の活動の多様化を進める機会とする。

図1　県内（左）や全国（右）のイベントでの出張販売

| 地域での連携の強化 |

　農園や直売所に来場した消費者は，1か所にだけ立ち寄り，もぎ採りあるいは買いものをするだけで観光の目的を達成しているのではない。帰宅までのあいだに，主要な道路沿いの地域のなかで観光農園や直売所以外の場所（観光施設や飲食店など）にも立ち寄り，さまざまな支出をおこなっている（→ p.187「参考」）。

　地域内の観光農園，直売所，観光施設，飲食店などが協力して，顧客を増やし，地域全体で経済効果を高める取組みをおこなうことが大切である。そのためには，市町村役場，商工会や観光協会などと連携し，消費者への地域全体としての情報提供❶や，イベントの同時開催などが有効である。

　同じ地域内や道路沿いにある直売所が，共同で宣伝をおこない，品ぞろえの面で協力するなど，連携した取組みをおこなう。また，イベントの同時開催や買いものツアーの企画，産直マップの共同作成などによって，利用客の増加を図る（→ p.200「実践例」）。

❶地域内の立ち寄り先マップ（図2）や案内資料の配布，誘導案内板の設置など。

図2　地域内の立ち寄り先マップの例

4　観光農園，直売所と農業・農村生活の向上

(2) 農業の総合的な産業化と経営改善

これまでみてきたように，観光農園や直売所の運営は，1次産業に2次・3次産業をあわせた活動（農・工・商の総合した活動）として進められる❶。

栽培・飼育に加工・販売をプラスして消費者に提供することで，農産物に付加価値がつく。その付加価値を農家・農村に取り込んで所得や雇用を増やし，経営の安定や地域・経済の活性化を図ろうという考え方が，農業の総合的な産業化❷である。

都市部から農村部へきた消費者に，買いものだけでなく，観光農園で収穫体験の機会を提供したり，農家レストランで郷土料理を味わってもらったりすることは，付加価値を高めるサービスである（図4）。しかし，直売所や観光農園などで提供する産品やサービスは，どこにでもあるようなものだったら長続きはしない。地域固有の資源に注目しこれを発掘・活用することや，常に新しいものを消費者に提供することを続けていく必要がある。

そのためには，生産者の活動の多様化を図っていくことが大切

❶農林水産業は1次産業に位置づけられているが，農産物の加工は2次産業（工業），販売や情報，観光などのサービス分野は3次産業（商業）にあたる。

❷6次産業化（1次産業×2次産業×3次産業）ということもある。

実践例　直売所めぐりルートの作成例　▶▶【食の歴史街道（大和の朝市・直売所）】

奈良県では，歴史街道構想にもとづき，道路交通網や「道の駅」などの観光ルートを活用した特徴的な8ロードを，直売所めぐりルート「食の歴史街道（大和の朝市・直売所）」として設定している（図3）。そして，ホームページ（http://www.naranougi.jp/）を開設してアピールするとともに，89か所（2004年）の直売所とその産品を紹介する直売所マップを掲載した冊子を作成している。

直売所めぐりのルートのねらいは，①複数の直売所を効率的に車で回って特産品を買うことができる情報を消費者に提供する，②小規模の生産者がおこなっている直売活動を支援する，ことにある。

図3　食の歴史街道（大和の朝市・直売所）

で，加工品の開発や農家レストランの開設，体験ツアーやイベントのメニューづくり，なども重要な活動となってくる。つまり，これからは，農業の総合的な産業化の考えを取り入れ，地域資源を活用した産品開発と経営活動の多様化を進めていくことが，経営改善にとって重要になる。

2 地域の文化と生活の向上

(1)「地産地消」による地域文化の向上

地産地消とは，「地元でとれた生産物を地元で消費する」という意味❶で使われているが，今日では，「地元の生産者の生産と消費者の健康的な食生活とが互いに支えあう」という運動として市町村や農協管内，あるいは都道府県などで進められている。この運動には，①食の安全・安心の確保❷，②環境負荷の軽減❸，③食と農の教育の推進❹，④地域の活性化❺，⑤地域自給率の向上❻，の効果が期待されている。

地産地消運動の具体的な取組みには，地場市場への販売・流通，直売所での地場産農産物・加工品の販売をはじめ，学校給食への食材の提供，生協などとの連携販売，観光農園での収穫体験，農家レストランなどでの地元食材によるメニューづくり，農産加工施設での特産品づくり，食品加工業者との連携，といったさまざまな活動があげられる（図5）。

図4　都市住民との交流による農産物加工体験の例（ソーセージづくり）

❶地産地消に通じる考え方として「身土不二」がある。身体と土は1つであるとし，「人間が足で歩ける身近な四里四方（自分が生まれ育った近辺）の範囲で生産された農産物を食べ，生活するのがよい」とする考え方。

❷生産者と消費者の距離が近いので，消費者は農産物の生産過程が理解でき，安心して買ったものを食べることができる。一方，生産者は販売面が保証され，消費者のことを意識しながら安心して生産に励むことができる。

❸消費地と生産地の距離を短縮することによって，流通にかかるエネルギーの削減が可能である。また，旬を大切にする作型の採用により栽培管理のエネルギーが削減できるほか，通い容器（繰り返し運搬に利用する容器）を利用すれば，包装資材の節減効果も期待できる。

❹地域で生産された食材を学校給食に積極的に利用することによって，地域の農業の位置づけや伝統的な食文化などを，子どもたちが身近に確認できる。

❺地産地消の関係づくりを進めることによって，地域内の雇用を確保し所得の向上を図ることができる。直売所への自由な出荷や消費者との交流によって，高齢者などが生きがいを感じ生産をおこなうことができる。

❻まず，生産者と消費者・加工業者とが結びついて地域の食料自給率（たとえば，県民1人当たりの食料を県内生産でどのていどまかなえるか）を向上させることがベースになって，日本の国全体の食料自給率の向上が可能になる。

(2) 食文化の掘り起こしと生活文化の向上

　農村には，古くからその地域に伝わる伝統的な食べものや食文化がある。地域の伝統的な日常食や行事食は，素材のもち味を最大限に生かして，いろいろに調理・加工され，家族の健康と暮らしの安定・永続を支えてきた先人の食文化である。

　近年では農村の生活様式の変化によって，消え去っていく食文化もあるが，今日，健康や自然らしさ，個性などが志向されるなかで，郷土食や伝統食に対する人びとの関心が高まっている。こうした地域の食文化を掘り起こしていくことは，食文化を地域固有の資源として現在によみがえらせ，各種の観光農業や地産地消

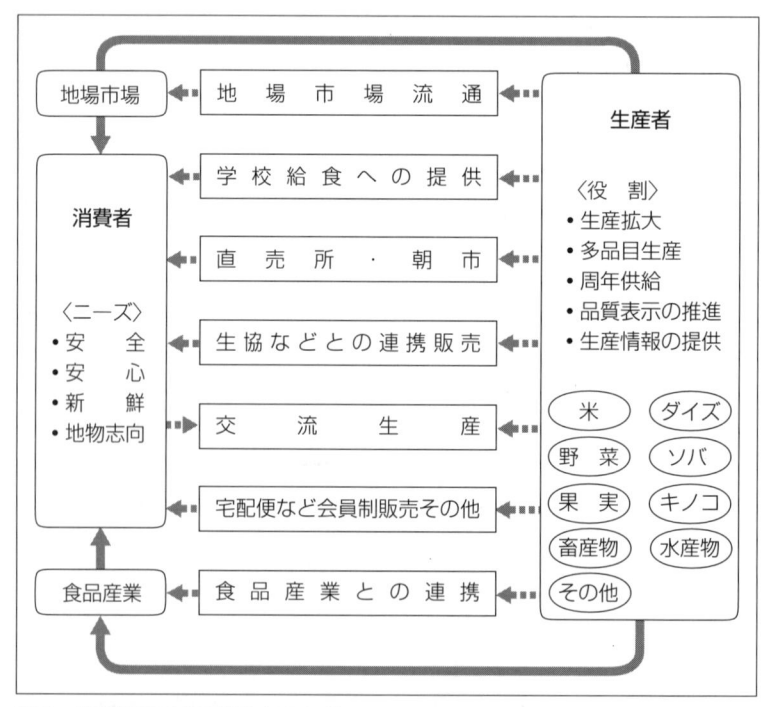

図5　地産地消運動の推進内容の例
（新潟県農林水産部「にいがた21地産地消運動推進マスタープラン」による）

参考　フードマイレージとは？

　フードマイレージとは，食料の流通（輸出入）による環境への負荷を総合的にとらえようとする尺度で，農産物輸入量に輸送距離をかけて算出される。食料を遠くから運ぶと燃料をよぶんに使い，排気ガスが増加するという視点から，1994年に，英国の消費者運動家ティム・ラングらによって提唱された。

　農林水産省農林水産政策研究所の計算によると，世界各地から大量の食料を輸入している日本の2000年のフードマイレージは，5,000億tkmで，韓国の3.4倍，米国の3.7倍となっている。

運動のなかで活用していくことを可能にする。そのことによって，観光農園や直売所，農家レストランなどの魅力を高めるとともに，地域の生活文化を向上させていくことが，生産者と消費者の双方から期待されている。

参考　食のあり方を提起する－スローフード運動

スローフード運動は，1986年にイタリアのブラという小さな町で，ファーストフードの進出によって味の画一化がまん延し，伝統的な食材や料理，地域に根ざした食文化が失われつつあることに危機感を抱いた人びとの活動から始まった。1989年に「スローフード宣言」を発表し，スローフード協会が設立された。

現在，日本を含む世界約45か国（2003年）に広まっているこの運動は，それぞれの国の伝統的な食事を尊重しながら，食文化を大切にし，質のよい素材を提供する生産者を守ること，子どもたちを含めた消費者に食の教育をすすめることを目的としている。また，食材の適切な利用を促進することで，環境に配慮した食のあり方を改善することなどをめざしている。

実践例　多彩な農産加工品やサービスを提供 ▶▶▶▶▶▶▶【郷土食 當麻(たいま)の家】

奈良県當麻町（現葛城市）では，農家の高齢化や遊休水田の増加が進むなか，1995（平成7）年に，観光農園，直売グループ，生活改善グループなどが集まって，農事組合法人當麻町特産加工組合が設立され，同時に，農業構造改善事業により，農産加工処理施設，直売所，レストラン，体験農場を併設する「郷土食 當麻の家」が建設された（国道165号線の「道の駅」にも指定，図6）。

當麻の家が提供している商品やサービスは，統合前の各団体の活動に新たなものも加わって，非常に多様である（表1）。當麻の家の年間売上高は，2003年度には2億8,500万円に達している。

表1　「郷土食 當麻の家」の多彩な販売品・サービス

区分	内容
農産加工品	けはや味噌（ダイズ，コムギ，米，エンドウ） けはや漬け（ダイコン，ウリ，キュウリ） かすづけ，しょうゆづけ，みそづけ，梅干し もち（小麦もち，よもぎもち，丸もち，かきもち） 菓子（けはやまんじゅう，クッキー，おかき，パン） 乾燥野菜（モロヘイヤ，ヨモギ，シソ，カボチャ，ピーマン，ウコン，ニンジン，切り干し大根，ズイキ） 健康茶（解糖茶，しそ茶） ジャム（イチゴ，イチジク，カキ）
直売品	有機米，野菜類，切り花類，鉢花類，卵，果実，ハーブ類 製造された農産加工品
レストラン	けはや御膳，けはやうどん，ちらし寿司，かま飯，コーヒー，野菜ジュース類
観光農園	もぎ採り，掘り採り，摘み採り，もちつき，観賞
土産品	町内特産品

図6　「郷土食 當麻の家」の外観

付録① 地域の環境点検の進め方と環境点検マップのつくり方

（農業工学研究所集落計画研究室の資料より作成）

〈環境点検は，みんなでびっくり新たな宝探し〉

　日ごろ何気なく通っている場所でも，みんなと一緒に別な視点でみると，新しい魅力や資源（宝）を発見することができる。大人と子どもでは，ちがったものの見方をしていることにも気づく。いままで，あたり前だと思っていたことが，他の地域の人からみればあたり前でないことだってある。

　地域の環境点検は，年齢や性別などの異なる人びとが，それぞれのまなざしで，そこにあるもののなかから地域の新たな魅力や宝を発見していき，お互いが「教え教えられる宝探し」にしていくことが大切である。

❶準　備

　スケジュール　表1を参考にして，無理のないものとする。

　点検ルート計画　スケジュールに沿って，地図にルートを書き込んでおく。

　役割分担　以下を参考にして決める。

　　進行係：全体の作業の流れと時間配分を考えながら指示し，グループ員の意見を積極的に引き出す。

　　記録係：点検ポイント，作業中に話された内容などについての記録をおこなう。

　　写真係：点検ポイントや作業などの撮影をおこなう。

❷作業道具のチェック

　グループ全員の点検活動用の地図：1枚　写真撮影地点記入用の地図：1枚　写真チェックシート（資源カード）　カメラ　メモ帳

❸点検方法

　グループごとにカメラや地図を持って，点検ルートに従って一緒に歩きながら，多様な視点で環境点検をおこなう。

❹点検・記録・写真撮影

　グループごとに地域内を歩き，記録係は，グループ員の意見，気がついた点や特徴を，地図やメモ帳に書き込む。

　写真撮影係は，点検した場所や特徴のある資源（宝）を撮す。写真チェックシートに撮影した写真の題名と，グループの意見をまとめて撮影の理由を書き，写真チェックシートの番号と同じ番号を，撮影地点記入用地図上の撮影地点に書き込む。

❺資源マップの作成

　テーブルに地域の地図を広げ，現在地を確認するとともに，おもな道路，河川や，点検活動でチェックしてきたさまざまな地域資源の位置を確認し，資源ごとに色分けして地図に書き込む。

　資源の色分け事例　河川などの水環境関連（青色）　道路などの交通関連（茶色）　ほ場（田畑）などの生産関連（黄色）　山林・樹園地関連（緑色）　教育・福祉などの公共施設関連（紫色）　歴史・文化関連（赤色）　その他（○○色）

　カラーラベルを貼る　特徴のある施設や場所にカラーラベルを貼る。広い範囲はマーカーなどで囲む。

❻写真の整理

　撮影してきた写真の出力や現像をおこなう。写真チェックシートに写真を貼る。写真撮影地点の確認をする。

❼点検項目の整理

　点検項目を整理せず，たんに，気づいたことをばらばらに環境点検マップに書き入れると，あとでマップを見るときにたいへんわかりにくいものになる。点検のポイントをいくつかに分けて，色分けや地図上での配置によってわかりやすく構成する必要がある。ポイントの数が多いと，内容はよくわかるが見にくくなる。ポイントの数が少ないと，せっかく感性を生かして点検したのに点検内容に深

みがなくなる。この点検項目の整理は，グループの個性を生かせる大切な場面である。

整理の例　○よいところ，わるいところ　○景観，歴史・文化，生産，生物など　○子ども・高齢者，女性・男性，親子　○食う，寝る，遊ぶ　など

❽環境点検マップの作成

点検項目を整理したら，みやすくするための構成を決める。構成を考えずに，地図に一気に書き入れると，あとで貼れないものが出てきたり，写真のスペースがなくなったりするので，まず，付せん紙や写真を使って，みやすいように配置していく。配置が決まって地図がみやすく構成できたら，書き込みをし，写真を貼り込む。付せん紙や写真がこむところは離して貼り込み，最後に，定規を使って黒色サインペンで引き出し線を引いてみやすくする（図1）。

小さな付せん紙　資源や環境の名称を，黒いサインペンで簡潔に書いて地図に貼り込む。

大きな付せん紙　小さな付せん紙に書いた資源や環境に関する内容や特徴，留意すべき点などについて簡潔に記入して，小さな付せん紙のそばに貼りつける。

写真やパンフレット　地図の適当な位置に貼り込む。

❾表題作成

ひと目で，この地図が何を伝えようとしているのかがわかるような表題をつける。字体や色も工夫する。パソコンを利用してつくってもよいが，手づくりの個性を醸し出す工夫も大切である。また，プレゼンテーションのことを考えると，装飾を施しすぎるのはよくない。

表1　環境点検とマップ作成のスケジュールの例

	時　間	作　業	備　考
1日目	9:00 ～ 9:30	環境点検の説明	環境点検の諸注意
	9:30 ～ 12:00	環境点検スタート	カメラの携帯
	13:00 ～ 15:00	地域住民からの聞取り	グループごとに聞取り
2日目	9:00 ～ 11:00	現地収集資料のまとめ	写真の出力・整理（現像は前日に） 地域資源の整理 点検項目の整理
	11:00 ～ 16:00	環境点検マップの作成	

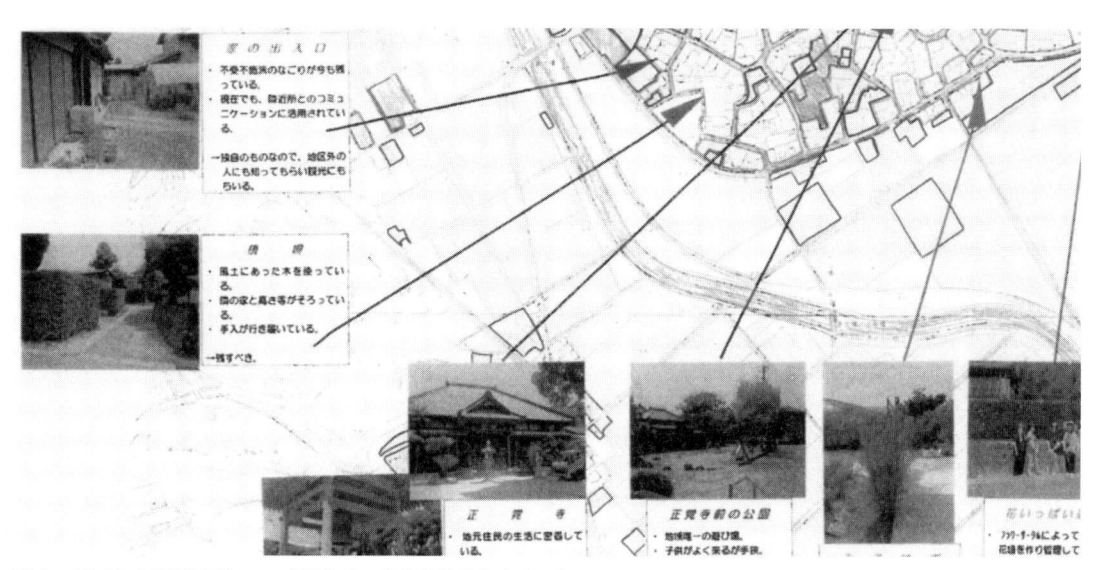

図1　完成した環境点検マップの例（一部分を抜粋したもの）

付録2　世界各地の農家民宿の営業条件と規制

❶ヨーロッパにおける農家経営による民宿営業の条件

イギリス	利用客の定員は6ベッドまで（非農家による民宿経営も同様）。農家がおこなうレストランについては，利用客数は制限されていない
ドイツ	利用客の定員は8ベッドまで（融資制度の緩和があり，2001年になって15〜25ベッドまで拡大された）
イタリア	北部では12ベッドまで，中部では30ベッドまで（州政府の規定）
オーストリア	10ベッドまでは届け出制
スペイン	12〜15ベッドに制限（ナバラでは12ベッド，アンダルシアでは30ベッドまでが上限とみられるなど多様である）
フランス	5室未満の部屋を提供し，食事も朝食だけの場合は規制はない

❷フランスにおける民宿開業に関する規制

規　　制	貸別荘型民宿	B&B民宿 4室以下	B&B民宿 5〜6室
法律上で宿泊施設の定義が存在し，その規制が適用される	ケースバイケース	規制を受けない	規制を受けない
収容人数が多い施設（第5種施設）としての規制が適用される	規制を受けない	規制を受けない	規制を受ける
収容人数に応じて，広さや設備に関する規制がある	規制を受けない	規制を受けない	規制を受けない
新築のさいには運動機能障害者への配慮が必要である（特例を除く）	規制を受けない	規制を受けない	規制を受ける
安全委員会の監視を受ける	規制を受けない	規制を受けない	規制を受ける
特別な防火対策が必要である	規制を受けない	規制を受けない	規制を受ける
青少年スポーツ省の規制を受ける	規制を受けない	規制を受けない	規制を受けない
食事提供にはレストランに準じた規制を受ける（特例を除く）	該当しない	規制を受ける	規制を受ける
提供するアクティビティ（スポーツなど）によっては，免許が必要である	該当しない	規制を受ける	規制を受ける
料金掲示，領収書発行の義務がある	規制を受ける	規制を受ける	規制を受ける
看板を立てるには許可が必要である	規制を受ける	規制を受ける	規制を受ける

（大島順子「フランスにおけるグリーン・ツーリズムの振興と農村における民宿制度」（財）都市農山漁村交流活性化機構，平成14年の表を小規模民宿に限定して引用）

❸日本における農家民宿開業時に関連する法令

用地の取得・確保に関する法令	農家民宿の建築に関する法令
①自然公園法　②自然公園条例　③自然環境等保全条例 ④景観条例　⑤都市計画法　⑥農振法 ⑦農地法　⑧森林法	①建築基準法　②消防法　③旅館業法 ④食品衛生法　⑤水質汚濁防止法

（（財）農林漁業体験協会「うえるかむ日記－農林漁業体験民宿新規参入マニュアル」平成9年より）

注　2002年に大分県でおこなわれた法的規制緩和の内容は次のようである。①グリーン・ツーリズムが農林水産業の振興および農山漁村の活性化に寄与し，一定の公益性を有するので，農山漁村体験旅行にともなう農家などの宿泊施設に対し，旅館業法の営業許可の対象とするが，特段の配慮をする。②農家等宿泊は，旅館業法のなかで最も簡易な「簡易宿所」として取り扱う。③建築業法に適合すること。ただし，都市計画区域外にあっては，100m^{2}以下の増改築および用途変更（自宅から宿泊施設へ）の手続きは不要である。④消防法に適合すること。しかし，事前に所轄消防署に「相談」すればよい。⑤食品衛生法上の取扱いについては，飲食物を宿泊客などに提供する場合は，飲食店営業の許可を必要とするが，次の場合には許可不要とする。自宅の台所でよく，別途の調理場は不要。ア．宿泊のみで飲食物を提供しない場合（素泊り型），イ．宿泊客自らが，農家などの台所を借用して調理などをおこない，飲食する場合（自炊型），ウ．体験宿泊客が，すべての飲食物を農家と一緒に調理し，飲食する場合（体験型）。なお，まんじゅうや手打ちそばなどを体験型で製造し，その関係者で飲食する場合も同様。

付録③　ドイツにおける農家民宿の変遷と取組みの例

❶ ドイツでの農家民宿の変遷

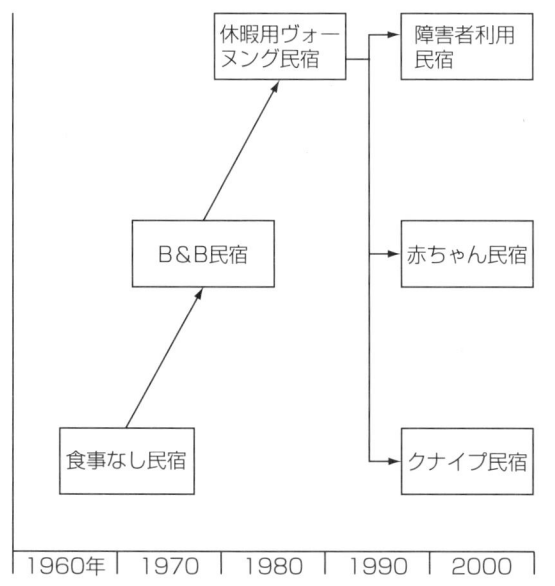

```
食事なし民宿 → B&B民宿 → 休暇用ヴォーヌング民宿 → 障害者利用民宿
                                              → 赤ちゃん民宿
                                              → クナイプ民宿
```
1960年　1970　1980　1990　2000

❷ ドイツにおける農家民宿滞在客数

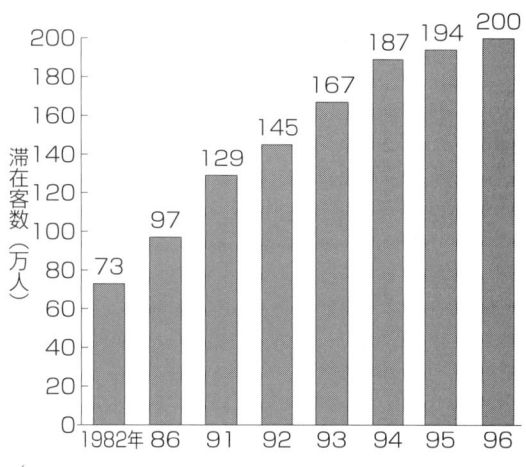

年	滞在客数（万人）
1982年	73
86	97
91	129
92	145
93	167
94	187
95	194
96	200

（Ferien auf dem Bauerunhof: Was wünschen die Urlauber? : Landtourismus aktuell Band 2., DLG〈Deutsche Landwirtschaft Gesellschaft〉, p. 15, 1997 より）
注　推計値である。

❸ ドイツの農家民宿で飼育されている小動物

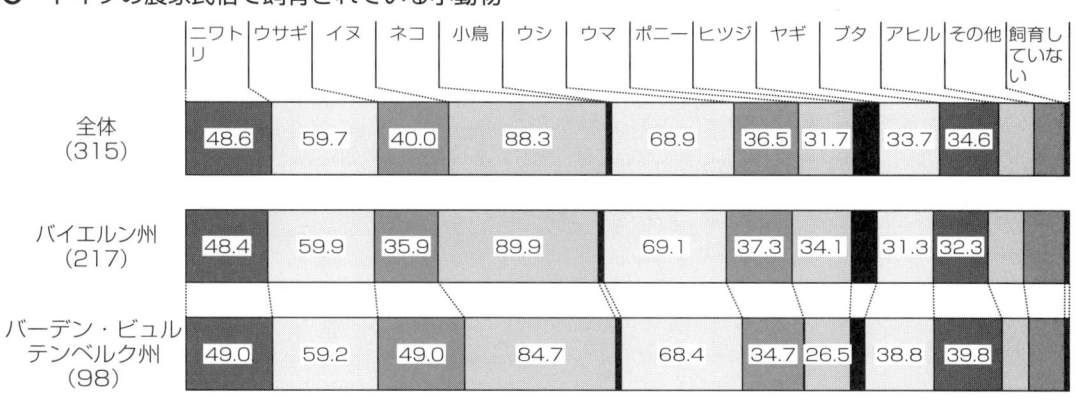

	ニワトリ	ウサギ	イヌ	ネコ	小鳥	ウシ	ウマ	ポニー	ヒツジ	ヤギ	ブタ	アヒル	その他	飼育していない
全体(315)	48.6	59.7	40.0	88.3		68.9		36.5	31.7		33.7		34.6	
バイエルン州(217)	48.4	59.9	35.9	89.9		69.1		37.3	34.1		31.3		32.3	
バーデン・ビュルテンベルク州(98)	49.0	59.2	49.0	84.7		68.4		34.7	26.5		38.8		39.8	

注　単位は％。複数回答である。（　）内は調査戸数。　　　　　　（『2001年配票調査』による）

❹ ドイツの農家民宿で出される手づくり食品

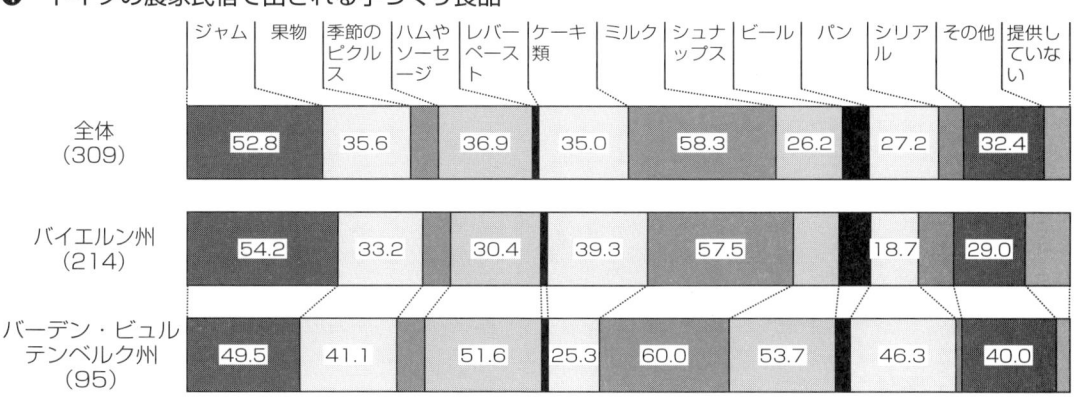

	ジャム	果物	季節のピクルス	ハムやソーセージ	レバーペースト	ケーキ類	ミルク	シュナップス	ビール	パン	シリアル	その他	提供していない
全体(309)	52.8	35.6	36.9		35.0	58.3		26.2		27.2		32.4	
バイエルン州(214)	54.2	33.2	30.4		39.3	57.5		18.7		29.0			
バーデン・ビュルテンベルク州(95)	49.5	41.1	51.6		25.3	60.0		53.7		46.3		40.0	

注　単位は％。複数回答である。（　）内は調査戸数。　　　　　　（『2001年配票調査』による）

付録④ 市民農園の開設にともなう関係資料の例

❶市民農園整備運営計画書

平成　年　月　日
申請者　氏名
住所

1　市民農園の用に供する土地

土地の所在	地番	地目		地積(m²)	新たに権利を取得するもの			既に有している権利に基づくもの			土地の利用目的			備考
		登記簿	現況		権利の種類	土地所有者		権利の種類	土地所有者		農地		市民農園施設	
						氏名	住所		氏名	住所	法第2条第2項第1号イ・ロの別		種別	

2　市民農園施設の規模その他の市民農園施設の整備

整備計画	種別	構造	建築面積	所要面積	工事期間	備考
建築物			m²	m²	～	
					～	
工作物					～	
					～	
計					～	

3　市民農園の開設の時期
　　平成　年　月　日

4　利用者の募集及び選考の方法

募集方法	
選考方法	

5　利用期間その他の条件

利用期間	利用料金	支払方法	区画		その他の条件
			区画数	1区画面積	
				m²	

6 市民農園の適切な利用を確保するための方法

7 資金計画

①収支計画　　　　　　　　　　　　　　　　②調達方法

	項　目	金　額	備　考
収　入		千円	
支　出			

8 農地転用に関する事項

（1）市民農園施設の敷地に供する転用に係る土地

土地の所在	地　番	地　目		面　積	10a当り普通収穫高	利用状況	備　考
		登記簿	現　況				
				m²	kg		

（2）転用に伴い支払うべき給付の種類・内容及び相手方

相手方の氏名	相手方の経営面積（離作地を含む）			左のうち離作する面積			毛上補償		離作補償		代地補償		その他
	田	畑	採草放牧地	田	畑	採草放牧地	10a当り	総額	10a当り	総額	地目	面積	
	m²	m²	m²	m²	m²	m²	円	円	円	円		m²	

（3）転用の時期
　　　認定日～平成　年　日

（4）転用することにより生ずる付近の土地・作物・家畜等の被害の防除施設の概要

（5）転用するため，所有権又は使用及び収益を目的とする権利を取得する場合には，当該権利を取得しようとする契約の内容

権利の種類	権利の設定・移転の別	権利の設定・移転の時期	権利の存続期間	その他

　　（6）その他参考となるべき事項

9 添付書類
　①市民農園の用に供する農地の現況図面（申請書に添付する6の図面と併用して差し支えないこと。）
　②市民農園の用に供する農地の計画図面（農振整備計画の地域区分及び都市計画の区域区分を表示すること。なお，申請書に添付の3の平面図と併用して差し支えないこと。）
　③市民農園の開設に関連する取水又は排水につき水利権者その他の関係権利者の同意を得ている場合には，その旨を証する書面
〔記載注意〕
　1　申請者が法人である場合には，氏名欄にその名称及び代表者の氏名を，住所欄にその主たる事務所の所在地を，職業欄にその業務内容を記載すること。
　2　8の(1)の「10a当り普通収穫高」欄には，採草放牧地にあっては採草量又は家畜の頭数を記入すること。
　3　8の(1)の「利用状況」欄には，畑にあっては普通畑，果樹園，桑園，茶園，牧草地，その他の別，採草牧草地にあっては主な草名又は家畜の頭数を記入すること。

❷農園利用契約書

（目的）
第1条　この契約書は，〇〇〇（以下「甲」という。）が開設する市民農園において〇〇〇〇（以下「乙」という。）が行う農作業の実施に関し必要な事項を定める。

（対象農地）
第2条　本契約の対象となる農地（以下「対象農地」という。）の位置及び面積は，別紙のとおりとする。

（農作業の実施等）
第3条　乙は，甲が対象農地において行う耕作の事業に必要な農作業を行うことができる。
2　乙は，農作業の実施に関し甲の指示があったときは，これに従わなければならない。
3　乙は，対象農地において農作物を収穫することができ，収穫物は乙に帰属する。
4　甲の責めに帰すべき事由により対象農地における収穫物が皆無であるか，または著しく少ない場合には，乙は甲に対し，その損失を補填すべきことを請求することができる。

（料金の支払）
第4条　乙は，料金〇〇〇〇円を毎年　月　日までに，甲に支払わなければならない。

（契約期間）
第5条　本契約の期間は，　年間とする。（注：5年以内とすることが望ましい。）

（契約の解除）
第6条　次の各号に該当するときは，甲は契約を解除することができる。
（1）乙が契約の解除を申し出たとき
（2）乙が契約に違反したとき
（3）乙が〇ヶ月にわたり農作業を行わないとき

（料金の不還付）
第7条　契約が解除されたときには，乙が既に収めた料金は還付しない。
　ただし，次の各号に該当するときは，甲はその全部又は一部を還付することができる。
（1）乙に責めに帰すべきでない理由により農作業ができなくなったとき
（2）その他甲が相当な理由があると認めたとき

（その他）
第8条　本契約書に規定されていない事項については，甲及び乙が協議して定める。

　　平成　年　月　日
　　　　甲　住所
　　　　　　氏名　　　　　　　　　㊞

　　　　乙　住所
　　　　　　氏名　　　　　　　　　㊞
（本契約書は，二通作成し，それぞれ各一通を所持すること。）

付録5　市民農園と直売所の例

❶オーナー農園を設けた市民農園の平面図

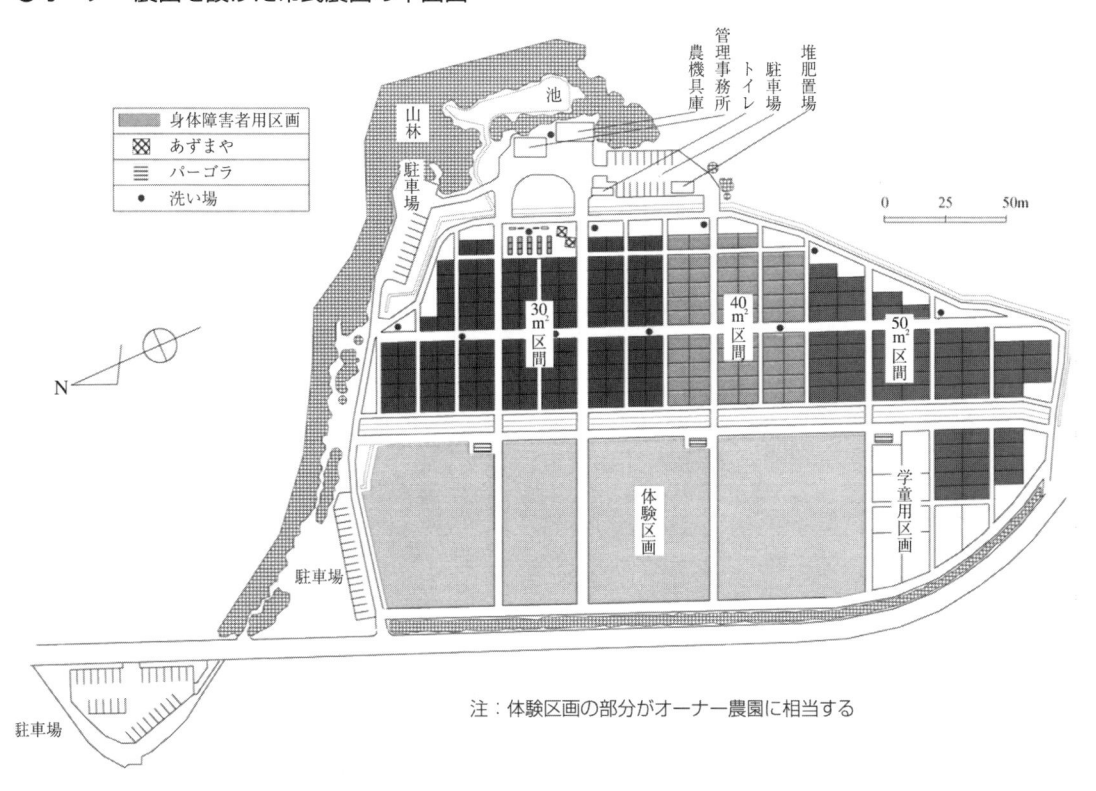

凡例：
- ■ 身体障害者用区画
- ⊠ あずまや
- ≡ パーゴラ
- ・ 洗い場

図中の記載：山林、池、駐車場、堆肥置場、管理事務所、農機具庫、トイレ、駐車場、30 m²区間、40 m²区間、50 m²区間、体験区画、学童用区画、駐車場

注：体験区画の部分がオーナー農園に相当する

❷大規模直売所の建物と施設・備品の例

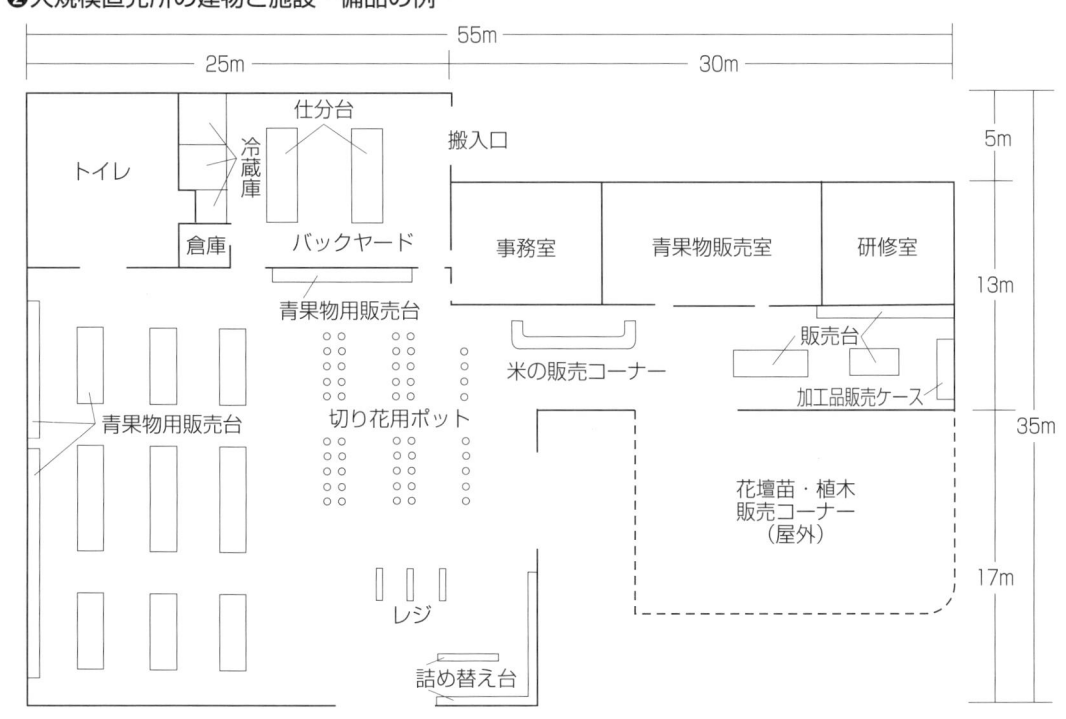

寸法：全体 55m（25m + 30m）、35m（5m + 13m + 17m）

図中の記載：トイレ、冷蔵庫、倉庫、仕分台、バックヤード、搬入口、事務室、青果物販売室、研修室、青果物用販売台、切り花用ポット、米の販売コーナー、販売台、加工品販売ケース、青果物用販売台、レジ、詰め替え台、花壇苗・植木販売コーナー（屋外）

索引

あ

アイ……………………………59
アカネ…………………………59
アクセス権……………………5
アクティビティー……………41
アグロ・ツーリズム………124
アサ……………………………59
朝市…………………………189
安心院………………………131
遊び……………………22, 66
暖かさの指数…………………32
アニマル・セラピー………132
アビ漁…………………………31
アマ……………………………59
アメニティ…………………108
あるもの探し…………………8
アロマ・セラピー…………132
アワ……………………………59

い

1次加工品……………………50
稲作儀礼………………………67
イベント…………………170, 198
いやしの空間………………171
インストラクター……………15
インターネット 52, 146, 163, 188
インタープリター…… 15, 41, 42
インタープリテーション…… 42

え

エコ・ツアー…………………41
エコ・ツーリズム……………41
エコマネー…………………136
エコ・ミュージアム………135
SD法…………………………109
エスノサイエンス……………29
NGO…………………………116
NPO…………………………116
1/fゆらぎ……………………105
園芸療法……………………132

お

オーナー制度………………174, 179
オーナー農園………………153, 172
オープン・ファーム………132
お花炭…………………………87
温泉リハビリテーション……149

か

介護ハウス…………………149
ガイド…………………………15
買いものツアー……………199
神楽……………………………67
加工体験………………………96
加工方法………………………51
画像処理……………………108
カヌーづくり…………………92
カラムシ………………………59
環境点検マップ………116, 204
環境保全活動………………118
環境マイスター………………9
環境問題………………………34
環境利用………………………35
観光…………………………121
観光農園……………………174
観光農園来園者の消費行動…187
慣習的なルール………………34
観天望気………………………43
カントリー・ビジネス……147

き

技術………………………31, 35
技能………………………31, 35
キノコ…………………………82
木登り…………………………77
木の実…………………………83
キビ……………………………59
キャノピーウォーク…………42
キャンプ………………………77
休耕田…………………………45
教育ファーム………………132

協働

協働…………………………115
郷土芸能………………………66
郷土食…………………………67
郷土料理………………………67
共有地…………………………34
漁法……………………………31
儀礼……………………………22

く

蔵………………………………72
クラインガルテン…………158
グラウンドワーク…………111
暮らしの文化…………………19
クラブハウス………………167
グリーン……………………121
グリーン・ツーリズム……120
グリーン・ツーリズムインストラクター…………15, 138
グリーン・ツーリズム支援事業……………………………123
グリーン・ツーリズム専門家養成講座…………………123
グリーン・ツーリズムネットワーク……………………146
グループホーム……………149

け

経営の多角化………………148
景観協定……………………118
景観形成作物…………………54
景観デザイン………………107
景観の調査と評価…………107
景観の予測と総合評価……108
畦畔……………………………27
渓流の探索……………………80
原価計算………………………53
健康回復民宿………………149
原生的自然……………………24

こ

合意形成……………………115

耕作放棄地	45
構造改革特区	11
交流・余暇活動型経営	10
コーディネーター	15
顧客	52
顧客管理	188
ゴマ	59
コミュニティ	102
コミュニティ・ビジネス	126
コリヤナギ	49

さ

サービス	138, 142, 185, 196
サービス業	16
栽培体験	95
在来種	48
さおり	66
作業の動線	47
雑草	27
サツマイモ	51
里地里山	11
里山	24, 76, 102
さなぶり	66
山岳農民援助プログラム	125
山間農業地域	156
産業の近代化	35
山菜	82
3次加工品	51
山村	20
産地直売施設	10
産直	52
産直マップ	199

し

シークエンス景観	106
飼育体験	96
シーン景観	106
潮だまり	40
資源	13, 20
資源カード	8, 22
資源活用	170
資源循環	86
資源問題	34
自己	18
仕事唄	66
施設景観	105
自然環境	36
自然観察指導員	15
自然景観系	104
自然資源	102
自然体験	36
自然・農村体験	76
自然暦	32
持続可能なツーリズム	6
持続的で安定的な発展	110
持続的な環境利用	35
持続的な生産	31
持続的な利用	34
ジット	128
自分探し	13
シミュレーション	108
市民農園	152
市民農園整備事業	161
市民農園整備促進法	154
市民農園利用者募集	163
地元学	8
社会施設	105
収穫カレンダー	49
収穫体験型観光農園	178
集団型観光農園	182
住民参加	110
集落	46
集落環境点検	116
集落点検	47
集落の調査	47
種子植物	19
循環的なシステム	28
小規模直売所	190
条件不利地域	6
乗馬療法	148
商品化計画	53
商品戦略	194
情報の受発信	168, 198
照葉樹林帯	20
常緑広葉樹林	20
常緑広葉樹林帯	20
植生	20
食品衛生法	142
食品加工体験	96
食文化	67, 202
食文化体験	77
食料・農業・農村基本計画	123
食料・農業・農村基本法	123
食料問題	34
女性起業	137, 147, 176
ジョチュウギク	49
人工景観系	105
人工施設資源	102
人工的自然	24
身体的技能	35
人的資源	102
身土不二	201
針葉樹林帯	20
人類的な課題	34
人類の経験	27

す

水田	45
スカンセン	9
スノーケリングツアー	43
炭焼き	87
炭焼き体験	86
スローフード運動	5, 203
スローライフ化	3

せ

生活学芸員	9
生活景観	105
生活施設	105
生活芸術品	9
生活職人	9
生活文化	202
生業	19

生業暦・生産暦………… 66, 102	地域生産物資源…………… 102	特産品の開発……………… 63
生産施設…………………… 105	地域通貨…………………… 136	特定農地貸付法…………… 154
生態的技能………………… 35	地域特産物………………… 50	都市型市民農園…………… 155
整備運営計画書…………… 159	地域特産物の開発………… 52	都市近郊型市民農園……… 155
生物資源………………… 59, 63	地域内発型起業…………… 126	都市的地域………………… 156
生物分類技能検定………… 15	地域のアイデンティティ…… 113	都市と農村の交流促進事業 … 10
積算温度…………………… 32	地域農産物………………… 48	都市と農山漁村の共生・対流…… 6
せせらぎ音………………… 105	地域農産物の加工………… 50	都市農村交流………… 10, 129
接客…………… 143, 185, 188	地域農産物の調査………… 49	都市農村ふれあい農園整備事
絶滅危惧種………………… 60	地域のコミュニティ………… 171	業………………………… 159
そ	地産地消…………………… 201	都市・リゾート・ツーリズム 120
	地方品種…………………… 48	トスカーナ………………… 7
桑基魚塘…………………… 28	中間農業地域……………… 156	土蔵………………………… 72
雑木林……………………… 25	中規模直売所……………… 190	土地の所有権……………… 5
総合交流施設……………… 10	中山間地域等総合整備事業… 161	土地の利用権…………… 5, 34
総合的な学習の時間……… 94	中山間農業地域…………… 156	土地へのアクセス権……… 5
ソバ………………………… 51	直売…………………… 52, 174	トロロアオイ……………… 49
そば打ち…………………… 56	直売所…………… 10, 174, 189	**な**
ソフト・ツーリズム………… 121	直売所めぐりルート……… 200	
た	**つ**	ナタネ……………………… 59
		なりわい…………………… 19
田遊び……………………… 66	ツーリズム……………… 3, 121	**に**
大規模直売所……………… 190	ツーリズム大学………… 124, 128	
滞在型市民農園…………… 129	**て**	2次加工品………………… 51
第三セクター……………… 127		二次的自然………………… 24
田植え遊び………………… 66	TN法……………………… 116	二次林……………………… 25
多自然居住………………… 2	定年帰農…………………… 2	日本的グリーン・ツーリズム 127
他者………………………… 18	データベース……………… 44	日本の植生………………… 20
立ち寄り先マップ………… 199	田園回帰…………………… 4	ニホンミツバチ…………… 30
棚田…………………… 45, 76	田園主義…………………… 4	入園契約方式……………… 154
田の神送り………………… 66	伝承遊び…………………… 66	庭先販売……………… 52, 174
旅………………… 3, 18, 121	伝統工芸…………………… 66	人間と自然の関係………… 34
多品目少量生産…………… 194	伝統的な作物……………… 59	人間と人間の関係………… 34
多面的機能………… 11, 102, 130	伝統的な建物……………… 72	**ね**
ち	伝統農法…………………… 66	
	と	ネットワーク……………… 146
地域活性化………………… 170		年中行事………………… 33, 66
地域経営型グリーン・ツーリ	道具…………………… 22, 35	**の**
ズム……………………… 136	動物療法…………………… 132	
地域資源…………………… 102	土器づくり………………… 91	農家で休暇を……………… 124
地域資源マップづくり…… 8	特産作物…………………… 58	農家民宿…………………… 10, 132

農家民宿開業の法的手続き…141
農家レストラン……10, 124, 134
農業公園…………………………10
農業体験…………………………94
農業における第二の軸足……126
農業・農村体験…………………76
農業・農村体験旅行…………131
農業・農村の機能……………102
農業・農村の資源……………102
農業・農村の多面的機能……103
農業の総合的な産業化…50, 200
農耕儀礼……………………33, 66
農産物直売所……………135, 174
農産物の加工と販売…………135
農産物の利用形態………………51
農産物マップ……………………49
農村型市民農園………………155
農村歌舞伎………………………66
農村起業………………………147
農村景観………………32, 102, 104
農村女性による起業…………128
農村女性の起業活動……………10
農村文化……………………32, 64
農立て……………………………66
農地………………………………45
農地法…………………………154
農法………………………………31
農林漁業体験施設………………10
農林水産物直売所………………10
ノシバ放牧………………………26

は

バーコード……………………197
バードウォッチングツアー…43
ハード・ツーリズム…………121
ハイキングツアー………………43
ハゼ………………………………49
八丈太鼓…………………………69
ハッカ……………………………49
ハトムギ…………………………51
場の景観………………………106

場の提供型観光農園…………178
春植物……………………………25
販売価格………………………195
販売方法…………………………52

ひ

B & B（Bed and Breakfast）124
ヒエ………………………………59
非営利組織……………………116
非政府組織……………………116
備長炭…………………………25, 34

ふ

ファーマーズマーケット……193
ファーム・イン…………124, 132
ファシリテーター……………117
フィールドサイン………………37
フードマイレージ……………202
フェア…………………………198
付加価値…………………50, 129
副業収入………………………126
複合型観光農園…………176, 178
福祉………………………130, 149
振り売り………………………174
文化………………………………20
文化財保護法……………………64
文化資源………………………102
分布図……………………………45

へ

平地農業地域…………………156
ベチバー…………………………49
ベニバナ…………………………59
ヘムスロイド……………………9
変遷景観………………………106

ほ

ほう芽更新………………………25
芳香療法………………………132
法制度の規制緩和……………142
包装………………………………53

方名………………………………21
ホームページ…………163, 188
補助制度…………………138, 145
POSシステム…………………197
保養……………………………130

ま

マイナー・サブシステンス…31
祭り…………………………33, 66
学びの旅…………………………5
丸太小屋づくり…………………91

み

水のゆくえ調査…………………8
水辺景観………………………105
道の駅…………………………176
民間公益団体…………………116
民間薬……………………………21
民間暦……………………………32
民話………………………………66

む

無人直売所……………………189
ムラサキ…………………………59
村丸ごと生活博物館……………8

も

もてなし…………………138, 142
ものづくり………………………76
ものづくり体験…………………86
もやいなおし……………………8
森の散策…………………………78

や

薬草………………………………83
屋敷林……………………………47
やすらぎ感……………………105
やすらぎの交流空間整備事業159
野生植物…………………………20
谷津田……………………………45
山仕事体験………………………77

ゆ

夕市……………………189
遊休農地………………165
融資制度………………145
有人直売所……………189
ゆらぎ…………………105

よ

養蜂………………………30
余暇活動………………125
ヨモギ……………………49

ら

ラーニングバケーション………5
ライフスタイル……………2, 18
落葉広葉樹林………………20
落葉広葉樹林帯……………20

り

リゾート……………………4, 121
リバークルーズ………………42
リハビリテーション施設……149
リピーター……………16, 52, 198
利用権…………………………5, 34
旅館業法……………………142

る

ルーラリズム…………………4
ルーラル・ツーリズム………124
ルーラル・ルネッサンス………4

ろ

6次産業化……………………200

わ

ワーキングホリデー…………111
ワークシェアリング……………6
ワークショップ………………116
和紙づくり……………………90
和紙づくり体験………………86
和太鼓…………………………68
ワンツーワンマーケティング 52

[編著者]	佐藤　　誠	熊本大学法学部教授
	篠原　　徹	国立歴史民俗博物館教授
	山崎　光博	元明治大学農学部教授
[著　者]	岩崎　由美	「Project WAVE」（エコ・ツアー企画・ガイド）代表
	辻　　和良	和歌山県農林水産総合技術センター農業試験場主任研究員
	長崎　喜一	自然体験学校「夢創塾」（富山県朝日町）塾長
	西村　良平	実践女子短期大学非常勤講師
	三宅　康成	兵庫県立大学環境人間学部助教授
	山本　徳司	農業工学研究所農村計画部集落計画研究室長
	上松　信義	前東京都立農産高等学校長・常磐大学非常勤講師
	今川　健司	東京都立南多摩高等学校教諭
	佐藤　晋也	青森県立柏木農業高等学校教諭
	武田　典夫	新潟県立長岡農業高等学校教諭
[編集協力者]	入宇田尚樹	北海道東藻琴高等学校長
	駒井　秋浩	青森県立柏木農業高等学校教諭
	清水　良三	滋賀県立八日市南高等学校教諭

レイアウト・図版　　（株）河源社，オオイシファーム

写真・資料提供　内子町，大潟村特別養護老人ホームひだまり苑，大山荘の里市民農園管理組合，尾上町蔵保存利活用促進会，上総高等学校，岐阜市農林振興局，岐阜市農業協同組合，九州ツーリズム大学，九州のムラ，神戸市産業振興局，国土地理院，自然教育研究センター，翠星高等学校，全国高等学校文化連盟，富浦町枇杷倶楽部，那賀地域・伊都地域農業改良普及センター，長岡野菜研究会，農業工学研究所，農山漁村女性生活活動支援協会，勉誠出版，北海道ツーリズム大学，幌加内高等学校，幌加内町そば活性化協議会，水俣市，峰浜村手這坂活用研究会，八千代町産業課，八代農業高等学校泉分校，山古志村，八日市市，和歌山県農林水産部，赤松富仁，磯島正春，市野　享，岩下　守，上田孝道，小倉隆人，倉持正実，小林四郎，佐藤信治，千葉　寛，廣畑研二，平床美樹，光定伸晃，村上守一，吉本哲郎

農学基礎セミナー
グリーンライフ入門
——都市農村交流の理論と実際——

2005年5月31日　第1刷発行
2005年9月10日　第2刷発行

編著者　　佐藤　誠，篠原　徹，山崎光博

発行所　　社団法人　農山漁村文化協会
郵便番号　107-8668　東京都港区赤坂7丁目6―1
電話　03(3585)1141(営業)　03(3585)1147(編集)
FAX　03(3589)1387　振替　00120-3-144478
URL　http://www.ruralnet.or.jp/

ISBN4-540-05176-8　　　　　　製作／㈱河源社
〈検印廃止〉　　　　　　　　　印刷／㈱新協
Ⓒ2005　　　　　　　　　　　製本／笠原製本㈱
Printed in Japan　　　　　　定価はカバーに表示
乱丁・落丁本はお取りかえいたします。

農文協・図書案内

地域資源の国民的利用
永田恵十郎著
多様な地域資源に着目、土地や水など地域固有の資源活用を基礎とした経営・地域・環境創造に向けた基本論。
●3200円

地域資源の保全と創造
今村奈良臣・向井清史・千賀裕太郎他著
地域とそこに暮らす人々がいきいき輝くための地域資源創造論。世界の土地・人・制度の活用事例を満載。
●3200円

地域生物資源活用大事典
藤巻 宏編
地域の活性化、物産づくりに役立つ植物、動物、きのこ・微生物約四〇〇種の特性から利用法までを集大成。
●20000円

循環型社会の先進空間
植田和弘・総合開発研究機構編
日本の新たな循環型社会建設の先進空間が、農村空間（中山間地）であることを四五の事例をもとに多面的に検証。
●3500円

パーマカルチャー ―農的暮らしの永久デザイン―
ビルモリソン著／田口恒夫・小祝慶子訳
自然力を活かした食の自給から土地利用、水利用、住まいづくりまで、環境調和型立体デザインの考え方と実際。
●2900円

地域ぐるみグリーン・ツーリズム運営のてびき
財・都市農山漁村交流活性化機構編
組織や立ち上げの手法、具体的な活動内容、人材の育成法などを初めて取り組む人にもわかりやすくガイド。
●1400円

農産物直売所発展のてびき
財・都市農山漁村交流活性化機構編
直売所急増の中で求められる個性的な店舗運営、差別化、マーケティングなどの課題に実践的に応える。
●1500円

増刊 現代農業
年四回発行 ●定価 各900円（〒120円）年間購読料3600円

地元学、グリーンライフ、地産地消、地域再生、帰農、田園生活…、全国各地の農山漁村で生き続ける人びとの暮らし方やライフスタイル、生業や経済活動、さらには江戸期の英知に学び、そこでの元気ある実践例を満載して、「農」の根源性や農村空間のもつ先進性を発信し続ける。

- 地域から変わる日本 ―地元学とは何か―
- 「グリーンライフ」が始まった！ ―教育が、若者が、地域が変わる―
- 日本的グリーンツーリズムのすすめ ―農のある余暇―
- 食の地方分権 ―地産地消で地域の自立―
- スローフードな日本！ ―地産地消・食の地元学―
- 地域からのニッポン再生 ―農的暮らしの構造改革特区―
- おとなのための食育入門 ―環を断ち切る食から、環をつなぐ食へ―
- なつかしい未来へ ―農村空間をデザインし直す―
- ボランタリーコミュニティ ―環境・福祉・医療・教育 参加から創造へ―
- 二十一世紀は江戸時代
- 自給ルネッサンス ―縄文・江戸・21世紀―
- わが家と地域の自給エネルギー

- 定年帰農 パート1 ―六万人の人生二毛作―
- 定年帰農 パート2 ―一〇〇万人の人生二毛作―
- 帰農時代 ―むらの元気で「不況」を超える―
- 青年帰農 ―若者たちの新しい生きかた―
- 団塊の帰農 ―それぞれの人生二毛作―
- 土建の帰農 ―公共事業から農業・環境・福祉へ―
- 田園工芸 ―豊かな手仕事の創造
- 田園就職 ―これからは田舎の仕事がおもしろい―
- 田園住宅 ―建てる 借りる 通う 住まう―
- 新ガーデンライフのすすめ ―庭、里山、鎮守の森
- ナチュラルライフ提案カタログ